制造业先进技术系列

数控机床误差实时补偿
技术及应用

杜正春　范开国　杨建国　著

机 械 工 业 出 版 社

本书是对数控机床误差测量、建模和补偿的理论、方法和实践的系统性总结，内容包括数控机床误差补偿的概念、步骤，数控机床误差补偿的历史、现状及发展趋势，数控机床误差及其形成机理，机床误差综合数学模型（包括五轴机床在内的典型数控机床的统一数学模型），数控机床误差检测技术，数控机床误差元素建模技术，数控机床误差实时补偿控制及其系统，以及数控机床误差实时补偿技术应用实例。

本书适合机械制造专业研究生，以及从事精密加工，精密测量，数控机床设计、制造及使用的技术人员阅读。

图书在版编目（CIP）数据

数控机床误差实时补偿技术及应用/杜正春，范开国，杨建国著.
—北京：机械工业出版社，2020.7
（制造业先进技术系列）
ISBN 978-7-111-65881-8

Ⅰ.①数…　Ⅱ.①杜…②范…③杨…　Ⅲ.①数控机床－误差补偿－研究　Ⅳ.①TG659

中国版本图书馆 CIP 数据核字（2020）第 109274 号

机械工业出版社（北京市百万庄大街 22 号　邮政编码 100037）
策划编辑：周国萍　责任编辑：周国萍
责任校对：李　婷　封面设计：马精明
责任印制：李　昂
北京机工印刷厂印刷
2020 年 9 月第 1 版第 1 次印刷
169mm×239mm·18.5 印张·360 千字
0 001—2 000 册
标准书号：ISBN 978-7-111-65881-8
定价：88.00 元

电话服务　　　　　　　　　　网络服务
客服电话：010 – 88361066　　机　工　官　网：www.cmpbook.com
　　　　　010 – 88379833　　机　工　官　博：weibo.com/cmp1952
　　　　　010 – 68326294　　金　书　网：www.golden – book.com
封底无防伪标均为盗版　　　　机工教育服务网：www.cmpedu.com

前　言

现代机械制造技术正朝着高效率、高质量、高精度、高集成度和高智能化方向发展。精密和超精密加工技术已成为现代机械制造中最重要的组成部分和发展方向之一，并成为提高国际竞争能力的关键技术。精密加工的广泛应用，以及加工技术和数控机床技术的高速发展，对数控机床加工精度的要求日益提高。

数控机床在加工中由于受加工系统内部及外部各种因素影响而产生加工误差，这些误差严重影响了被加工零件的精度及质量。在机床的各种误差源中，几何误差、热误差和切削力所致误差占据着绝大部分，故应以减少这些误差项，特别是其中的热误差为主要目标。

提高机床精度的基本方法有两种：误差防止法和误差补偿法。误差防止法靠提高机床设计、制造和安装精度，即通过提高机床本身精度来满足机械加工精度的要求。由于加工精度的提高受制于机床精度，因此该方法存在很大的局限性，并且经济上的代价往往是很昂贵的。而目前的误差补偿法主要使用软件技术，人为地造出一种新的误差去抵消当前成为问题的原始误差，以达到减小加工误差、提高零件加工精度的目的；误差补偿法所投入的费用与提高机床本身精度或新购买高精度机床相比要低得多。因此，误差补偿技术是提高机床加工精度经济有效的手段，其工程意义是非常显著的。已故的国际著名机械制造专家、美国密西根大学教授吴贤铭学长曾说过："误差补偿技术的巧妙之处在于，加工出的零件精度可比加工母机的精度还高。"我们也认为：通过误差补偿可使被加工零件的精度高于加工机床本身的精度，这是一种"精度进化"的概念。由此可见，误差补偿技术具有多么巨大的作用。目前，误差补偿技术以其强大的技术生命力迅速被各国学者、专家所认识，并得以迅速发展和推广，已成为现代精密工程的重要技术支柱之一。国外数控机床的数控系统中一般都具有实时补偿功能模块，其精密数控机床大多数具有实时补偿功能。我国的数控机床及装备技术还较落后，其主要问题之一就是国产数控机床及装备的精度低。从 2009 年开始的"高档数控机床与基础制造装备"国家科技重大专项，把数控机床误差动态补偿技术列为共性技术，给予了大力度的研究资助，由此可见在国家政府层面上对误差补偿技术的重视和关注。所以，提高机床精度以提高中国高端数控机床及装备技术水平及其国际竞争能力，用中国的装备去武装制造业以免受制于人是当务之急，并具有全局性、战略性的意义。

本书主要包括数控机床的误差概念及误差形成机理、误差综合数学模型的建立方法和理论、误差检测和误差元素建模技术、误差实时补偿控制及其系统等内容，并在理论方法基础上，给出了误差实时补偿应用实例。全书各章节内容均为著者近年来在有关数控机床误差补偿技术的科研项目研究中提出并使用过的。由于时间和章节内容的限制，著者提出的应用实例未能全面包含在本书中，希望今后通过本书与同行学者及对数控机床误差补偿技术有兴趣的人员进一步交流。

本书可作为机械制造专业研究生的教材或教学参考书，也可供从事精密加工、精密测量，以及数控机床设计、制造及使用的技术人员阅读。本书在编写过程中力求由浅入深、通俗易懂，并紧密围绕生产实际，以增强理论知识与实际生产的结合。

在撰写过程中，刘国良老师、项四通博士也做了大量审阅工作，在此表示感谢！

感谢"网络协同制造与智能工厂"国家重点研发计划专项课题（2018YFB1701204）、"高档数控机床与基础制造装备"国家科技重大专项课题（2009ZX04014 -022、2011ZX04015 -031、2015ZX04005 -001）、国家自然科学基金重大仪器专项（51527806）、国家自然科学基金项目（No. 51175343、No. 51275305、No. 51975372）、教育部博士点基金项目（20110073110041）、机械系统与振动国家重点实验室基金项目（MSV201104），以及上海市重大技术装备研制专项（0506001、0706015）等多年来对相关研究工作的支持和帮助！

感谢上海交通大学薛秉源教授，美国密西根大学倪军教授和袁景侠教授，山东大学艾兴院士，上海机床厂有限公司周勤之院士，上海机床研究所张家和教授级高工，重庆大学张根保教授，西安交通大学卢秉恒院士和梅雪松教授，浙江大学谭建荣院士和傅建中教授，哈尔滨工业大学高栋教授和梁迎春教授，天津大学黄田教授、章青教授和张大卫教授等多年来对著者在数控机床误差补偿研究中的指导、帮助和支持。

由于著者水平有限和撰写时间仓促，书中难免会有不妥之处，敬请读者批评指正。

著　者

目　　录

V

数控机床误差实时补偿技术及应用

第1章 绪 论

1.1 数控机床误差补偿研究的意义

　　高端精密数控机床不但是工业现代化的技术基础，而且还是高技术产业发展的支撑工具，其应用现代计算机技术、自动控制、精密检测、信息技术和先进制造技术的最新成果，组成了具有高科技含量的高档次"工作母机"。中国作为世界制造业的中心，在航空航天、国防、核电、冶金等众多行业中对高端数控机床及装备的需求急剧增多，对国家的经济发展产生着重大影响。大力发展装备制造业、提高高端数控机床及装备技术水平是当务之急，并具有全局性、战略性的意义。

　　随着制造业的高速发展和加工水平的快速提高，对数控机床加工精度提出了越来越高的要求，数控机床的加工精度已从原来的丝级（0.01mm）提升到目前的微米级（0.001mm）甚至更高。一般来说，数控机床的不精确性由以下原因造成：

　　1）机床热变形误差。

　　2）机床零部件和结构的几何误差。

　　3）切削力引起的误差。

　　4）刀具磨损引起的误差。

　　5）控制误差，如机床轴系的伺服误差、数控插补算法误差。

　　6）其他误差，如颤振引起的误差等。

　　由于在机床的各种误差源中，几何误差、热误差以及力误差占据着绝大部分，故以减少这三项误差特别是其中的热误差为主要目标。

　　机床几何误差来自机床的制造缺陷、机床部件之间的配合误差、机床部件的动、静变位等引起的误差。机床热误差主要是指由电动机、轴承、传动件、液压系统、环境温度、切削液等机床内外热源引起的机床部件热变形而造成的误差。机床力误差主要是指由切削力、装夹力以及工艺系统的自身重力等引起的机床部件、刀具以及工件的变形而造成的误差。

　　提高机床精度的基本方法有**误差防止法**和**误差补偿法**。

1

误差防止法是试图通过设计和制造、装配途径消除或减少可能的误差源。例如通过提高机床部件的设计和制造精度减小系统内的误差源影响，并采用严格的温度控制、隔振措施、气流扰动及环境状态的控制，以消除或减小系统外的误差源影响。误差防止法采用的是"硬技术"，它虽能减少原始误差，但靠提高机床制造精度和安装精度来满足高速发展的需要有着很大的局限性，即使可能，经济上的代价往往是很昂贵的。

误差补偿法是人为地造出一种新的误差去抵消当前成为问题的原始误差，以达到减小加工误差，提高零件加工精度的目的。误差补偿所投入的费用与提高机床本身精度或新购买高精度机床相比，价格要低得多。因此，误差补偿技术是提高机床精度经济有效的手段，特别对改造低性能机床或老机床具有更重大的意义。国际生产工程学会（CIRP）在 1995 年和 2008 年提出了"机床热误差的减少与补偿"的主题报告，论述了热补偿对提高机床精度的作用。这表明误差补偿技术早已成为国际上提高数控机床加工精度的主要手段和制造加工领域的热门研究课题。

误差补偿技术采用的是"软技术"，它用很小的代价便可获得"硬技术"难以达到的精度水平，因而误差补偿技术以其强大的技术生命力迅速被各国学者、专家认可，并使之得以迅速发展和推广。时至今日，许多精密机床、精密仪器及某些精密制造设备都采用了误差补偿技术。误差补偿技术已成为现代精密工程的重要技术支柱之一。

其实，人们总是在自觉或不自觉地采用各种方式使误差得以补偿，使被加工或测量件有可能超过母机的精度，这是一种"精度进化"或者称为"精度自愈"。从这个意义上讲，误差补偿又是一项带有根本性的技术。随着现代计算机技术、数控技术及测量系统的高速发展，误差补偿技术更是如虎添翼，有了更加广泛的应用前景。

在国外，虽然机床误差补偿技术有着一定的水平，但在工业中的应用还远未达到商业化程度。这说明误差补偿技术还有很大的余地可研究和开发。在国内，误差补偿技术绝大部分还停留在实验室范围。随着我国国民经济的发展，对数控机床数量和质量的要求会越来越高。数控机床误差动态综合实时补偿已列入国家科技重大专项"高档数控机床与基础制造装备"，表明我国政府对数控机床误差动态综合实时补偿技术的高度重视。所以，对数控机床误差补偿技术的研究和应用会更深入和广泛。

1.2　数控机床误差补偿的基本概念

误差补偿技术（Error Compensation Technique，简称 ECT）是随着精密工程

发展水平的日益提高而出现的一门新兴技术，是由于科学技术的不断发展对机械制造业的加工精度要求越来越高而发展起来的。

1.2.1 误差补偿的基本概念及特性

1. 基本概念

误差补偿是人为地造出一种新误差去抵消或削弱当前成为问题的原始误差，通过分析、统计、归纳及掌握原始误差的特点和规律，建立误差数学模型，使人为造出的误差和原始误差两者数值相近、方向相反，从而减小误差，并提高加工或测量精度。

最早的误差补偿是通过硬件实现的。例如：根据测出的传动链误差曲线，制造滚齿机的凸轮校正机构；根据测出的螺距误差曲线，制造丝杠车床的校正尺装置等。硬件补偿属机械式固定补偿，在机床误差发生变化时，要改变补偿量必须重新制作凸轮、校正尺或重新调整补偿机构。硬件补偿还有不能解决随机性误差、缺乏柔性的缺点。

近来发展的软件补偿，其特点是在对机床本身不做任何改动的前提下，综合运用当代各学科的先进技术和计算机控制技术来提高机床加工精度。软件补偿克服了硬件补偿的许多困难和缺点，把补偿技术推向了一个新的阶段。

2. 误差补偿的特性

误差补偿（技术）具有两个主要特性：**科学性**和**工程性**。

（1）科学性 误差补偿技术的迅速发展极大地丰富了精密机械设计理论、精密测量学和整个精密工程学，成为精密工程学的重要分支。

与误差补偿相关的技术有检测技术、传感技术、信号处理技术、光电技术、材料技术、计算机技术以及控制技术等。作为一门新技术分支，误差补偿技术具有自己的独立内容和特色。进一步研究误差补偿技术，使其理论化、系统化，将具有非常重要的科学意义。

（2）工程性 误差补偿技术的工程意义是非常显著的，它包含如下三层含义：

1）采用误差补偿技术可以较容易地达到"硬技术"要花费很大代价才能达到的精度水平。如一台普通的数控机床空间位置误差为 $30 \sim 40\mu m$，经误差补偿后，其位置误差可降为 $10\mu m$，甚至更小。

2）采用误差补偿技术可以解决"硬技术"通常无法达到的精度水平。如通过提高机床本身精度来提高机床精度有一定的限度，因为机床本身各零部件的加工也是由机床完成的，而零部件的加工精度受到机床精度的限制，即被加工工件的精度高不过加工机床的精度。而误差补偿的奥妙之处就在于，被加工工件的精度可高过加工机床的精度，我们认为这是一种"**精度进化**"或"**精度自**

愈"的概念和过程。

3）在满足一定精度要求的情况下，采用误差补偿技术，可大大降低仪器和设备制造的成本，具有非常显著的经济效益。例如，对于相同类型和规格的数控机床，一般来说，普通精度的数控机床与精密数控机床的价格相差一倍，即100%，而误差补偿实施的成本仅为数控机床价格的 5% ~ 10%。

1.2.2　误差补偿的步骤

机床误差补偿主要步骤为误差源的分析和检测、误差运动综合数学模型的建立、误差元素的辨识和建模、误差补偿的执行和误差补偿效果的评价。

1. 误差源的分析和检测

数控机床误差源的分析是从误差补偿的角度深入了解和分析机床误差及误差产生源，认识各误差环节及其形成机理，掌握误差的性质、产生规律和对加工精度的影响，并确切掌握各误差之间的关系，对于热误差最好还要进行热变形模态分析，以获取表征机床温度场并用于机床热误差建模的关键温度点，为建立该误差的补偿模型做好准备。

数控机床误差元素的检测是误差建模及补偿的基础。数控机床具有几何误差、热误差、切削力引起的误差、刀具磨损引起的误差等众多误差元素，全面研究以上误差元素的检测原理和方法是进行误差元素建模及补偿的基础。不同的误差元素其检测原理和方法各不相同。几何误差通常由激光干涉仪、球杆仪、平面光栅等检测装置进行精密检测。为提高其检测效率，近年开发了机床空间体积误差的激光向量多步法，该方法的优点是通过一次测量可获得 12 项误差元素。热误差的检测方法涉及温度传感器的优化布置，而温度传感器在机床上的安装位置是热误差补偿的主要障碍，在几乎所有应用的热误差补偿系统中，温度传感器位置的确定在一定程度上是根据经验和试凑的过程。它通常是先基于工程判断，在不同位置安装大量传感器，再采用统计相关分析来选出少量的温度传感器用于误差分量的建模，这种经验过程更像是一种艺术，而不是科学。选择适当的温度传感器位置就成为机床热误差精确建模的关键。试凑法还导致大量的时间和传感器的浪费，这些浪费的传感器并不用在最终的误差建模中。力误差的检测方法分为直接测量和间接测量，直接测量是通过测力仪等检测装置直接检测机床在某方向的受力，间接测量通常采用的方法是建立电动机电流和切削力的关系，进而通过检测电动机电流来预测切削力。随着检测技术的不断发展，机床误差元素的检测正向着高效、高精度、智能化发展，为数控机床误差元素的检测奠定坚实的基础。

2. 误差运动综合数学模型的建立

综合数学模型是进行误差检测及误差元素建模的基础。在机械加工中，机床加工精度最终是由机床上刀具与工件之间的相对位移决定的。机床上刀具与工件之间的相对位移误差可用运动学建模技术来计算。早期的研究是用三角关系来推导几何误差模型。1977 年开始用向量表达法建立空间误差模型；近年来开发了标准齐次坐标变换和螺旋量理论等方法，建立了几何和热误差两者的综合数学模型，用该方法可对非刚体误差进行补偿。

3. 误差元素的辨识和建模

误差元素建模是在误差元素辨识与检测的基础上，依据误差综合数学模型，通过各种方法建立误差与自变量的数学关系。常用的建模方法有最小二乘法、回归法、神经网络法、正交试验设计法、正交多项式法、综合最小二乘法、模糊算法、遗传算法、蚁群算法等，各方法的基本思路都是建立误差目标函数并令目标函数取极值，从而得到误差模型的相关系数，区别是建模的过程不同，当然模型的形式也不尽相同。

因为运动学模型计算最终位置和方向误差是基于机床的各个独立误差元素，因而，需要精确和有效地辨识误差元素。误差辨识方法可以分为直接测量误差元素和间接估计误差元素。直接测量误差元素是在机床不同的位置和温度分布条件下，使用诸如激光干涉仪或其他机械或光学方法来测量误差元素。间接估计误差元素是用诸如可伸缩式球杆仪等测量仪器测量机床上工件表面形状误差或最终误差，而后基于运动学模型估计各误差分量。

直接测量误差分量更精确、更简单明了，但有时更耗时，甚至不可能。间接估计误差分量提供了一种快速和有效估计机床误差分量的方法。还有一种方法是将工件尺寸和形状误差的测量值用于估计机床误差。通常，机床几何误差的测量不是很困难，但由于机床热误差在很大程度上取决于诸如加工周期、切削液的使用以及周围环境等多种因素，所以要精确测得热误差是相当困难的。

在获得了各误差元素分量后需进行建模，把各误差分量表达为机床位置或温度的函数。各几何误差分量与位置有关，故为位置的函数；各热误差分量与温度有关，故为温度的函数；还有的误差分量不仅和位置有关还和温度有关，既是位置的函数又是温度的函数。针对不同的误差需采用不同的建模方法。几何误差用位置的多项式来拟合，热误差用多元温度来拟合。对于几何和热的双重误差，在建模前要对其检测信号进行几何误差部分和热误差部分的分离。误差元素建模是误差补偿技术中最为关键的步骤，也是最为复杂和困难的工作。

4. 误差补偿的执行

在补偿过程中，补偿系统根据误差运动综合数学模型、误差分量模型以及实时反馈（如温度、位置等值）预报机床最终误差，并实时补偿该误差。误差补偿的具体执行是通过移动运动副使刀具或工件在机床空间误差的逆方向上产生一相对运动而实现的。

在早期的误差补偿研究中，补偿是通过离线修改数控代码而实现的。该方法相当耗时，且假定离线辨识的误差在实际加工中保持相同。近年来，开发了两种不同的技术来实现误差补偿：**反馈中断法和原点平移法**。

（1）反馈中断法　是将相位信号插入伺服系统的反馈环中而实现的。补偿用计算机获取编码器的反馈信号，根据误差运动综合数学模型计算机床的空间误差，将等同于空间误差的脉冲信号与编码器信号相加减。伺服系统据此实时调节机床拖板的位置。该技术的优点是无须改变 CNC 控制软件，可用于任何 CNC 机床，包括一些具有机床运动副位置反馈装置的老型号 CNC 机床。然而，该技术需要特殊的电子装置将相位信号插入伺服环中。这种插入有时非常复杂，需要特别小心，以免插入信号与机床本身的反馈信号相干涉。

（2）原点平移法　补偿用计算机计算机床的空间误差并将该误差作为补偿信号送至 CNC 控制器，通过 I/O 口平移控制系统的参考原点，并加到伺服环的控制信号中以实现误差量的补偿。这种误差补偿法既不影响坐标值，也不影响 CNC 控制器上执行的工件程序，因此，对操作者而言，该方法是不可见的。原点平移法不用改变任何 CNC 机床的硬件，但它需要改变 CNC 控制器中机床的可编程序控制器（PMC）单元，以便在 CNC 端可以接收补偿值。这种改变在老型号的 CNC 控制器中是不可能的。

5. 误差补偿效果的评价

当一个补偿系统建立起来后，应对该系统的补偿效果进行分析评价，以便改进补偿模型或系统，从而达到更好的加工精度。有三种评价补偿效果的方法：

第一种是传感器主轴热漂检测法，即用位移传感器检测主轴热漂移误差补偿的效果。

第二种是激光斜线测量评价法，即用激光测量仪在机床空切削中拖板走斜线进行线性位移误差的检测，主要检测对机床几何误差补偿的效果。

第三种是实际切削试验法，即通过实际生产中工件的切削，用补偿加工获得的工件尺寸误差、形状误差和位置误差来评价补偿的效果，这是最终最重要的补偿效果验证，验证补偿技术能否真正用于实际生产，转化为劳动生产力，这是最终目的。

1.3　数控机床误差补偿技术研究的历史、现状和发展趋势

1.3.1　数控机床误差补偿技术研究的历史

从误差源的角度来说，数控机床误差补偿技术研究的历史主要围绕各种误

差元素进行，其中包括机床几何误差补偿、机床热误差补偿、机床力及振动误差补偿、刀具磨损引起的误差补偿、其他误差补偿以及数控机床多误差元素综合补偿等。从误差补偿手段来说，数控机床误差补偿技术研究的历史是从误差补偿系统的研发和提高数控机床精度两方面进行的，其中误差补偿系统的研发得到各国研究人员及专家的公认，并已经部分应用于数控机床，为推进数控技术的持续发展做出了不菲贡献。

1. 机床几何误差补偿历史

对于几何误差的补偿，首先需要确定数控机床的几何误差元素。根据一个物体在空间有六个自由度，物体在运动时会在六个方向上产生误差，可以得出三轴数控机床具有 18 个运动误差，而由于三轴机床的三个坐标轴两两垂直，在运动时会产生 3 个垂直度误差，即三轴数控机床具有 21 个几何误差元素，这些误差元素对总误差的影响可根据各自的贡献取舍。随着检测技术的不断发展及激光干涉仪等高精度测量仪的不断发展，数控机床几何误差的检测精度及效率也越来越高，这为数控机床几何误差模型的建立提供了技术支持。

数控机床几何误差的补偿，通常是先采用激光干涉仪[1,136,137]、球杆仪[2,3]、平面光栅[4]等检测仪器测量数控机床的几何误差[5~9]，然后进行建模补偿[10~17]。常用的机床几何误差测量方法是体对角线测量及分步体对角线测量[18~22]，分步体对角线测量是在现有的机床体对角线激光测量方法的基础上，将每一斜线单步测量运动分解为空间三个方向的分步测量运动，再根据向量分析算法，通过分步测量机床工作空间的四条体对角线快速得到 9 个位置误差和 3个垂直度误差元素。此外，J. P. Choi[23]等人使用接触式探针在线测量一台三轴加工中心的定位误差，运用多项式方程建立起定位误差模型，实现了定位误差的预测，并用光阶规对预测结果进行了验证。Fung[138]等人利用 8 测头方法对导轨直线度、俯仰角度及滚转角度进行测量。上海交通大学胡德金[148]提出了一种基于图像识别的球度误差判别方法和在位误差补偿方法，根据球面上形成的磨削迹线形貌特征来判别球面的形状误差，进而判断磨削主轴中心线与球体旋转中心线之间的几何偏差大小。Lee[149]采用数学方法消除了用激光干涉仪测量三轴机床垂直度过程中阿贝误差对测量结果的影响。除上述测量方法外，还包括激光跟踪仪测量[152]、22 线、15 线、14 线、13 线及 9 线测量[153]。近年来，基于集成白光共焦探针的轮廓测量仪实现了在位测量技术[154~158]。

在进行几何误差检测后，通常要建立几何误差模型，最初是以刚体运动学及相关数学理论为依据，通过对几何误差的分析和计算来建立几何误差的数学模型。近来，常用的建模方法有齐次坐标变换、神经网络、多元回归、多体系统理论、多体动力学方法、最小二乘算法、遗传算法等[24~28,139,150,151,159,160]。Ferreira 和 Liu[29]提出了一种基于刚体运动学和小角度误差假设的三轴机床几何误差的解析二次型模型，为了简化分析，两种直线度误差在单一变换矩阵中被认为是两个角度误差的相关变量，角度误差成分假定为线性函数；使用这种二次型模型的优点在于机床的主要误差可以直接表达为参数形式。Kurtoglu 用运动学模型补偿了铣床的空间误差，该模型包括了 18 个运动副误差，但不包括垂直度误差。Chen[30] 等人在刀具与工件之间相对位移误差的运动学建模中，去除了刚体运动的假设，可对非刚体误差进行补偿，而且，通过标准齐次线性坐标变换方法建立了几何和热误差两者的模型，该模型考虑了 32 个误差成分，而不是传统的 21 个误差成分，使得基于该模型的误差补偿获得了更好的效果。Christopher. D[31] 运用激光球杆仪（LBB）获得了机床的几何误差信息，建立了误差模型，并对误差补偿结果进行了评价。其结果表明，通过软件误差补偿的方法可以提高机床的加工及测量精度。Anjanappa[32] 研发了一种运动学模型可以合成立式车削中心所有几何误差。

近年来基于几何误差敏感性分析能够量化各几何误差项对三轴机床加工精度的影响，傅里叶幅值敏感性分析（Fourier amplitude sensitivity test，FAST）和 Sobol 方法是两种典型的基于方差分解法的全局敏感性分析方法[161,162]。Cheng[163,164] 等首先采用了扩展型傅里叶幅值敏感性分析法对立式加工中心进行敏感性分析，计算了高维非线性的机床误差模型中几何误差项之间的耦合效应，并分析出立式加工中心中最为关键的几何误差项；之后又进一步用 Sobol 方法研究了该加工中心的 18 个几何误差项对加工精度的影响关系，并且成功识别出了对机床加工精度影响最大的几何误差项。

Daisuke Kono[33] 在分析运动误差模型的基础上，提出直线度误差补偿模型，利用微动装置对 Z 轴运动误差进行补偿；该方法在平面铣削中能有效提高平面度。M. Y. Cheng[34] 提出一种用于基于 DSP 的多轴运动控制系统的实时 NURBS 指令发生器，该方法能够有效地提高非均匀有理 B 样条曲线的加工精度。R. Ramesh[35,36] 综述了目前已有的跟踪和轮廓误差的补偿方法，分析了比例控制 P、比例微分控制 PD、比例积分微分控制 PID、零相位误差跟踪控制 ZPETC、扩展带宽零相位误差跟踪控制 EBZPETC 等伺服控制器的优缺点；指出传统算法是基于反馈原理的，该方法具有补偿的滞后性及反馈精度不稳定的缺点；由于数控机床的参考轨迹是预知的，基于此的前馈控制可有效提高加工精度；他同时指出提高单轴的精度并不能有效保证机床总体性能的提高，但是在机床的精度补偿中还是有益的。

南京理工大学和南京航空航天大学[37] 提出了一种模糊自学习误差补偿方法，根据伺服机构的位置误差和位置的变化率，利用模糊规则和推理得出位置误差初始校正值，采用自学习、自校正技术生成位置误差校正表，该方法成功应用于开环数控系统的位置误差补偿。

在国家自然科学基金和国家 863 计划项目的支持下，华中科技大学[38]开展了对数控机床几何误差补偿以及基于切削力在线辨识的智能自适应控制的研究，取得了一些成果。开发了一套简便快速的数控机床误差检测、评价与补偿系统，应用此系统不仅能大幅度提高误差检测的效率，而且能显著提高数控机床精度；提出一种在工业现场进行单轴高精度位置误差的测量系统，使用步距规，可以用来替代激光干涉仪进行轴线位置的高精度标定；安装简单，操作容易，通过该方法，可以使机床实现"软"升级。

　　北京工业大学[39]使用多体系统理论运动学编写出三坐标数控机床通用几何误差补偿软件，该软件在北人印刷集团实地实验取得明显的误差补偿效果。

　　天津大学[40]提出了基于多体系统理论的数控机床运动误差模型、几何误差参数综合辨识模型及相应测量技术，使用 9 线位移误差及直线度误差测量，可准确辨识数控机床整个工作区间内的全部 21 个几何误差参数；在三坐标立式加工中心上进行软件误差补偿实验，并在坐标测量机上检验。结果表明，建模方法具有较强的实用性。

　　上海交通大学[41]提出了一种基于 FANUC 数控系统的外部坐标原点偏移功能的补偿方法，该方法利用自行研制的外部补偿器与机床数控系统进行交互，可使机床的几何误差以及随温度变化的热误差得到较好的实时补偿。实验证明，此补偿过程方便、经济，补偿效果好。

　　随着五轴数控机床的问世，多轴机床几何误差的检测及补偿相应产生[42~44]。Lin 和 Ehmann[45]提出了一种直接空间误差分析方法，可以评价多轴机床工作的位置和方向误差，他们的研究工作提供了对任意构造的机床自动产生误差合成模型的基础。W. T. Lei[46]等提出了用 3D 探头检测五轴机床空间精度的方法，该方法摆脱了以往不能检测五轴机床转动轴误差的局限，该装置可用来测量所有和位置有关的误差，但不能检测机床的热误差；检测时，将 3D 探头安装在机床的主轴上，和探头相连的机座安装在转台上。采用齐次坐标变换的方法建立探头相对于机座的运动链（包含了所有的位置误差项），这样当探头按照特定的检测路线运动时，就可以得到一系列检测数据，反向求解矩阵得到各个原始的误差项；之后，W. T. Lei[47]等以此误差辨识方法为基础，建立了五轴机床的误差预测模型，并把该模型植入机床控制系统，通过开发的补偿系统实现了五个自由度的补偿。

　　北京交通大学李北松[140]设计了一种基于激光技术的五自由度同步测量系统，该系统可同时检测直线导轨的五自由度方向上的误差。在测量范围 1m 内，直线度误差可达到 1μm，角度误差的测量分辨率可达到 0.3″。崔存星[145,146]在此基础上开展了激光外差干涉结合激光光纤准直技术的六自由度测量系统研究，实现了直线轴系运动过程中六个几何误差项的同时测量。

Y. Y. Hsu[48]提出了五轴机床几何误差的解耦补偿法，该方法主要通过四步：①计算 A 轴补偿角，②计算 C 轴补偿角，③计算由 A、C 轴补偿角引起的线性误差，④计算所有线性轴的综合补偿值，然后通过修改 NC 代码实现补偿。Hang & Ding[143,144]通过球杆仪分别以先乘旋转轴的齐次误差矩阵和后乘旋转轴的齐次误差矩阵两种情况对旋转轴的几何误差辨识结果的影响做了深入研究。通过旋量理论建立没有考虑几何误差[145]和考虑所有几何误差影响[146]的五轴机床的运动方程。上海交通大学项四通[147]等人通过旋量理论建立综合几何误差五轴机床的运动方程，且引入了误差关节的概念，同时上海交通大学补偿团队提出了五轴解耦补偿技术，该方法解决了多轴机床误差相互耦合的问题，为多轴机床误差补偿提供理论依据。

2. 热误差补偿历史

最早发现机床热变形现象并进行研究的国家之一是瑞士。1933 年，瑞士通过对坐标镗床进行测量分析后发现，机床热变形是影响定位精度的主要因素。从此，在各国展开了数控机床热误差的研究与补偿。

研究初期，各国学者对机床热变形的研究重点放在改进机床热特性上，企图用解析和数字（有限元）方法来计算机床结构的热膨胀与变形。研究人员使用 FEM 进行机床热变形计算和机床优化设计[49,50]，期望通过改进机床结构的方式来降低机床热误差；然而，由于机床结构及制造的限制，单靠改善机床结构无法有效补偿数控机床在加工过程中产生的热误差。

于是，各国研究者将热误差的研究转向热误差建模补偿。最初的热误差补偿采用三角函数关系进行，由于该方法计算复杂，一不小心就会出错，进而采用向量表达方法，并成功应用于建立三轴坐标镗床的空间误差模型；之后又用多维误差矩阵模型来提高三维坐标测量机的测量精度，并成功用于坐标测量机上[51]。热误差补偿技术在三维坐标测量机上的成功应用，有力地推动了误差补偿技术的发展。

随着热误差补偿研究的不断进展，各种相关理论随之诞生。日本学者提出了"热刚度"的概念，确立了热变形研究理论向控制机床热变形的 CAD 和 CAM 方向发展[52~54]，并取得了一定效果。M. Weck[55]等提出了机床热模态分析理论，并把热模态和振动模态分析进行了比较。浙江大学[56]根据热弹性理论推导了刀具的热变形计算公式，对车刀热变形误差进行了微机补偿，取得了良好的效果；之后，该校[57]又建立了精密机械热模态理论，提出了机床热系统特征值概念，并以"热敏感度"和"热耦合度"新概念和定量分析方法来描述复杂的机床热系统。上海交通大学[58~61]通过对机床热特性测定、分析和研究，得出了机床温度场分布图，并进行了一系列的误差补偿研究工作，取得了一定的成效。

在全面分析机床热特性的基础上，建立热误差数学模型是进行热误差补偿的关键。1984 年，在美国威斯康辛大学召开的国际生产工程研究会（CIRP）第三十四届年会上[62]，会议主席威士荷姆在发言中强调：研究工作不能简单地靠直接经验，而要靠科学的方法。对于机床热变形规律，要通过精确测试及分析，进而探索机床热变形的规律和机理以获得有效的补偿。之后美国学者 M. A. Donmey 等提出主轴热变形误差通用模型：

$$\Sigma = a_0 + a_1 \Delta T + a_2 (\Delta T)^2 + a_3 (\Delta T)^3 \tag{1-1}$$

式中，$a_i (i = 0, 1, 2, 3)$ 为转化系数；ΔT 为温升。

式（1-1）为热误差的补偿建模提供了一条思路，它是幂函数的近似逼近。

Raghunath 等人在全面分析数控机床精度的热影响基础上，理论推导得出：在准静态条件下，机身某瞬时热变形取决于该瞬时机身的温度；进一步分析表明：热对机床精度的影响可由机床结构上的一些特征点温度来预测。这一理论为热误差温度场的检测及温度传感器的优化布置提供了理论基础。德国学者 W. Schafer[63] 在机床热变形模型的基础上，确立了机床工作过程中相对弹性位移最适当的测量点，建议在机床的驱动电动机上测量温度。上海交通大学在对数控机床主轴热模态分析的基础上，提出了温度传感器的优化布置策略[64]。

在热误差理论研究的基础上，各种热误差补偿方法如雨后春笋般涌现。日本学者[65]首先提出了一种主轴热变形补偿方法，即预先求出温度和热变形关系式，通过测试系统检测实际加工时特定点的温度，利用温度和热变形关系式，通过机床工作台的移动进行补偿。日本东京大学[67]根据智能制造新概念开发了由热作用器主动补偿综合误差的新方法，并在加工中心上予以实现；该加工中心包括了神经网络智能控制器，力、温度、位移传感器及失效安全机构，加工中心立柱下部有一段是可控可变结构，在其外表面安装了 16 个加热器，内表面安装了 16 个致冷器，在立柱 12 个位置上安装了变形传感器，采用了矩阵法和神经网络逼近方法主动补偿加工误差，测试表面最大加工误差可被控制在 10μm 以内。日本学者还进行了液体静压主轴热变形在线补偿的研究工作并取得一定成果[68]。

Janeczko[69]用两个温度传感器采集数据，对主轴做软件补偿，该系统每 10s 循环一次，它可以补偿 95% 的原始膨胀误差，并研究和计算了轴承温度和主轴膨胀之间的热延迟；这一技术在大型卧式钻床和立式磨床的主轴热膨胀补偿中均获很好效果。日本学者千辉淳二[70]论述了机床的模型化、温度控制方式的模型化、内部热源的模型化和外部热源的模型化，在仿真方面还阐述了机床与热负载的模型、最优控制等；松尾光荣[65]研究了加工中心的温度分布及测量并对该加工中心进行了热变形补偿，详细介绍了温度分布–加工部位热变形的数学模型、试验方法及分析结果，所获得的模型可根据机床关键温度点的测定来实现坐标轴自身变形的预测及误差补偿。新加坡国立大学的 R. Ramesh[66] 等研究了变操作条件下热误差的测量和建模，并用混合贝叶斯网络成功建立了热误差数学模型。

美国学者 Hong Yang[71]等从动态特性的角度对机床系统进行了热弹性分析，指出伪滞后效应是造成传统热误差模型鲁棒性差的主要原因，并建立了系统动态热误差模型。此后，他们又使用动态神经网络的方法对热造成的非线性、非稳态的误差进行了建模，并设计了一种系统模型自适应法，利用迭代的方法不断修正模型系数，以期达到热误差模型的高鲁棒性。美国密西根大学吴贤铭制造研究中心[72]（S. M. Wu Manufacturing Research Center）开发了基于 PC 的加工误差神经网络实时补偿系统，用以弥补工业 CNC 控制器的误差补偿能力。其工作原理为：机床三个工作台的位置由相位编码器输入和数字量输出板（Q/D 板）获得，静态几何误差被存在数据库中，虽然这些误差在一段时期里相当稳定，但由于长期发生变化的机床磨损和材料稳定性等原因，需周期性的更新；动态热误差由安装在机床各部位上的 23 个热电偶通过人工神经网络模型进行预测，系统补偿软件由 C 语言编制。该补偿方法的一个优点在于，由微机补偿控制器通过一个数字 I/O 口发出二进制的补偿值给 CNC 中的 PMC 板，可无需对原 CNC 伺服系统的硬件做任何改动，最后通过实时控制刀架的附加进给运动来完成误差实时补偿。

赵大泉等[73]针对传统补偿策略算法复杂、成本较高且通用性不强等问题，提出了一种基于自组织原理的主轴热误差补偿策略，它只需根据对主轴热倾斜状态的定性测量结果即可进行定量误差补偿，从而可以大大降低对误差测量精度的要求及测量成本，同时各补偿值间的协调关系根据自组织原则自动建立，简化了补偿算法，经过对某型加工中心主轴热误差进行的自组织仿真补偿，其主轴热倾斜误差减小了 92% 以上，热漂移误差减小了 46% 以上。

上海交通大学[74]基于机床热变形误差的产生机理及其表现形式的复杂性，综合时序分析方法建模和灰色系统理论建模的优点，研究了一种智能混合预测模型，并将该模型应用于一台数控车削加工中心的热误差趋势预测。结果表明，混合预测模型预测精度高于时序分析模型和灰色系统模型，其优异的预测性能可使数控机床热误差的实时补偿更加有效，从而大大提高了机床热误差的补偿精度。

浙江大学[75]提出了基于最小二乘支持向量机进行数控机床热误差建模预测的方法。根据最小二乘支持向量机回归预测的原理，优化选择最小二乘支持向量机参数，对数控车床热误差进行最小二乘支持向量机建模，通过测量数控车床主轴温升值与主轴热变形量，将获得的数据进行最小二乘支持向量机建模训练，以建立机床热误差预测模型。实验结果表明，该模型能有效描述热动态误差。与最小二乘法建模进行比较，结果显示，基于最小二乘支持向量机的数控机床热误差预测模型精度高、泛化能力强。采用最小二乘支持向量机得到的预测模型可用于数控机床热误差实时补偿。该校还提出了机床热误差 Fuzzy 前馈补偿控制策略，根据热误差变化规律的模糊、非线性特性，采用 Fuzzy 集理论设计前馈补偿控制器，仿真研究表明补偿控制策略取得了良好的结果。

北京机床研究所[76,77]在一台 DM7732 数控线切割机上实现了热变形补偿，其补偿效果达 70%。之后，该所应用专家系统对热误差进行实时补偿，仿真结果令人满意。在此基础上，该所又为 XH714A 立式加工中心研制了一块智能补偿功能板，通过总线将补偿板直接插入 FANUC 6ME 数控系统扩充槽，实现机床热误差、运动误差和承载变形误差补偿。该所提出的数控机床误差的综合动态补偿法（Comprehensive Dynamic Compensation，简称 CDC）是实时补偿技术和软件技术的结合，能根据机床工况、环境条件和空间位置的变化来自动跟踪调整补偿量，并能对几何误差、热误差和承载变形误差等进行综合补偿。

中国台湾的台湾大学和台中精机公司获得资助，合作进行了"高精度工具机热变形补偿控制技术"的研究和开发，所获得的成果主要有：误差补偿单板计算机系统模组化、温度传感器最佳位置放置点研究、误差补偿单板计算机系统验证、现场快速误差检测系统等，使所研制的立式工具机的加工精度从 $50\mu m$ 以上降低到 $10\mu m$ 以下。

随着智能技术的发展，各种神经网络理论也运用到机床热误差建模中，大大提高了热误差数学模型的精度，使得机床误差补偿技术又进了一步。日本学者樱庭肇[52]采用机床的热变形信号作为伺服轴的轴向延伸量来补偿行程指令；岗田康明[53]通过检测机床部件的热位移量实现热误差的自动补偿，该技术可实现长时间的高精度加工；大阪机工公司[54]（OKK）研制的 TDC－FUZZY 主轴头热误差补偿控制器利用模糊控制理论控制主轴头的热误差，将变化的环境温度、机床本身温度及回转时的转速等数据作为函数，自动地输入控制程序中，利用温度调节装置，精确地控制用于冷却主轴头的润滑油的供应量，从而协调统一机床与环境的温度，最大限度地抑制热误差，一天内的热误差变化量在 0.02mm 以内。傅龙珠[78]等进行了 BP 神经网络补偿热变形误差的研究，以 CK616－1 简易数控车床为试验对象，在对其热误差分析的基础上进行热误差建模，并结合改进的 BP 神经网络给出了具体实现的方法，对提高机床的加工精度有着极其重要的意义。

华中理工大学[79,80]开发了机床主轴温升和热变形在线检测及显示系统，之后又提出了一种基于神经网络辨识影响机床热误差关键点的方法，从而为机床热监控的最佳测量点及控制源位置的选择提供了新的思路及实现方法；同时也给出了各测温点热平衡时间及平衡状态时温度的估计方法，该方法基本原理为：根据各测温点温度变化及各主轴位移测量点的变化，首先利用神经网络建立测温点温度变化与位移测量点位移变化之间的关系，进而根据这种关系所确定的导数关系辨识各测温点温度变化对位移测量点位移变化的作用程度，认为作用程度大的测量点附近区域即为温度应加以控制的区域，该方法在数控机床热误差补偿应用中取得非常理想的效果。

天津大学精仪系[81~84]以一台 JCS – 018A 型加工中心为对象进行了研究，在机床加工空间内的几个主要位置和各种转速下，利用多自由度测量装置直接测量主轴相对工作台的热位移，在机床的热敏感位置上布置 12 个测温元件，利用神经网络理论建立了热位移与各测温点温度变化之间的关系，通过加工工件验证热误差补偿效果。实验证明，尽管这台机床的热误差较小，补偿效果依然达到 60%。

热误差补偿技术的不断成熟为其在企业中的应用奠定了基础[85,86]。美国密西根大学吴贤铭制造中心[87]通过新的建模及其温度布点等方法把机床误差补偿技术运用到工业生产实际，成功地开发了经济、易用的热误差实时补偿系统，并应用于美国通用（GM）公司下属一家汽车离合器制造厂的 150 多台车削中心，使得其加工误差降低 50% ~ 75%。国内上海交通大学联合上海睿涛科技有限公司在批量钻攻中心上开展了 Z 轴热误差补偿的应用。

近年来，随着电主轴技术的不断发展及转速的不断提高，热变形成为影响主轴精度的关键因素。在高速、高精密加工中，由热变形引起的误差占总误差的 60% ~80%[164]。因此，解决高速、高效、高精度工作状态下电主轴的热变形成为制约其发展的一项关键技术。目前，电主轴最常用的误差补偿方法是冷却技术及热变形优化技术。常用的冷却方式包括液体冷却和空气强制对流冷却。参考文献［165］通过控制制冷液的温度确定切削液的流量及冷却系统的最小换热面积，将定子温升控制在 14℃。参考文献［166］通过分形理论设计了一种树状冷却装置以控制制冷量的分配，比传统的螺旋槽冷却装置具有更低的压降和更均匀的温度场。参考文献［167］研究了风速对电主轴温度的影响，为空冷电主轴的优化设计提供依据。参考文献［168］提出一种基于功率匹配的电主轴单元冷却策略，克服了电主轴冷却策略对主轴发热和散热的不平衡问题。除液体和气体冷却外，参考文献［169］利用环路热虹吸管实现电主轴轴芯冷却，解决了"动密封"问题对电主轴轴芯冷却的困扰。热变形优化是将温度场非对称结构改为相对均匀温度分布结构，通过对称热变形提高电主轴精度。参考文献［170］提出热平衡法，可在不改变机床结构的前提下达到改善精度目的。参考文献［171］应用 CAE 技术及田口法对数控车床主轴头进行优化设计，大大降低了开发时间和成本。参考文献［172］采用碳纤维的热缩特性抵消电主轴的热变形。

3. 多误差综合补偿历史

通过对各误差元素的分析，研究人员发现数控机床的各误差元素相互关联，相互影响，特别在多轴数控机床中，位置误差与姿态误差存在耦合，这样仅对单一误差元素的补偿很难大幅度提高数控机床的加工精度。各国学者进而开始对多误差综合补偿进行研究。多误差元素综合补偿大幅推动了数控机床误差补偿技术。

在多误差元素综合补偿中，首先进行的是热误差与几何误差的综合补偿。Donmez[88]等人推导了车床的广义误差合成模型，该模型考虑了几何误差，也考虑了热误差，实现了数控机床多误差元素的综合补偿。之后，A. C. Okafor[89,90]完成了三轴机床的几何和热误差联合建模，采用齐次坐标变换和基于刚体运动学及小角度假设条件建立该机床的几何和热误差综合数学模型，实现了三轴数控机床多误差元素综合补偿。为了确立不同温度下机床几何误差的变化情况，美国 Michigan 大学 Jun Ni 教授指导的博士生 Chen Guiquan[91]做了有益的尝试，运用球杆仪（Double Ball Bar—DBB）对三轴数控机床不同温度下的几何误差进行了测量，建立了快速的温度预测和误差补偿模型，并对由温升引起的几何误差的变化进行了补偿。

在成功进行热误差和几何误差综合补偿的基础上，其他多误差元素的综合补偿相继出现[92]。Chana Raksir[25]提出了包含有力误差的三轴数控铣床的误差模型并进行了补偿，该方法综合考虑几何误差和力误差的影响，通过神经网络实现误差建模和补偿。加拿大 McMaster 大学[62]智能机器及制造研究中心开发了五轴加工误差补偿的神经网络策略，采用仿真数据和实测数据对神经网络进行训练建模，有效地补偿了由温度和结构磨损产生的加工误差。Soons[93]等人提出了一种建模方法，可以得到包含旋转轴在内的多轴机床的误差模型。

Myeong – Woo Cho[94]提出了基于在线测量（OMM）和神经网络多项式（PNN）的综合加工误差补偿方法。该方法主要为平头铣刀铣削加工提供一个在线测量实时补偿的误差补偿方法，有效提高了综合加工精度，但该方法在线测量精度及可靠性有待提高。

4. 其他

引起数控机床的误差有很多，从误差源及各误差元素对数控机床加工误差的贡献分析，主要的误差源包括几何误差、热误差和力误差，这三类误差占总误差的70% ~90%，是影响数控加工精度的主要因素。而其他误差主要包括刀具磨损引起的误差、运动误差、伺服误差、插补算法误差等。对于其他误差的研究，各国学者也先后相继展开。

切削力误差的补偿是近来才出现的，在最初的误差补偿研究中，各国学者们主要针对的是精密及超精密加工，并且假定在普通数控加工中，在精加工阶段由于切削用量较小，由切削力引起的误差可以忽略，并且假定精加工可以完全消除之前加工的切削力累积误差。然而随着高速加工和高效切削的产生，由切削力引起的误差变得不容忽略，因此，切削力误差的研究开始逐渐提上日程。

最初的切削力误差补偿是应用经典指数公式进行的，通过对指数公式中相关修正系数的实时修正，实现切削力误差的补偿。然而，由于经典指数公式的精度问题，限制了其补偿的效果。随后开始进行实时检测切削力来实现力误差的补偿，切削力的检测方法主要通过直接检测和间接检测两种手段实现[95~97]。常用的直接检测方法是通过测力仪等力传感器来完成切削力的检测，其优点是检测精度高并可实现实时检测，缺点是需要改动机床的结构，并且安装调试复杂。间接检测法是通过检测电动机电枢电流来实现切削力的转换，其优点是检测方便，不用改动机床结构；缺点是检测的实时性不够，且检测精度依赖于诸多影响因素。对于由切削力引起的误差，主要通过位移传感器来检测。后来，人们建立切削力与力误差的数学模型，通过软件或补偿器进行误差补偿。

在此理论基础上，各种建模补偿方法先后出现。S. Ratchev[98,99]提出了低刚度薄壁零件切削力及切削变形的预测和补偿方法，并且建立了柔性力学模型来补偿切削力引起的误差。该方法应用柔性理论建模，预测补偿切削力引起的误差，并且假定刀具变形可以忽略。而在实际加工中，刀具的变形是不能忽略的，因此 S. Ratchev 在考虑零件挠度及刀具变形的基础上修正了上述补偿方法，提出了自适应柔性力学模型，该模型可有效预测并补偿由切削力引起的误差。试验结果表明，补偿效果理想。Ruey-Jing Lian[100]提出了一种基于灰色预测系统的模糊逻辑控制方法，该方法在改装的车床上实现了常力切削，该方法主要是控制切削过程中的切削力，从而提高切削效率并且有效减小了刀具的磨损和破坏。Armando_Italo Sette Antonialli[101]分析了钛合金铣削中切削力与振动的相互关系，指出应用大的主偏角和高的振动频率会导致刀具的破损而降低刀具寿命，小的主偏角可降低刀具的疲劳磨损，因此在钛合金切削中应采用小的主偏角和小的振动频率。

上海交通大学[102,103]通过检测电枢电流的方式来实现切削力误差的补偿。该方法的特点是通过霍尔元件实时检测电动机电流，通过切削力和电流之间的关系模型间接得出切削力，通过位移传感器实时检测由切削力引起的位移误差，之后通过模糊神经网络建立机床切削用量、电动机电流和力误差的数学模型，通过 FANUC 数控系统的外部坐标偏移功能实现切削力误差的实时补偿，并在一台双主轴数控车床上实验成功。

另外，各国学者[104~111]还针对不同数控机床的切削力误差进行了研究，分别对车削、铣削等切削力及切削力引起的误差进行建模补偿并取得了一定成果。

随着误差补偿技术的日益完善，各种发明专利不断出现。Hermle Harald 发明的关于机床热膨胀补偿装置获得了德国专利，该装置可以迅速而精确地补偿机床机构在工作过程中的线性热膨胀，在机床起动后加热期具有特效。H. Youden David[112]发明的装置获得了美国专利，该装置可连续测量精密车床的热变形，并将这些变形信息传递给机床数控系统，以便在控制机床工作机构移动过程中予以补偿。Schmid Robert[113]关于机床热变形的补偿系统获得了德国专利，提出的补偿方法适用于 CNC 加工中心。

在国内，上海交通大学、西安交通大学、天津大学、华中科技大学、大连理工大学、哈尔滨工业大学、同济大学、华侨大学、广西大学、沈阳工学院、沈阳机床（集团）有限责任公司、上海机床厂有限公司、济南第一机床厂、沈机集团昆明机床股份有限公司等都对机床误差补偿技术进行了研究，并取得了大量成果[117~134]。

1.3.2 数控机床误差补偿技术研究的现状

纵观国内外，在有关人员的不懈努力下，数控机床误差补偿技术有了较快的发展。但从目前来看，在国外，数控机床误差实时补偿技术大批量的在工业中应用的例子并不多，还没达到成熟的商业化程度；在国内，误差实时补偿技术大部分还停留在实验室范围，还未见在生产厂家批量数控机床上应用误差实时补偿技术的报道。这说明误差补偿理论和技术还有很大的余地可开发。目前，数控机床误差补偿技术的主要不足和难点如下：

1. 误差补偿运动控制的实现

误差补偿是通过移动（对于四轴以上还需转动）机床的运动副以使刀具或工件在机床空间误差的逆方向上产生相对运动而实现。误差补偿运动控制的实现除了要满足补偿精度外，还要满足实际应用的方便性和经济性，同时考虑到机床的动态误差及补偿的实时性。所以，对误差补偿运动控制实现的要求是精确性、实时性、经济性和方便性。从目前来看，补偿运动控制的实现可通过：

1）修改 G 代码补偿法[131~133]，其不足是实时性差。

2）压电陶瓷制动补偿法[134]，其不足是反应慢、刚度低。

3）开放式数控系统补偿法，其不足是绝大多数数控系统还未到开放程度。

4）数控系统内部参数调整补偿法，如螺距补偿、齿隙补偿、刀补等，其不足是仅静态补偿。

5）原点偏移补偿法[135]，其不足是受限于数控系统。

2. 数控机床误差的综合建模和补偿问题

目前，绝大多数的补偿将几何误差和热误差分开补偿，由于机床误差的复杂性，如定位误差等实质上既是几何误差（与机床坐标位置有关）又是热误差（与机床温度有关）。一般将这些误差作为几何误差进行补偿。但实际上，这些误差在不同的温度下是变化的，故对这种既是几何误差又是热误差的复合误差（严格说机床上的误差都与温度和力有关）要进行几何误差、热误差和力误差的综合建模和补偿。

3. 机床误差检测和辨识时间过长问题

由于机床误差特别是热误差取决于诸如室温、机床工况（主轴转速和进给速度等）、切削参数、切削液、加工周期等多种因素，而且机床热误差呈现非线性及交互作用，因此，这种检测和辨识通常需要很长时间。另外，由于机床上的误差元素众多，一般的激光测量仪测量，一次调整仅测得一项误差元素，如何高效快速地测量，也是个必须解决的问题。

4. 误差补偿模型的鲁棒性

在一个季节训练所得的误差补偿模型能否用于另一个季节，这是一个需要考虑的实际问题。这里，我们考虑的不是恒温的实验室而是工厂的大车间，环境温度对机床本身温度场有着一定的影响。据我们所做的补偿工作表明：用目前使用的建模方法得出的热误差补偿模型随着季节的变化难以保持长期非常正确地预测热误差。另外，就是相同类型、相同规格、相同使用时间、相同环境、相同切削条件的各机床，甚至同一机床不同时间获得的数据，得出的热误差模型之间也有差别，甚至差别很大，一般难以互相替代。从而造成在同型号批量机床补偿中，模型众多，使得建模时间太长且管理难度大。那么，能否创立一些出乎传统和常规的全新建模方法，使得其建立出来的误差补偿模型能长期（经历一年四季各温度阶段）非常正确有效地预测和补偿机床误差？另外，一个误差数学模型能否在多台同型号机床补偿中使用？由此对误差补偿模型的鲁棒性提出了更高的要求。

5. 五轴数控机床多误差实时补偿问题

目前国内外五轴数控机床补偿主要局限于几何误差建模及补偿，而且在理论上讨论的比较多，真正实际的动态实时补偿的实施和应用的实例还是不多。而随着五轴数控机床的普遍使用，为获得更好的加工精度或补偿效果，五轴机床的多误差动态实时补偿及其应用必不可少。

1.3.3 数控机床误差补偿技术研究的发展趋势

在国内外有关学者的不懈努力下，误差补偿技术已有了很大的发展，在各方面的应用越来越广泛。但是，由于机床各种误差有着复杂多变的特性，误差的产生是一动态过程，具有分布参数非线性、时滞的特点，它的大小从统计角度分析，其分布是非正态和不平稳的；误差也往往不是孤立出现的，而是伴随着热、力等众多因素；误差还具有多维坐标耦合效应，一个方向发生变化后，其他方向将受到关联，这也给补偿带来了困难。从另外一个角度看，误差补偿技术涉及面较广，包括数控技术、检测技术、传感技术、信号处理技术、微电子技术、材料技术、计算机技术、控制技术等。所以误差补偿技术还不很成熟，有很多问题待解决，很多理论待完善，很多技术待提高。从目前的发展状况及数控机床误差补偿的要求来看，数控机床误差检测与补偿技术的发展趋势主要为：

1. 多误差高效检测方法

数控机床、加工中心空间误差的快速检测是 20 多年来此领域的一个重要研究问题，也是一个未能很好解决的测量问题。众所周知，高速高精度下数控机床的（复杂）运动轨迹误差直接影响着被加工对象的几何精度，能否确切地掌握该误差，是进行在线补偿加工的必需。现有关于数控机床误差测量的传统方法主要包括基于直线运动轨迹的激光干涉仪和基于圆运动轨迹的球杆仪（DBB）为代表的直接测量方法，和各种 1D、2D 及 3D 标准加工件作标准为代表的间接测量方法。现有方法存在安装调整困难、测量时间长或者测量辨识结果不唯一，难以溯因等种种困难，难以适应现场在线、高效高精度的快速测量需求，限制了数控机床误差精密检测和补偿的实际大规模应用。2008 年 CIRP 国际生产工程学会（关于机床制造、精度检测、精密加工的最高国际学术会议）仍然将数控机床和坐标测量机的误差检测方法与补偿作为大会主题报告，提出在可预见的未来 10 年内数控机床多误差的高效检测方法仍然是重要的研究问题。目前该领域的前沿研究领域包括数控机床误差的组合轨迹测量方法的研究、5 轴机床旋转轴几何误差的快速测量 R – TEST 装置的研究与发展。

同时，由于机床误差，特别是热误差取决于诸如室温、机床工况（主轴转速和进给速度等）、切削参数、切削液、加工周期等多种因素，以及机床热误差呈现非线性及交互作用，导致数控机床热误差的检测和辨识通常需要很长时间。因此，机床热误差的高效鲁棒建模与辨识，建立一个能够适合不同机床、不同切削条件、不同季节，相对稳定的鲁棒性强的误差补偿模型，也是未来关于机床误差检测方面的重要研究课题。

2. 多误差的综合补偿

现有的误差补偿技术中，往往都是针对数控机床的某项或某几项误差元素，诸如研究较为广泛的几何误差、热误差等，而数控加工精度的影响因素众多，单靠某几项误差补偿难以有效消除数控加工过程中产生的众多误差，此外，数控机床的许多误差元素相互耦合、相互影响，单一的误差补偿可能会造成过补偿问题。因此，在机床几何误差和热误差补偿的同时，还必须考虑切削力和刀具磨损等引起的误差，并且建立各误差之间的耦合关系。在补偿研究中，目前大部分还没有考虑到切削力及刀具磨损所引起的误差。一般都假定，在传统的精加工中，切削力很小所导致的变形可以忽略。然而，随着强力切削应用的增长或在一些难加工材料切削中，切削力及刀具磨损误差变得重要起来。故很有必要进行机床几何误差、热误差、切削力误差、刀具磨损误差的综合补偿。这里的主要问题是如何建立包括机床几何误差、热误差、刀具磨损误差、切削力误差等分别属于静态误差（几何误差）、准静态误差（热误差、刀具磨损误差）、动态误差（切削力误差）等不同性质误差的综合数学模型，并能实现上述误差的解耦补偿。

3. 多轴误差的实时补偿

现有的建模手段多采用离线建模的方法，无论是神经网络理论还是各种先进算法都是采用离线训练的方法来获得误差模型，然后根据误差模型进行误差补偿，这种补偿方式属于静态补偿，对于加工过程中随机出现的误差无法感知和预测，更无从谈起补偿，因此需要开发一种能在线实时建模的误差补偿系统，这种系统高于专家系统，可实时辨识误差并根据需求建立动态的误差模型。与此同时，目前的研究与实践比较多的集中在三轴数控机床上，而随着五轴数控机床的普遍使用，为获得更好的加工精度或补偿效果，多轴机床，特别是带有回转工作台的五轴数控机床，其动态实时补偿及其实施和应用是必不可少的。

4. 实时补偿控制系统的网络化、群控化

随着制造业规模的不断扩大，企业对数控机床的拥有数量也不断增加，而传统的误差补偿只能采用单机版的方式，无法通过上一层的操作平台对多台数控机床的补偿实时信息进行监控和调整。而且，传统的补偿建模方法必须相关技术人员现场实际测试并建模后，将模型导入相关的补偿系统硬件中才能完成，这样就使得误差模型的建模工作只能由专业人员在工业现场来完成，既不经济，效率也低。因此，通过互联网络实现远程数控机床误差建模、模型下载以及模型调整，增强误差补偿技术的灵活性是未来一段时间内数控机床误差补偿系统的发展方向之一。

5. 补偿智能化与开放化

随着智能技术的日益成熟，数控机床将向智能型方向发展，而误差补偿技术也将会融入智能化的轨道。目前的数控系统是指令式数控系统，随着智能技

术的发展，智能型数控系统将会在不久的将来诞生，而这种智能型数控系统本身将会集成误差补偿系统，这种智能的误差补偿系统会根据各误差元素对总误差的贡献以及总误差对加工精度的影响智能取舍，有时甚至会制造一些误差去抵消当前成为问题而又无法辨识的误差因素。因此，智能化误差补偿将是数控机床误差补偿技术发展的宏观趋势。与此同时，随着将来的纳米甚至更精密的数控加工中，数控机床的加工精度将会部分或全部依赖于误差补偿技术，误差补偿系统需要与各种数控系统实时交互，达到底层程序互容共享的目的，这同时也要求开放的数控系统，整个误差补偿系统与原有的数控系统均需要具有开放的控制接口，打破现有数控系统的封闭、独立和垄断。

近年来随着大数据和人工智能的发展，误差建模与补偿研究出现一些新趋势，需要结合深度学习等新兴机器学习方法，研究基于制造大数据的产线加工精度与制造大数据的关联关系，形成产线加工加工精度建模、预测与智能补偿的系统化解决方案，以满足国内制造企业对智能产线的迫切需求。

著者在教育部、04 专项、国家重点研发计划和自然科学基金等项目的支持下，经过十余年专心致志、持续不断地对数控机床误差补偿技术的研究，取得了系统性的研究成果，在数控机床误差统一模型、复杂生热机理及热误差建模、旋转轴误差同时测量及解耦补偿等方面取得了理论创新，在数控机床智能实时误差补偿控制器方面取得技术突破，建立了数控机床误差测量、分析与补偿的技术体系。成果广泛应用于三 ~ 五轴各类机床，在数控机床装备行业、航空航天、汽车，以及 3C 的消费类电子等各类数控机床应用行业 40 多家企业 1000 多台机床上得到批量应用。具体主要成果如下：

1）提出了数控机床综合误差数学模型的建立方法，并提出了三轴数控机床全部 4 种结构的统一综合误差数学模型，以正确描述位置误差在机床三维运动空间中的分布，并将不同结构数控机床误差数学模型统一在同一个数学模型中。

2）提出了温度测点在机床上的优化布置方法和在众多温度元素中选择关键温度元素的方法，使得数控机床热误差（或主轴热漂移误差）数学模型的精确度更高、鲁棒性更好，而且热误差数学模型中的温度元素更少。

3）提出了机床主轴热漂移误差的多种建模方法，并提出了既是几何误差（与机床运动位置坐标有关）又是热误差（与机床温度有关）的复合误差的建模方法。

4）提出了五轴数控机床误差实时补偿策略，并建立了五轴数控机床误差补偿数学模型。

5）开发了数控机床误差实时补偿控制系统，高效、精确、经济、方便地实现了多误差（几何误差、热误差、力误差等）实时补偿，大幅度提高了机床加工精度。

6）开发了适用于国产数控系统的实时误差补偿功能模块，使得实时补偿在国产数控系统的机床上也可实施和应用。

7）将实时补偿技术实施和应用于多家企业的批量数控机床，提高机床精度50%～90%。

第2章　数控机床误差及其形成机理

研究影响数控机床加工精度的误差元素是进行误差补偿的前提和基础。本章从误差源的角度详细分析了影响数控机床精度的各项误差元素及其形成机理，为数控机床误差建模奠定基础。

2.1　数控机床误差概念及分类

2.1.1　误差的概念

1. 数控机床几何误差

根据 ISO 230—1：1996 及 GB/T 17421.1—1998 的相关规定，数控机床几何误差指的是数控机床在标准测试环境（标准大气压及20℃恒定气温）中，机床处在稳定的运转热环境及无负载状态下，由于机床设计、制造、装配等中的缺陷，使得机床中各组成环节或部件的实际几何参数和位置相对于理想几何参数和位置发生偏离，该项误差一般与机床各组成环节或部件的几何要素有关，是机床本身固有的误差。

2. 数控机床控制误差

数控机床控制误差是指由数控机床控制系统的不精确性引起的机床运动部件实际运动轨迹与理想运动轨迹的偏差。控制误差包括伺服驱动环节、测量传感环节以及数控插补等控制相关环节带来的偏差。

3. 热（变形）误差

由于数控机床受切削热、摩擦热等机床内部热源以及工作场地周围外部热源的影响和作用下，数控机床的温度分布发生变化，导致数控机床与标准稳态状态相比而产生的附加热变形，由此改变了数控机床中各组成部分的相对位置，从而产生的附加误差（不包含数控机床已有的几何误差），简称热误差。热误差呈现非线性特性，是一种准静态误差，技术上可以按照静态误差来处理。

4. 力（变形）误差

数控机床在切削力、夹紧力、重力和惯性力等作用下产生的附加几何变形，破坏了机床各组成部分原有的相互位置关系，从而产生的附加加工误差，简称力误差，其与机床刚度等有关。

5. 机床定位/位置误差

机床定位/位置误差是特指机床工作台或刀具在运动到机床加工工作空间中，其理想位置和实际位置的差异程度。一般属于机床几何误差的范畴之一。

6. 运动误差

运动误差是指数控机床在工作过程中，工作台、主轴等主要运动部件的实际运动轨迹和理想运动轨迹的不符合程度。

7. 机床误差

狭义上机床误差指的就是机床位置误差、主轴回转误差、数控系统控制误差等和数控机床本身有关的误差项。广义上的机床误差指的是上述所有误差。

8. 加工误差

加工误差指的就是在加工状态下，由于机床热分布不平衡以及加工负载等加工过程原因，使得刀具与工件相对运动中的非期望值发生变化，具体反映在工件产生的附加尺寸误差、形状误差和位置误差。工件的加工精度主要取决于工件和切削刃在加工过程中相互位置的正确程度。

图 2-1 为数控机床主要误差及其来源，其中，几何误差和控制误差是机床原始误差，而热误差和力误差为加工过程中产生的误差。

表 2-1 为数控机床各误差源所占比例，其中，机床几何误差、热误差和力误差占总误差的 65%，是影响数控机床加工精度的主要误差因素。不同的工况，各误差源所占比例有区别，如越是精密的机床或精密的加工，热误差所占比例越大。

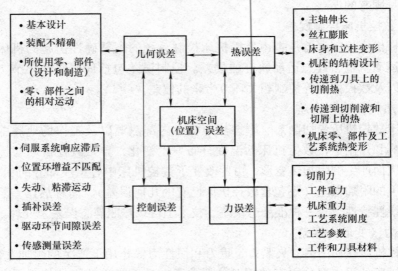

图 2-1　数控机床的主要误差源

24

表 2-1 数控机床各种误差源所占比例 （单位：%）

机床误差	几何误差	18	65
	热误差	35	
	力误差	12	
工艺系统其他误差	刀具误差	10	25
	夹具误差	5	
	工件热误差和弹性变形	8	
	其他误差	2	
检测误差	随机误差	7	10
	安装误差	3	

2.1.2 误差的分类

1. 误差分类一

（1）静态误差 不随时间变化而变化的误差，主要由机床本身制造、装配精度等决定。如机床几何误差、机床本身重力（引起）误差等。

（2）准静态误差 机床在工作状态下产生的误差。之所以称为准静态，是指在给定条件下，在一定时期内基本保持不变或变化缓慢的误差，如机床热变形、工件热变形、刀具磨损等产生的误差。机床准静态误差对加工工件尺寸精度的影响占有很大比重。

（3）动态误差 机床在工作状态下产生的误差。其特性比较复杂，主要影响加工工件的局部误差特性，如表面粗糙度、形状精度等。动态误差包括切削力（引起）误差、伺服误差等。

（4）高频误差 也是一种动态误差，如颤振引起的误差。

2. 误差分类二

（1）位置误差 机床工作台或刀具在机床坐标系或工件坐标系中实际位置与理想位置或指令位置的差异程度。位置误差是向量误差，可由坐标位置函数表达：

$$E = f\{x, y, z, \text{其他}\}$$

1）与位置有关的几何误差：

$$E = f\{x, y, z\}$$

2）与位置有关的热误差：

$$E = f\{x, y, z, T\}$$

式中，T 为机床温度。

（2）非位置误差 机床工作台或刀具在外部因素影响下实际状态与理想状

25

态的偏离程度。非位置误差间接影响位置误差。

1）与温度 T 高低有关的热变形或热误差：

$$E = f\{T\}$$

2）与受力 F 大小有关的力变形或力误差：

$$E = f\{F\}$$

3）与加工数量 N 或时间 t 有关的刀具磨损误差：

$$E = f\{N\}$$

数控机床非位置误差除上述三种主要误差外，还包括其他随机误差因素。

注：在机床误差补偿技术中，一般以此分类进行误差建模。

2.2 数控机床几何误差元素

几何误差主要来源于数控机床零、部件的制造及装配精度，是与机床零、部件的形位精度相关的一类误差元素。由于机床零部件本身及其装配过程中存在形状和位置误差，当机床运动部件移动或转动时，这些形状和位置误差会复映到机床的运动部件上，从而产生几何误差。

1. 移动副误差元素

根据一个物体在空间运动有 6 个自由度，机床移动部件在导轨上移动时共有 6 个误差元素，其中包括 3 个移动误差——定位误差和 2 个直线度误差，3 个转动误差——倾斜误差、偏摆误差和俯仰误差。

（1）定位误差　定位误差也称线性位移误差，是指机床移动部件在轴线方向的实际位置与其理想位置的偏差。定位误差常用符号 $\delta_u(u)$ 或 δ_{uu} 表示，其中字母 u 表示机床坐标 x、y、z 等，第一个字母表示误差方向，第二个字母表示运动方向，如 δ_{xx} 表示机床工作台沿 X 轴移动时在 x 方向产生的误差；定位误差的正负规定为与坐标轴正方向相同的误差为正，与坐标轴正方向相反误差为负。如图 2-2 所示，机床工作台或刀具沿 X 轴移动，A 为起始位置，B 为指令位置，C 为实际位置，则 BC 为定位误差，由于误差方向与坐标轴正方向相同，故取正值，即

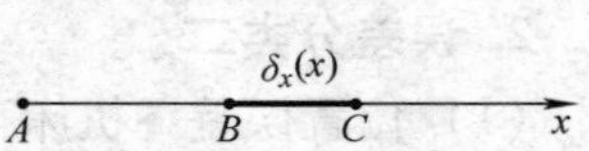

图 2-2　定位误差

$$BC = \delta_x(x) \quad \text{或} \quad BC = \delta_{xx}$$

同理，机床工作台沿 Y 轴和 Z 轴移动时的定位误差可分别表示为 $\delta_y(y)$ 或 δ_{yy} 和 $\delta_z(z)$ 或 δ_{zz}。

定位误差通常主要由丝杠螺距误差和反馈检测误差引起。丝杠螺距误差主要由丝杠的制造误差及热膨胀引起。如丝杠的理论导程为 L，由于制造误差，其实际导程为 L'，当丝杠转过 θ（单位 rad）角后，由螺距误差引起的定位误差为

$$e = \frac{\theta}{2\pi}(L' - L + \Delta L) \tag{2-1}$$

式中，ΔL 为丝杠热膨胀引起的导程增加量。

（2）直线度误差　直线度误差是指机床移动部件沿坐标轴移动时偏离该轴轴线的程度。直线度误差包括 X 向直线度误差、Y 向直线度误差和 Z 向直线度误差。直线度误差常用符号 $\delta_u(v)$ 或 δ_{uv} 表示，其中字母 u、v 表示机床坐标 x、y、z 等，第一个字母 u 表示误差方向，第二个字母 v 表示运动方向，如 δ_{yx} 表示工作台沿 X 轴移动时在 y 方向产生的 Y 向直线度误差；直线度误差的正负规定同定位误差。

如图 2-3 所示。工作台在 XOY 平面内沿 X 轴运动，O 为起始位置，O_1 为指令位置，O_2 为实际位置，则 O_1O' 为 Y 向直线度误差 $\delta_y(x)$ 或 δ_{yx}，O_2O' 为 Z 向直线度误差 $\delta_z(x)$ 或 δ_{zx}，即

$$O_1O' = \delta_y(x); \quad O_2O' = \delta_z(x)$$

同理，工作台在 XOY 平面内沿 Y

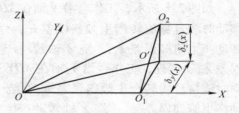

图 2-3　直线度误差

轴运动时的 X 向直线度误差为 $\delta_x(y)$ 或 δ_{xy}，Z 向直线度误差为 $\delta_z(y)$ 或 δ_{zy}；工作台在 YOZ 平面内沿 Z 轴运动时的 Y 向直线度误差为 $\delta_y(z)$ 或 δ_{yz}，X 向直线度误差为 $\delta_x(z)$ 或 δ_{xz}。

直线度误差主要由机床导轨的导向精度引起，机床导轨是引导工作台沿着一定方向运动的一组平面或曲面。导轨的导向精度是指导轨运动轨迹的准确度，主要影响因素有导轨的几何精度和接触精度、导轨的结构形式、导轨和支承件的刚度与热变形、导轨的装配质量；对于动压导轨和静压导轨，还有油膜刚度等。图 2-4 为机床导轨由于制造、装配及热变形引起的导向误差，机床工作台由 a 点移动到 b 点，由于导轨导向误差影响，实际移动到 c 点，其实际直线度误差是 Y 向直线度误差和 Z 向直线度误差的向量合成。

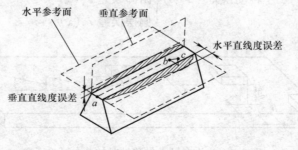

图 2-4　导轨导向误差

（3）转动误差 转动误差是指机床运动部件沿某一坐标轴移动时绕其自身坐标轴或其他坐标轴旋转而产生的误差。绕其自身坐标轴旋转产生的误差称为倾斜误差；在运动平面内旋转产生的误差称为偏摆误差；在垂直于运动平面方向旋转产生的误差称为俯仰误差。转动误差常用符号 $\varepsilon_u(v)$ 或 ε_{uv} 表示，其中字母 u、v 表示机床坐标 x、y、z 等，第一个字母表示误差方向，第二个字母表示运动方向，如 ε_{yx} 表示工作台沿 X 轴移动时绕 Y 轴旋转产生的俯仰误差；转动误差的正负规定按右手螺旋准则确定，如图 2-5 所示。影响转动误差的主要因素有导轨副及其支承件的刚度与热变形、导轨副的制造及装配质量、机床的安装精度等。

如图 2-5 所示，工作台沿 X 轴在 XOY 平面移动时绕自身旋转产生倾斜误差 ε_{xx}，绕 Y 轴转动产生俯仰误差 ε_{yx}，绕 Z 轴转动产生偏摆误差 ε_{zx}；同理，工作台沿 Y 轴在 XOY 平面移动时绕自身旋转产生倾斜误差 ε_{yy}，绕 X 轴转动产生俯仰误差 ε_{xy}，绕 Z 轴转动产生偏摆误差 ε_{zy}；同理，工作台沿 Z 轴在 YOZ 平面移动时绕自身旋转产生倾斜误差 ε_{zz}，绕 Y 轴转动产生偏摆误差 ε_{yz}，绕 X 轴转动产生俯仰误差 ε_{zx}。

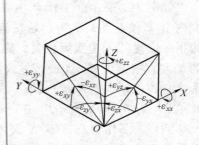

图 2-5 转动误差正负规定

图 2-6 为机床工作台沿 X 轴移动时产生的 3 个移动误差和 3 个转动误差，共 6 个误差元素：

$$
\text{沿 } X \text{ 方向移动}
\begin{cases}
\text{移动误差（3 个）}
\begin{cases}
\text{定位误差（也称线性位移误差）} \delta_x(x) \\
\text{直线度误差（水平）} \delta_y(x) \\
\text{直线度误差（垂直）} \delta_z(x)
\end{cases} \\
\text{转动误差（3 个）}
\begin{cases}
\text{倾斜误差 } \varepsilon_x(x) \\
\text{俯仰误差 } \varepsilon_y(x) \\
\text{偏摆误差 } \varepsilon_z(x)
\end{cases}
\end{cases}
$$

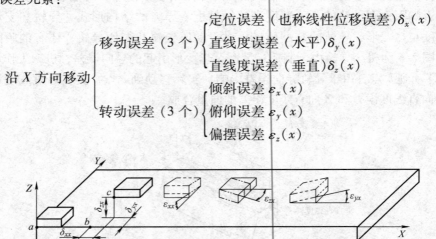

图 2-6 工作台沿 X 轴移动时的 6 个误差元素

同理，机床沿 Y 轴移动时产生的 3 个移动误差和 3 个转动误差，共 6 个误差元素：

$$
沿\ Y\ 方向移动
\begin{cases}
移动误差（3 个）
\begin{cases}
定位误差（也称线性位移误差）\delta_y(y) \\
直线度误差（水平）\delta_x(y) \\
直线度误差（垂直）\delta_z(y)
\end{cases} \\
转动误差（3 个）
\begin{cases}
倾斜误差\ \varepsilon_y(y) \\
俯仰误差\ \varepsilon_z(y) \\
偏摆误差\ \varepsilon_x(y)
\end{cases}
\end{cases}
$$

同理，机床沿 Z 轴移动时产生的 3 个移动误差和 3 个转动误差，共 6 个误差元素：

$$
沿\ Z\ 方向移动
\begin{cases}
移动误差（3 个）
\begin{cases}
定位误差（也称线性位移误差）\delta_z(z) \\
直线度误差（水平）\delta_y(z) \\
直线度误差（垂直）\delta_x(z)
\end{cases} \\
转动误差（3 个）
\begin{cases}
倾斜误差\ \varepsilon_z(z) \\
俯仰误差\ \varepsilon_x(z) \\
偏摆误差\ \varepsilon_y(z)
\end{cases}
\end{cases}
$$

通过上述分析可知，机床工作台在空间移动时存在 9 个移动误差、9 个转动误差，共 18 个误差元素。

由于机床三个坐标轴 X、Y、Z 相互垂直，故还存在三个垂直度误差 S_{xy}、S_{xz}、S_{yz}。综上可知，三轴机床共存在图 2-7 所示的 21 个误差元素。

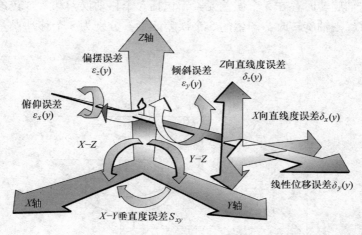

图 2-7 三轴机床 21 个误差元素

2. 转动副误差元素

转动副绕转轴转动时存在 6 个误差元素，包括 3 个移动误差和 3 个转角误差。如图 2-8 所示，A 轴绕转轴 X 从 a 点转动到 b 点，由于机床误差的影响，实际到达位置 c，产生 6 个误差元素，分别为 3 个移动误差：X 向线性位移误差 δ_{xA}、Y 向直线度误差 δ_{yA} 和 Z 向直线度误差 δ_{zA}；3 个转角误差：绕 X 轴转角误差 ε_{xA}、绕 Z 轴转角误差 ε_{zA} 和绕 Y 轴转角误差 ε_{yA}。

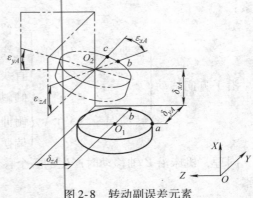

图 2-8 转动副误差元素

同理，B 轴绕转轴 Y 转动，存在 3 个移动误差：X 向直线度误差 δ_{xB}、Y 向线性位移误差 δ_{yB} 和 Z 向直线度误差 δ_{zB}；3 个转角误差：绕 X 轴的转角误差 ε_{xB}、绕 Z 轴的转角误差 ε_{zB} 和绕 Y 轴的转角误差 ε_{yB}。

同理，C 轴绕转轴 Z 转动，存在 3 个移动误差：X 向直线度误差 δ_{xC}、Y 向直线度误差 δ_{yC} 和 Z 向线性位移误差 δ_{zC}；3 个转角误差：绕 X 轴的转角误差 ε_{xC}、绕 Z 轴的转角误差 ε_{zC} 和绕 Y 轴的转角误差 ε_{yC}。

由于 A、B、C 轴分别平行于 YOZ 平面、XOZ 平面和 XOY 平面，故还存在 6 个平行度误差元素：η_{yA}、η_{zA}、η_{xB}、η_{zB}、η_{xC} 和 η_{yC}。

3. 主轴误差元素

机床主轴旋转时存在 5 个误差元素，包括 3 个移动误差和 2 个转角误差。如图 2-9 所示，主轴旋转时，产生的 5 个误差元素，分别为 3 个移动误差：X 向直

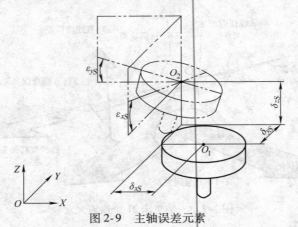

图 2-9 主轴误差元素

线度误差 δ_{xS}、Y 向直线度误差 δ_{yS} 和 Z 向线性位移误差 δ_{zS}；2 个转角误差：绕 X 轴的转角误差 ε_{xS} 和绕 Y 轴的转角误差 ε_{yS}。

2.3 机床热误差及形成机理

2.3.1 机床热变形机理

金属材料具有热胀冷缩的热特性，当机床处于工作状态时，由于机床运动部件产生摩擦热、切削热以及外部热源等引起（机床—工件—刀具—夹具）工艺系统变形，这种变形称为热变形。由机床热变形引起的误差称为热变形误差，简称热误差。在精密及超精密加工中，热误差的影响非常严重，占机床总误差的 40% ~70%。

机床热变形机理如图 2-10 所示。机床在内外热源的共同作用下产生热量 Q，该热量通过辐射、对流、传导等方式传递给机床零、部件，引起机床零、部件的温升 ΔT，使相应零、部件产生变形 Δ，导致机床在加工过程中刀具和工件间产生相对位移 δ，从而使工件的加工精度下降。

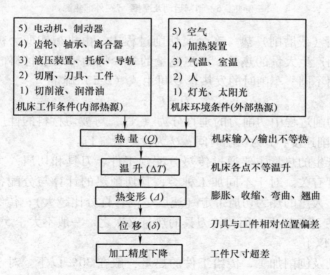

图 2-10 机床热变形机理

由上述机床热变形机理不难看出，机床热变形的基本过程是热源→温升（温度场）→热变形。但是，由于机床部件在热变形后会导致摩擦加剧，从而使温升增大。因此，上述过程不是单一方向的，而是相互作用的。

2.3.2　机床热源及温度场

1. 机床热源

机床热源主要可分为两大类：内部热源和外部热源。前者来自切削过程本身，如切削热、运动部件的摩擦热，后者来自切削时的外部条件，如环境温度、阳光、灯光的辐射热等。图 2-11 为机床热源分布图。

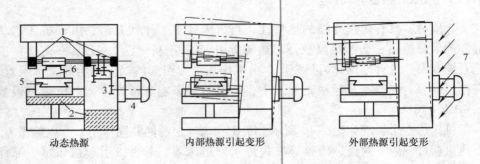

动态热源　　　　　　内部热源引起变形　　　　　　外部热源引起变形

图 2-11　机床热源
1—轴承及轴承座　2—齿轮及润滑油　3—传动及制动装置　4—泵及电动机
5—导轨　6—切削运动及摩擦　7—外部热源

（1）切削（或磨削）热　在金属切削过程中，由机械能变为被切削材料的变形能，从而产生大量的热量，产生热量的多少将随被切削材料的性质及切削用量的大小而不同。车削时的发热量 Q 可由式（2-2）确定

$$Q = F_z v \tau \tag{2-2}$$

式中，F_z 为切削过程中切削力的垂直分力（N），与被切材料的性质及切削用量有关；v 为切削速度；τ 为切削时间；Q 为发热量（J）。

切削所产生的热量主要通过传热分配到工件、刀具和切屑，其分配的百分比与切削速度有关。对于不同加工种类，其切削热的计算与分配各不相同。在车削过程中，大量的热为切屑带走（速度越高，百分比越大）；传给工件的热量次之，一般在 30% 以下；而传给刀具的热量又次之，一般不大于 5%，高速切削时甚至在 1% 以下。

对于铣削及刨削加工，传给工件的热量一般在 30% 以下。对于钻孔和卧式镗孔，因有大量切屑留在孔内，故其传给工件的热量就比车削高，在钻孔加工中（特别是垂直钻孔中）传给工件的热量往往在 50% 以上。

至于磨削，因其传给磨屑的热量较少，大部分热量是传给工件的。据试验分析，传给工件的热量通常在总热量的 84% 左右，传给磨屑的热量仅为 4%，传给砂轮的热量约占 12% 左右。有时工件磨削区域的温度可达 800~1000℃ 以上，它将使部分工件表面出现烧伤缺陷并使工件产生较大的热变形，从而影响工件的加工精度。

（2）机床运动副的摩擦热　机床内有各种运动副，如工作台与导轨、摩擦离合器、齿轮传动副、制动器、丝杠与螺母等。它们的运动会产生一定的摩擦力（或摩擦转矩）和摩擦热而形成热源。这些热源使机床部件的温度升高，由于机床各点的温升不同，致使机床产生畸变。

摩擦热的计算一般先计算出运动副摩擦消耗功，然后转化为摩擦热。运动副单位面积消耗的摩擦功率可用式（2-3）计算：

$$A = fpv \tag{2-3}$$

式中，A 为单位面积的功率消耗（W/m^2）；f 为摩擦系数；p 为压强（N/m^2）；v 为速度（m/s）。

（3）滚动轴承摩擦热的计算　滚动轴承发热量主要是由轴承的摩擦力矩产生，其计算公式为：

$$Q_b = 1.047 \times 10^{-4} nM \tag{2-4}$$

式中，Q_b 为轴承发热量；n 为轴承转速（r/min）；M 为轴承摩擦力矩（$N \cdot mm$）。

轴承摩擦力矩是指由轴承滚动摩擦、滑动摩擦和润滑剂摩擦的总和产生的阻滞轴承运转的阻力，可由下式计算：

$$M = M_0 + M_1$$

式中，M_0 为与载荷无关的摩擦力矩；M_1 为与载荷有关的摩擦力矩。

$$\begin{cases} M_0 = 10^{-7} f_0 (\nu_0 n)^{2/3} D_m^3 & \nu_0 n \geqslant 2000 \\ M_0 = 160 f_0 D_m^3, & \nu_0 n < 2000 \end{cases}$$

式中，f_0 为与润滑有关的因数，角接触球轴承脂润滑，单列取 $f_0 = 2$；n 为轴承转速（r/min）；ν_0 为在轴承工作温度下润滑剂的运动粘度（mm^2/s）；D_m 为轴承平均直径（mm）。

$$M_1 = f_1 P_1 D_m$$

式中，f_1 为与轴承类型和载荷有关的因数；P_1 为计算轴承摩擦力矩时的轴承载荷（N）。对于角接触球轴承：

$$P_1 = 0.0013 (P_0/C_0)^{0.33}$$

式中，P_0 为当量静载荷（N）；C_0 为基本额定定载荷（N）。

$$P_0 = X_0 F_r + Y_0 F_z$$

式中，X_0 为静径向系数，向心球轴承单列公称角为 25° 时取 $X_0 = 0.5$；Y_0 为静轴向系数，向心球轴承单列公称角为 25° 时取 $Y_0 = 0.5$；F_r 为径向载荷（N）；F_z 为轴向载荷（N）。

2. 机床温度场

（1）基本概念

1）机床温度场：是在某一瞬间机床上若干点的温度分布的总称，温度场是时间和空间位置的函数，在直角坐标系内温度场可表示为

$$T = T(x, y, z, t)$$

2）非稳态温度场。物体上各点的温度不仅是坐标位置的函数而且也是时间的函数，物体上这种温度分布随时间而变化的温度场称为非稳态温度场。

3）稳态温度场。物体上各点温度不随时间变化或变化很小，只是坐标位置的函数，物体上这种温度分布称为稳态温度场。

$$T = T(x, y, z)$$

4）热平衡状态。单位时间内输入物体的热量与向周围介质散发的热量相等，物体上各点温度保持各自的稳定值，物体处于热平衡状态，各点温度不随时间变化或变化很小，只是坐标位置的函数。

5）热平衡时间：达到热平衡所需时间。小型机床一般需要 2 ~4h，中型机床一般需要 4 ~6h，大型机床一般需要 10 ~14h。

（2）机床温度场有限元分析 以数控系统为 SINUMERIK 840D 的 XYTZ 型三轴加工中心为例，机床参数为：最高转速为 8000r/min，快速进给速度为 33m/min，X、Y、Z 轴行程分别为 850mm、560mm、650mm。机床切削参数为：$n = 2000$r/min，$f = 0.2$mm/r。建立机床有限元模型如图 2-12 所示。

假定机床初始温度及环境温度为 20℃，为模拟一天内机床温度场变化规律，机床首先空运行 4h，模拟上午的机床温度变化规律。图 2-13 为机床温度场云图。由图 2-13 可以看出，4h 内机床主轴温度最高为 35℃，温升为 15℃；

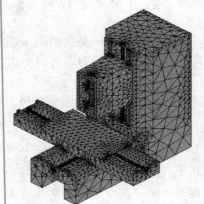

图 2-12　机床有限元模型

其次是丝杠螺母 26℃，温升为 6℃；最小是导轨 23℃，温升为 3℃。

通过机床温度场分析得出：机床在初始运行时温升最大，主轴 1000s 内温升 8℃，随着运行时间的增加，逐渐趋于热平衡，在机床运行 8000 ~14400s 内的最大温升为 1℃，最小温升仅为 0.03℃。

由图 2-13 可以初步确定温度传感器的布置位置，即机床主轴、丝杠螺母和导轨处。

图 2-14 为主轴、丝杠螺母及导轨温升曲线图。由图 2-14 可以看出，主轴和丝杠螺母达到热平衡时间为 8000s，而导轨达到热平衡时间较短，为 5000s。机床整机热平衡时间为 8000s。

为模拟中午休息后继续工作时的机床温度场变化规律，机床停机 1h 自然冷

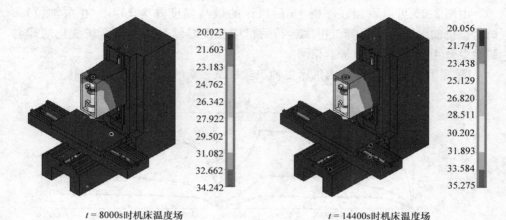

t = 8000s时机床温度场   t = 14400s时机床温度场

图 2-13   机床温度场云图

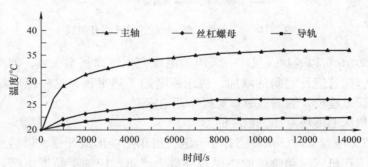

图 2-14   主轴、丝杠螺母、导轨温升曲线

却，然后继续运行 4h，图 2-15 为停机 1h 及继续运行 4h 的机床温度场云图。

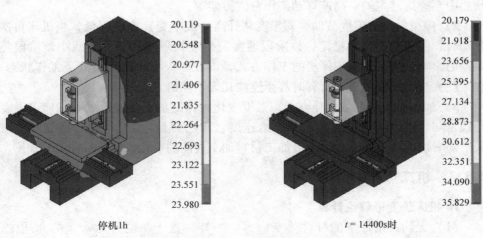

停机1h   t = 14400s时

图 2-15   停机 1h 及继续运行 4h 的机床温度场云图

35

由图 2-15 可以看出，停机 1h 后机床的最高温度降为 24℃，在主轴位置，机床整机的温度大幅下降；再次运行后机床温度继续升高，温度场变化规律与初始温升 4h 的变化规律基本相同。

图 2-16 为一个工作日内机床主轴、丝杠及导轨的温度变化曲线图。

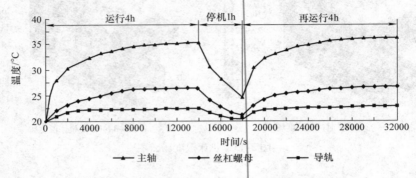

图 2-16　一天内主轴、丝杠、导轨温升曲线

由图 2-16 可以看出，机床一天内的温度变化规律基本一致，即刚启动时机床温升快，随着运行时间的增加，机床逐渐趋于热平衡，这一温度场变化规律为机床热误差建模及测温点的布置提供理论依据。

（3）机床温度场对加工精度的影响

1）机床刚起动时，从冷态开始升温，机床热变形最严重，以后逐渐减少并趋于稳定。在机床起动阶段的热误差也最为严重，使加工精度下降。在精密及超精密加工中经常采用预热机床的方式来使机床达到热平衡或基本热平衡，以避免机床起动阶段热误差对加工精度的影响。为了减少热平衡所需时间，可在预热中高速运转主轴、高速移动工作台或刀架等。

2）停机后机床温度波动，即温度从升高（或不变）变成降低，当机床再次起动时，使加工精度不稳定，该阶段通常发生在换班或休息。为减小该阶段热误差的影响，通常采用不停机的工作方式，即在一天中机床始终处于工作状态，在某些大型工件的加工中，有时甚至连续几天不停机。

3）加工误差与温度变化有关。温度变化大，则加工误差也大。机床温度变化通常与切削用量（主轴转速、进给速度、背吃刀量）、刀具和工件材料等有关。随着切削用量的增加以及被加工材料加工性能的变化，导致机床温升加剧。

2.3.3　机床热变形分析

1. 机床热变形理论计算

（1）无约束条件下的杆件热变形　将一杆件置于一温升为常量的介质中，并且把它的一端固定，则杆的热伸长 ΔL 为

$$\Delta L = \alpha_T L \Delta T \tag{2-5}$$

式中，α_T 为线膨胀系数；L 为杆的原始长度；ΔT 为温升。

对于任意温度场如图 2-17 所示，杆的伸长量为

$$\Delta L = \alpha_T \int_0^L T(x) \, \mathrm{d}x \tag{2-6}$$

式中，$T(x)$ 为温度场函数。

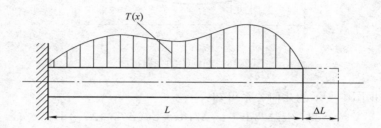

图 2-17 任意温度场下杆的热伸长

（2）有约束条件下的杆件热变形 当弹性体受到外在的约束及体内各部分之间的相互约束时，上述变形便不能自由发生而将伴随着变温应力的生成。此时杆件的热变形为两者的和：

$$\Delta L = L\left(\frac{\sigma}{E} + \alpha_T \Delta T\right) \tag{2-7}$$

式中，σ 为热应力；E 为弹性模量。由于 $\Delta L/L$ 为杆件的总应变，用 ε 表示，由弹性力学可知，$\varepsilon = \mathrm{d}u/\mathrm{d}x$（$u$ 为沿 x 方向的位移）。由此可得等截面杆一维变温位移的微分方程为

$$\frac{\mathrm{d}^2 u}{\mathrm{d}x^2} = \alpha_T \frac{\mathrm{d}T}{\mathrm{d}x} \tag{2-8}$$

解式（2-8）可得

$$u = \int \alpha_T T \mathrm{d}x + C_1 x + C_2 \tag{2-9}$$

式中，$C_1 = \sigma/E$，由导热方程可得 $T = k_1 x + k_2$。根据边界条件可获得式（2-9）的解。

（3）简单梁的变温挠度 如果温度沿梁的高度不是常数，则梁会在温度应力的作用下产生挠曲。如图 2-18 所示，有一简单梁，在处于均匀温度时是直的。若其顶面温度变为 T_1，底面温度变为 T_2，则相应的温变分别为 $\Delta T_1 = T_1 - T_0$，$\Delta T_2 = T_2 - T_0$，梁的顶面与底面的温变差将造成梁的弯曲。

从中取出长度为 $\mathrm{d}x$ 的单元，该单元的底部与顶部的长度变化分别为 $\alpha_T \Delta T_2 \mathrm{d}x$ 和 $\alpha_T \Delta T_1 \mathrm{d}x$，如果 $\Delta T_2 > \Delta T_1$，则单元的两个侧面将彼此相对旋转 $\mathrm{d}\phi$

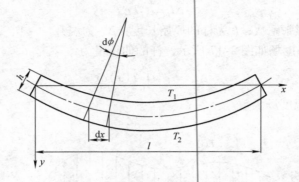

图 2-18　简单梁的变温挠曲

角度。根据图中所示的几何关系可知：

$$h \mathrm{d}\phi = \alpha_T \Delta T_2 \mathrm{d}x - \alpha_T \Delta T_1 \mathrm{d}x = \alpha_T (\Delta T_2 - \Delta T_1) \mathrm{d}x \tag{2-10}$$

若温变差不大，则梁的挠度很小，这时挠曲线是一个很平坦的曲线，有下列关系

$$\phi = \tan\phi = \frac{\mathrm{d}y}{\mathrm{d}x}$$

将此式对 x 求导，并代入式（2-10）可得

$$\frac{\mathrm{d}\phi}{\mathrm{d}x} = \frac{\mathrm{d}^2 y}{\mathrm{d}x^2} = -\frac{\alpha_T(\Delta T_2 - \Delta T_1)}{h} \tag{2-11}$$

式中，"–"号与材科力学中的正负号规律相同，梁向上弯曲时取"+"。

根据材料力学的挠曲线方程 $\dfrac{\mathrm{d}^2 y}{\mathrm{d}x^2} = -\dfrac{M}{EI}$ 可知，梁在全长范围内的

$\dfrac{\alpha_T(\Delta T_2 - \Delta T_1)}{h}$ 为一定值，根据边界条件，当 $x=0$ 时，$y=0$；当 $x=l$ 时，$y=0$。

可求得梁的变温挠曲线方程

$$y = -\frac{\alpha_T(\Delta T_2 - \Delta T_1) x(x-l)}{2h} \tag{2-12}$$

2. 机床热变形有限元分析

为模拟机床在一天内热变形规律，进行了基于 ANSYS 的机床热变形分析，机床有限元模型如图 2-12 所示，在进行机床热变形有限元分析前，首先要引入支撑条件。

（1）引入支撑条件　数控机床通常由 4 个地脚螺栓固定于基座上，即在每个地脚螺栓上引入了 6 个约束：3 个移动和 3 个转动。因此，在机床 4 个底角施加约束，约束自由度为 3 个移动和 3 个转动。考虑组成机床的主要材料为钢和铸铁，取钢的弹性模量为 210GPa，泊松比为 0.3，线膨胀系数为 1.1×10^{-5}；取铸铁的弹性模量 120GPa，泊松比 0.3，线胀系数为 1×10^{-5}。将 2.3.2 节计算的不

同时间温度场作为载荷施加到加工中心有限元模型即可进行数控机床热变形有限元分析。

（2）基于 ANSYS 的数控机床热变形分析　同 2.3.2 节，模拟一天内机床热变形规律，首先将 2.3.2 节中机床初始运行 4h 内的温度场数据作为载荷施加到机床有限元模型，模拟机床在上午工作时的热变形规律。图 2-19 为机床热变形云图。

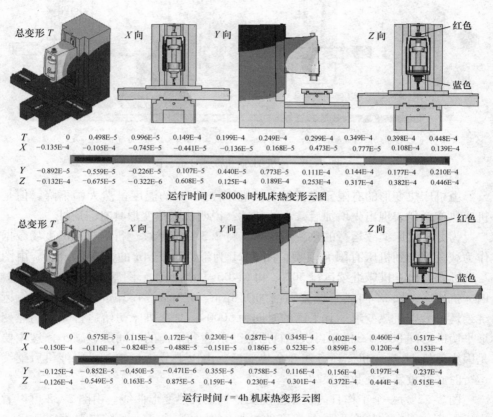

T	0	0.498E-5	0.996E-5	0.149E-4	0.199E-4	0.249E-4	0.299E-4	0.349E-4	0.398E-4	0.448E-4
X	−0.135E-4	−0.105E-4	−0.745E-5	−0.441E-5	−0.136E-4	0.168E-5	0.473E-5	0.777E-5	0.108E-4	0.139E-4
Y	−0.892E-5	−0.559E-5	−0.226E-5	0.107E-5	0.440E-5	0.773E-5	0.111E-4	0.144E-4	0.177E-4	0.210E-4
Z	−0.132E-4	−0.675E-5	−0.322E-6	0.608E-5	0.125E-4	0.189E-4	0.253E-4	0.317E-4	0.382E-4	0.446E-4

运行时间 t=8000s 时机床热变形云图

T	0	0.575E-5	0.115E-4	0.172E-4	0.230E-4	0.287E-4	0.345E-4	0.402E-4	0.460E-4	0.517E-4
X	−0.150E-4	−0.116E-4	−0.824E-5	−0.488E-5	−0.151E-5	0.186E-5	0.523E-5	0.859E-5	0.120E-4	0.153E-4
Y	−0.125E-4	−0.852E-5	−0.450E-5	−0.471E-6	0.355E-5	0.758E-5	0.116E-4	0.156E-4	0.197E-4	0.237E-4
Z	−0.126E-4	−0.549E-5	0.163E-5	0.875E-5	0.159E-4	0.230E-4	0.301E-4	0.372E-4	0.444E-4	0.515E-4

运行时间 t=4h 机床热变形云图

图 2-19　机床热变形云图

由图 2-19 可以看出，机床运行 4h 后的整机热变形趋势为床身呈中凸弯曲，最大变形量在床身中部；立柱向后倾斜，最大变形量在立柱的上端；主轴膨胀并弯曲，最大变形量在主轴顶端。

从图 2-19 还可以看出，机床 8000s 的热变形云图与机床 14400s 的热变形云图基本相同，在 8000～14400s 内，机床 X 向热变形增加 1.4μm，Y 向热变形增加 2.7μm，Z 向主轴前端热变形基本保持不变（图中 Z 向变形主轴前端蓝色区域），虽然主轴顶端热变形增加 6.9μm（图中 Z 向变形主轴顶端红色区域），但是主轴顶端对机床精度不产生影响，因此，可以确定机床整机热变形达到平衡的时间为8000s。

为模拟中午休息1h的机床热变形规律，将2.3.2节的停机1h温度场作为载荷施加到机床有限元模型，图2-20为停机1h后的机床热变形云图。

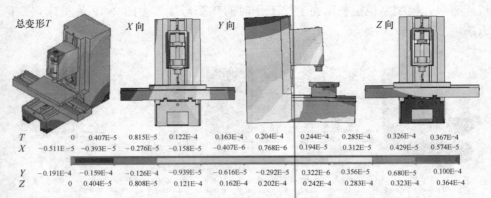

| 总变形T | X向 | Y向 | Z向 |

T	0	0.407E-5	0.815E-5	0.122E-4	0.163E-4	0.204E-4	0.244E-4	0.285E-4	0.326E-4	0.367E-4
X	-0.511E-5	-0.393E-5	-0.276E-5	-0.158E-5	-0.407E-6	0.768E-6	0.194E-5	0.312E-5	0.429E-5	0.574E-5
Y	-0.191E-4	-0.159E-4	-0.126E-4	-0.939E-5	-0.616E-5	-0.292E-5	0.322E-6	0.356E-5	0.680E-5	0.100E-4
Z	0	0.404E-5	0.808E-5	0.121E-4	0.162E-4	0.202E-4	0.242E-4	0.283E-4	0.323E-4	0.364E-4

图2-20　停机1h后机床热变形云图

由机床热变形的有限元分析得出：机床停机1h的温度虽然大幅下降，但是机床热变形却表现出先增加后减小的特性，说明机床热变形具有滞后性。

为分析机床继续运行的热变形规律，将2.3.2节继续运行的机床温度场数据作为载荷施加到机床有限元模型，图2-21为继续运行4h的热变形云图。由图2-21可以看出，机床继续运行5000s和14400s的热变形云图基本相同，在9400s内，机床X、Y、Z向热变形分别增加1.8μm、4.3μm、1.3μm，可以确定机床继续运行后整机热变形达到平衡的时间为5000s，对比机床初始运行时到达热变形平衡的时间8000s，机床再次运行后热变形达到平衡的时间明显减小，这主要是因为停机1h后，机床还存在残余热变形。由以上分析可知，机床停机后继续运行时必须重新建立数学模型。

图2-22为一个工作日内机床温度及各轴最大热变形曲线。由图2-22可以看出，机床一天内的热变形随着温度的增加而增大，并且热变形与温度成比例关系，但是停机后机床热变形有一明显阶越，也就是说机床热变形具有滞后性。

图2-22还表明，虽然停机前后的机床温度场及热变形变化规律相同，但是由于停机后残余热变形的影响，停机前后同一温度下对应的热变形却各不相同，因此必须建立停机前后的机床热误差模型。

3. 机床热变形形态及对策

（1）机床热变形形态　由于机床本身结构形状及机床零部件间的约束条件不同，机床热变形的状态也各不相同。总的来说，机床热变形状态包括倾斜、弯曲、翘曲、扭曲和畸变等变形状态。图2-23为机床热变形状态图。

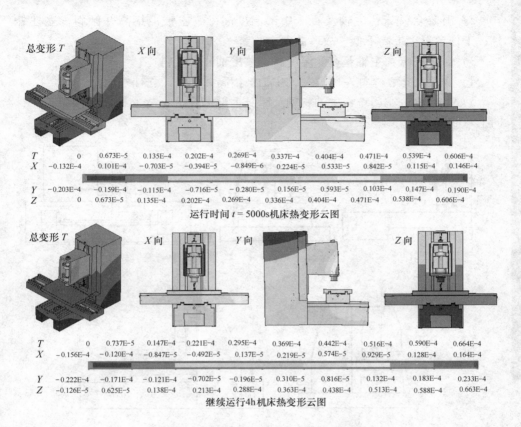

T	0	0.673E-5	0.135E-4	0.202E-4	0.269E-4	0.337E-4	0.404E-4	0.471E-4	0.539E-4	0.606E-4
X	-0.132E-4	0.101E-4	-0.703E-5	-0.394E-5	-0.849E-6	0.224E-5	0.533E-5	0.842E-5	0.115E-4	0.146E-4
Y	-0.203E-4	-0.159E-4	-0.115E-4	-0.716E-5	-0.280E-5	0.156E-5	0.593E-5	0.103E-4	0.147E-4	0.190E-4
Z	0	0.673E-5	0.135E-4	0.202E-4	0.269E-4	0.336E-4	0.404E-4	0.471E-4	0.538E-4	0.606E-4

运行时间 $t = 5000s$ 机床热变形云图

T	0	0.737E-5	0.147E-4	0.221E-4	0.295E-4	0.369E-4	0.442E-4	0.516E-4	0.590E-4	0.664E-4
X	-0.156E-4	-0.120E-4	-0.847E-5	-0.492E-5	0.137E-5	0.219E-5	0.574E-5	0.929E-5	0.128E-4	0.164E-4
Y	-0.222E-4	-0.171E-4	-0.121E-4	-0.702E-5	-0.196E-5	0.310E-5	0.816E-5	0.132E-4	0.183E-4	0.233E-4
Z	-0.126E-5	0.625E-5	0.138E-4	0.213E-4	0.288E-4	0.363E-4	0.438E-4	0.513E-4	0.588E-4	0.663E-4

继续运行4h机床热变形云图

图 2-21　继续运行 4h 后机床热变形云图

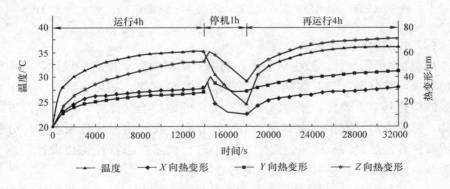

图 2-22　一天内机床温度及热变形曲线

1）普通车床：主轴箱温度高，右边温度高于左边，主轴轴线被抬高并右高左低倾斜；床身温度上高下低，故弯曲而中凸。

2) 升降台铣床：主轴及机床中部温度高，故主轴被抬高并倾斜，立柱外翻；工作台温度上高下低，故弯曲而中凸。

3) 卧式磨床：主轴箱右侧温度高，故主轴向内倾斜。

4) 立式磨床：立柱左侧温高，主轴被抬高并倾斜，立柱外翻。

5) 龙门刨或龙门铣：主轴右侧及床身上部温度高，故立柱向外倾斜，床身向上弯曲。

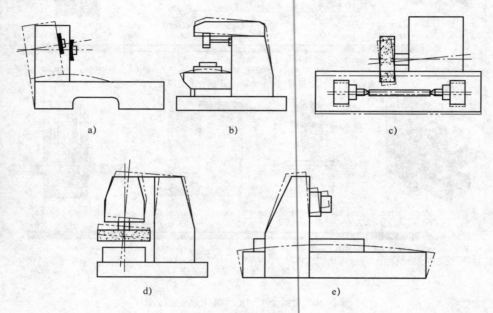

图 2-23 机床热变形状态

a）普通车床 b）升降台铣床 c）卧式磨床 d）立式磨床 e）龙门刨或龙门铣

（2）控制机床热变形的对策

1) 优化机床设计，减小热变形。利用"热对称面"概念，设计热对称结构或使热源对称分布。热对称结构对热源来说是对称的，在热变形后，其中心对称线的位置基本不改变，使之减少对加工精度的影响。此外，还可以改进机床结构，使热变形发生在不影响加工精度的方向，或把热源从机床本体中分离出去或减少其发热量。从机床的热刚度着手进行机床热态特性优化设计，进一步可综合考虑静刚度、动刚度、热刚度的总体优化设计。

2) 强制冷却，控制机床温升。对内热源强制冷却，是近来采用较多的措施之一，如风冷、水冷、油冷、冷冻机制冷以及采用热管技术，迅速地将大量的热量散开，以减少或消除船源的影响。目前，加工中心机床普遍采用冷冻机对润滑液进行强制冷却，以控制主轴轴承和其他工作部件温升。热管技术是近年来国内外将热源的热量迅速传递与散发达到均衡温度场作用的新技术。热管一般由工作液体、毛细多孔材料、管壳三部分组成，即一根抽成真空的金属封闭管壳（如黄铜管），其管内壁衬有毛细多孔材料，并浸在工作液体（如水、丙酮等）中。热管工作时，将管的一端置于热源处，另一端置于冷却处。在热源处的毛细多孔材料中的工作液体受热（起吸热降温作用）汽化，压力增大，使其形成压力差，工质蒸汽沿管流向冷却端，蒸汽在此处放热而凝结成工作液体，在毛细多孔材料吸力作用下，返回热端，形成工作液体由热端带热量至冷端的循环，致使热源处温升降低。

3）设置辅助热源。利用人工热源，促使机床缩短温升平衡过程、减少加工中温度场变化，以达到稳定热态加工精度的目的。

4）应用补偿技术。在生产中测出大批量工件尺寸，然后对下次加工用量进行补偿。随着数控机床的发展，产生了热位移数控补偿技术：分析机床零、部件，特别是工件与刀具的相对热位移规律，建立热位移数学模型，实行开环或闭环补偿。随着光电技术的发展，各种传感器被应用于机床温度及位移的测量，通过测量结果进行实时动态建模补偿。

5）控制环境温度。工艺系统热变形不仅受到内部热源的影响，也受到外部热源的影响。环境温度对大型机床床身导轨、工作台精度的影响最为敏感，有时随室温上升呈中凸，有时随室温下降呈中凹。为了保证精密加工与装配不受环境温度变化的影响，通常建立恒温车间（甚至恒温工厂），实行季节性调温，或进行喷油冷却控制机床局部环境温度，使机床外部温度变化的影响减到最小。

4. 机床热误差元素

（1）移动副热误差元素 机床热变形最终反映在机床运动部件上，机床运动部件由于机床热变形的影响，其运动轨迹偏离理想运动轨迹而产生热误差。当工作台沿 X 方向移动时，存在 6 个热误差元素，分别为 3 个移动误差：X 向线性位移热误差 δ_{xx}^T、Y 向直线度热误差 δ_{yx}^T 和 Z 向直线度热误差 δ_{zx}^T；3 个转动误差：绕 X 轴的倾斜热误差 ε_{xx}^T、绕 Z 轴的偏摆热误差 ε_{zx}^T 和绕 Y 轴的俯仰热误差 ε_{yx}^T。

同理，工作台沿 Y 方向移动时，存在 3 个移动误差：Y 向线性位移热误差 δ_{yy}^T、X 向直线度热误差 δ_{xy}^T 和 Z 向直线度热误差 δ_{zy}^T；3 个转动误差：绕 Y 轴的倾斜热误差 ε_{yy}^T、绕 Z 轴的偏摆热误差 ε_{zy}^T 和绕 X 轴的俯仰热误差 ε_{xy}^T。

同理，工作台沿 Z 方向移动时，存在 3 个移动误差：Z 向线性位移热误差 δ_{zz}^T、Y 向直线度热误差 δ_{yz}^T 和 X 向直线度热误差 δ_{xz}^T；3 个转动热误差：绕 Z 轴的倾斜热误差 ε_{zz}^T、绕 X 轴的偏摆热误差 ε_{xz}^T 和绕 Y 轴的俯仰热误差 ε_{yz}^T。

由于机床 3 个坐标轴 X、Y、Z 相互垂直，故还存在 3 个垂直度热误差：S_{xy}^T、S_{xz}^T、S_{yz}^T。

（2）转动副热误差元素 机床转动副绕转轴转动时存在 6 个热误差元素，包括 3 个移动热误差和 3 个转角热误差。当 A 轴绕转轴 X 转动时，由于机床热变形的影响，产生 6 个热误差元素，3 个移动误差：X 向线性位移热误差 δ_{xA}^{T}、Y 向直线度热误差 δ_{yA}^{T} 和 Z 向直线度热误差 δ_{zA}^{T}；3 个转角误差：绕 X 轴的转角热误差 ε_{xA}^{T}、绕 Z 轴的转角热误差 ε_{zA}^{T} 和绕 Y 轴的转角热误差 ε_{yA}^{T}。

同理，B 轴绕转轴 Y 转动，存在 3 个移动误差：X 向直线度热误差 δ_{xB}^{T}、Y 向线性位移热误差 δ_{yB}^{T} 和 Z 向直线度热误差 δ_{zB}^{T}；3 个转角误差：绕 X 轴的转角热误差 ε_{xB}^{T}、绕 Z 轴的转角热误差 ε_{zB}^{T} 和绕 Y 轴的转角热误差 ε_{yB}^{T}。

同理，C 轴绕转轴 Z 转动，存在 3 个移动误差：X 向直线度热误差 δ_{xC}^{T}、Y 向直线度热误差 δ_{yC}^{T} 和 Z 向线性位移热误差 δ_{zC}^{T}；3 个转角误差：绕 X 轴的转角热误差 ε_{xC}^{T}、绕 Z 轴的转角热误差 ε_{zC}^{T} 和绕 Y 轴的转角热误差 ε_{yC}^{T}。

由于 A、B、C 轴分别平行于 YOZ 平面、XOZ 平面和 XOY 平面，故还存在 6 个平行度热误差元素，η_{yA}^{T}、η_{zA}^{T}、η_{xB}^{T}、η_{zB}^{T}、η_{xC}^{T} 和 η_{yC}^{T}。

（3）主轴热漂移误差元素　主轴旋转时存在 5 个热漂移误差元素，包括 3 个移动热误差和 2 个转角热误差，3 个移动误差：X 向直线度热误差 δ_{xS}^{T}、Y 向直线度热误差 δ_{yS}^{T} 和 Z 向线性位移热误差 δ_{zS}^{T}；2 个转角误差：绕 X 轴的转角热误差 ε_{xS}^{T} 和绕 Y 轴的转角热误差 ε_{yS}^{T}。

2.4　机床力误差及形成机理

2.4.1　机床力变形机理

1. 机床力变形机理

金属材料具有弹性，当机床处于工作状态时，由于切削过程中产生的切削力、重力（工件、机床及夹具的）及装夹力作用下引起的刀具、工件和机床的变形称为力变形。在高效切削及难加工材料的加工中，力变形引起的误差占总误差的 10% 左右，对加工精度具有较大的影响。机床力变形机理如图 2-24 所示。

2. 机床力变形状态

由于加工过程中力的作用方式不同，机床力变形的状态也各不相同。总的来说，机床力变形状态包括弯曲、扭曲和畸变等变形状态。图 2-25 为机床力变形状态图。

1）车削加工（未加顶尖）：工件在切削力作用下发生弯曲变形，变形状态符合悬臂梁受力弯曲变形。在内孔加工中，刀具弯曲变形形态也符合此规律。

2）车削加工（加顶尖）：工件在切削力作用下发生弯曲变形，变形状态符

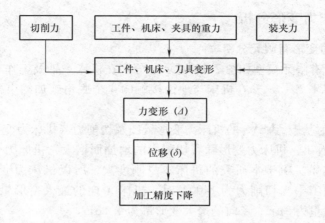

图 2-24 机床力变形机理

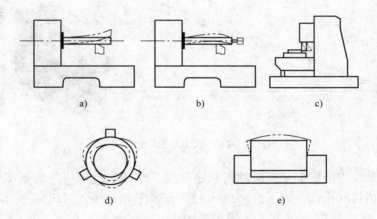

图 2-25 机床力变形状态

a）车削（未加顶尖） b）车削（加顶尖） c）铣削 d）卡盘装夹 e）台虎钳装夹

合简支梁受力弯曲变形。在外圆磨削加工中，工件弯曲变形形态也符合此规律。

3）铣削加工：刀具在切削力作用下发生弯曲变形，变形状态符合悬臂梁受力弯曲变形。

4）卡盘装夹引起变形：采用卡盘装夹工件时，由于卡盘卡爪装夹力作用引起工件畸变，在薄壁零件加工中变形更为突出。

5）台虎钳装夹引起变形：采用台虎钳装夹工件时，由于装夹力作用在工件的一侧，引起工件中凸而上弯变形。对于型腔零件，工件的弯曲方向相反。

2.4.2 机床力变形分析

1. 机床力变形有限元分析

构造机床有限元模型如图 2-12 所示，分别在机床主轴及工作台上施加不同大小的载荷 F_x、F_y、F_z，在机床与地面接触的 4 个底角施加约束，通过 ANSYS 求解器求解。

图 2-26 为基于 ANSYS 的机床力变形云图及切削力与机床力变形关系图。由图 2-26 可以看出，机床力变形随着切削力的增加而增大，机床力变形与切削力基本呈正比关系。由于本研究的机床本身刚度大，所以机床力变形相对较小，在一般切削加工中当切削力为 1400N 时，机床 X 向的最大变形量为 $4.3\mu m$，Y 向的最大变形量为 $3\mu m$，Z 向的最大变形量为 $4.1\mu m$。

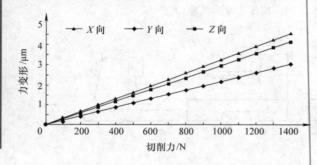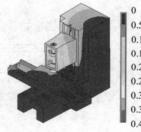

图 2-26 机床力变形分析

由于加工中心铣削是断续冲击切削，加工时铣削力以一定的频率施加到机床上，造成机床振动，为了分析机床的固有频率和振幅，对机床进行了模态分析，图 2-27 为机床 1～3 阶振型及振幅图。

由图 2-27 可以看出，本研究机床在自振频率时的振幅最大为 $1\mu m$。在切削加工时为避免激起共振，应避开各阶频率。以直柄三齿立铣刀为例，其在转速 2972r/min 时达到 1 阶固有频率 148.63Hz，在 3190r/min 时达到 2 阶固有频率 159.54Hz，在 5173r/min 时达到 3 阶固有频率 258.66Hz，在 5620r/min 时达到 4 阶固有频率 281.03Hz，在 5799r/min 时达到 5 阶固有频率 289.935Hz，在以上转速时本研究机床产生共振，因此在实际切削加工时应避开以上频率段。

2. 力误差元素

（1）移动副力误差元素 机床运动部件在切削力、重力等的作用下，其运动轨迹偏离理想运动轨迹而产生力误差。当工作台沿 X 方向移动时，存在 6 个力误差元素，3 个移动误差：X 向线性位移误差 δ_{xx}^F、Y 向直线度误差 δ_{yx}^F 和 Z 向直线度误差 δ_{zx}^F；3 个转动误差：绕 X 轴的倾斜误差 ε_{xx}^F、绕 Z 轴的偏摆误差 ε_{zx}^F 和

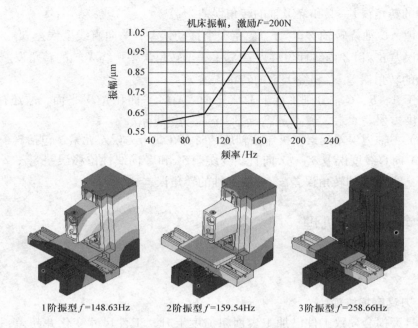

图 2-27　机床振型及振幅图

绕 Y 轴的俯仰误差 ε_{yx}^{F}。

同理，工作台沿 Y 方向移动时，存在 3 个移动误差：Y 向线性位移误差 δ_{yy}^{F}、X 向直线度误差 δ_{xy}^{F} 和 Z 向直线度误差 δ_{zy}^{F}；3 个转动误差：绕 Y 轴的倾斜误差 ε_{yy}^{F}、绕 Z 轴的偏摆误差 ε_{zy}^{F} 和绕 X 轴的俯仰误差 ε_{xy}^{F}。

同理，工作台沿 Z 方向移动时，存在 3 个移动误差：Z 向线性位移误差 δ_{zz}^{F}、Y 向直线度误差 δ_{yz}^{F} 和 X 向直线度误差 δ_{xz}^{F}；3 个转动误差：绕 Z 轴的倾斜误差 ε_{zz}^{F}、绕 X 轴的偏摆误差 ε_{xz}^{F} 和绕 Y 轴的俯仰误差 ε_{yz}^{F}。

由于机床 3 个坐标轴 X、Y、Z 相互垂直，故还存在 3 个垂直度力误差：S_{xy}^{F}、S_{xz}^{F}、S_{yz}^{F}。

（2）转动副力误差元素　机床转动副绕转轴转动时存在 6 个力误差元素，包括 3 个移动误差和 3 个转角误差。当 A 轴绕转轴 X 转动时，由于切削力、重力、装夹力等的影响，产生 6 个力误差元素，3 个移动误差：X 向线性位移误差 δ_{xA}^{F}、Y 向直线度误差 δ_{yA}^{F} 和 Z 向直线度误差 δ_{zA}^{F}；3 个转角误差：绕 X 轴转角误差 ε_{xA}^{F}、绕 Z 轴转角误差 ε_{zA}^{F} 和绕 Y 轴转角误差 ε_{yA}^{F}。

同理，B 轴绕转轴 Y 转动，存在 3 个移动误差：X 向直线度误差 δ_{xB}^{F}、Y 向线性位移误差 δ_{yB}^{F} 和 Z 向直线度误差 δ_{zB}^{F}；3 个转角误差：绕 X 轴的转角误差 ε_{xB}^{F}、

绕 Z 轴的转角误差 ε_{zB}^{F} 和绕 Y 轴的转角误差 ε_{yB}^{F}。

同理，C 轴绕转轴 Z 转动，存在 3 个移动误差：X 向直线度误差 δ_{xC}^{F}、Y 向直线度误差 δ_{yC}^{F} 和 Z 向线性位移误差 δ_{zC}^{F}；3 个转角误差：绕 X 轴的转角误差 ε_{xC}^{F}、绕 Z 轴的转角误差 ε_{zC}^{F} 和绕 Y 轴的转角误差 ε_{yC}^{F}。

由于 A、B、C 轴分别平行于 YOZ 平面、XOZ 平面和 XOY 平面，故还存在 6 个平行度力误差元素，η_{yA}^{F}、η_{zA}^{F}、η_{xB}^{F}、η_{zB}^{F}、η_{xC}^{F} 和 η_{yC}^{F}。

（3）主轴力误差元素　机床主轴旋转时存在 5 个力误差元素，包括 3 个移动误差：X 向直线度误差 δ_{xS}^{F}、Y 向直线度误差 δ_{yS}^{F} 和 Z 向线性位移误差 δ_{zS}^{F}；2 个转角误差：绕 X 轴的转角误差 ε_{xS}^{F} 和绕 Y 轴的转角误差 ε_{yS}^{F}。

2.5　其他误差机理

2.5.1　刀具磨损误差

1. 刀具磨损机理

刀具磨损会导致工件已加工表面粗糙度上升，工件尺寸变化并超差，并且可导致切削温度上升。合理控制刀具的磨损，使刀具在正常磨损范围内工作，有利于提高工件的尺寸精度及表面质量。

刀具磨损主要是由于切削过程中前刀面、后刀面与工件、切屑表面接触和摩擦造成的。刀具正常磨损按其发生部位分为三种类型：后刀面磨损、前刀面磨损（月牙洼磨损）和前后刀面同时磨损。

刀具磨损过程包括初期磨损、正常磨损和剧烈磨损三个阶段，如图 2-28 所示。

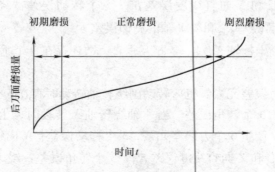

图 2-28　刀具磨损过程曲线

由于刀具磨损造成的误差称为磨损误差。磨损误差随时间线性增加，磨损误差对加工时间长或批量工件的精度影响较大，而在单件短时加工（如精车）

中，刀具磨损误差对工件的精度影响较小。因此，不同切削条件下，刀具磨损对加工精度的影响也不相同。

2. 刀具磨损计算

（1）刀具寿命　一把新刀从开始切削直到磨损且达到磨钝标准为止总的切削时间，或者说是刀具两次刃磨之间总的切削时间，以 T 表示。

$$T = \frac{C_T}{v_c^x f^y a_p^z} \tag{2-13}$$

式中，C_T 为刀具寿命系数，与刀具、工件材料和切削条件有关；x、y、z 为与切削用量有关的指数。

式（2-13）中的所有系数和指数可从相关手册中查取。

（2）刀具磨损误差计算

$$\delta_w = V_B \frac{t}{T} \tag{2-14}$$

式中，V_B 为刀具磨钝标准；t 为实际切削时间。

3. 刀具磨损引起的误差元素

刀具磨损会在 X、Y、Z 三个方向产生误差，分别是 X 向误差元素 δ_{xw}、Y 向误差元素 δ_{yw}、Z 向误差元素 δ_{zw}。

2.5.2　其他误差

1. 伺服系统跟随误差

数控机床的伺服进给系统在恒速输入时，稳态情况下系统的运动速度与指令速度值相同，但两者的瞬时位置却有一恒定的滞后。如图 2-29 所示，伺服系统在 t_1 时刻进入稳态，实际位置与指令位置滞后一个 δ 值，该滞后值称为跟随误差。跟随误差与系统增益有关，系统增益越大跟随误差越小，但系统增益过大会造成系统稳定性能变差。

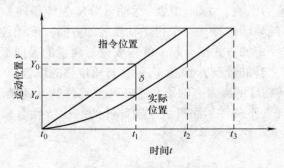

图 2-29　伺服系统跟随误差

数控机床的跟随误差会引起轮廓误差，其关系如图 2-30 所示，由于跟随误差的存在，加工后工件的实际轮廓与理想轮廓偏离 δ，造成轮廓误差。

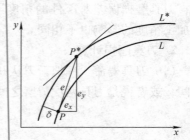

图 2-30　跟随误差引起轮廓误差
L^*—指令轮廓　L—实际位置
e—跟随误差　$δ$—轮廓误差

2. 步距误差

步距误差通常是指步进电动机运行时，转子实际转过的角度与理论步距角的差值。由于步进电动机转子转过一圈时，将重复上一圈的稳定位置，即步进电动机的步距角累积误差（转子连续走若干步时，步距角的总误差）将以一圈为周期重复出现，转一周的累积误差为零。通常步进电动机的静态步距误差在 10′ 以内。

3. 插补算法误差

机床数控系统依照一定方法确定刀具运动轨迹的过程称为插补。也可以说，已知曲线上的某些数据，按照某种算法计算已知点之间的中间点的方法，也称为"数据点的密化"。数控装置根据输入的零件程序的信息，将程序段所描述的曲线的起点、终点之间的空间进行数据密化，从而形成要求的轮廓轨迹，这种"数据密化"机能就称为"插补"。

插补计算就是数控装置根据输入的基本数据，通过计算，把工件轮廓的形状描述出来，边计算边根据计算结果向各坐标发出进给脉冲，对应每个脉冲，机床在响应的坐标方向上移动一个脉冲当量的距离，从而将工件加工出所需要轮廓的形状。

在数控机床中，刀具不能严格地按照要求加工的曲线运动，只能用折线轨迹逼近所要加工的曲线。这种逼近所形成的误差称为插补算法误差。

4. 主轴回转误差

由于制造误差的影响，主轴轴线的运动可分解为纯径向位移（在与主轴轴线垂直的方向）、纯轴线位移（在平行主轴轴线的方向）和角位移（主轴轴线摆动）。这些位移以一定的方式综合起来就构成通常测量的径向振摆（纯径向位移和角位移的综合）与轴向摆动（纯轴向位移与角位移的综合）。

影响主轴回转精度的因素有轴承和主轴其他部件的几何精度及其装配误差、主轴转速、负载、工作条件、润滑、主轴部件的结构特性（轴承形式、支撑间的距离）、传动方式、热变形等。

5. 编程误差

由于编程时的近似运算误差、分割点坐标计算误差、插值误差、尺寸圆整误差及预求刀具轨迹的误差而引起的误差称为编程误差。编程误差的大小与其应用的具体数控机床的精度有关，也即编程误差取决于机床的分辨率（脉冲当量）。

6. 反向间隙误差

因为丝杠和丝母之间存在一定的间隙，所以在正转后变换成反转时，在一定的角度内，尽管丝杠转动，但是丝母还要等间隙消除（受力一侧的）以后才能带动工作台运动，这个间隙就是反向间隙。由反向间隙造成的误差称为反向间隙误差。

2.5.3　误差元素表及其应用

1. 误差元素表

由刚体系统理论可知，刚体的独立坐标数目为 6 个，即刚体有 6 个自由度。各刚体之间用"铰"连接，从而得到多刚体系统。数控机床是由多种构件组成的精密复杂系统，在研究数控机床这一复杂系统时，可以将构成系统的各构件简化为刚体，从而得到数控机床的"多刚体系统"。多刚体系统各独立刚体通过铰连接，即引入了约束，限制了刚体的自由度，而数控机床误差研究是从各刚体及铰的微变出发，也就是说，刚体及铰在内外因素的影响下会沿 6 个自由度方向产生变形，即刚体会在 6 个自由度方向产生误差。

由误差元素分析可知，数控机床的误差元素（轴间误差除外）具有某种内在规律，即都表现为沿坐标轴的移动误差 δ_{uv} 和绕坐标轴的转角误差 ε_{uv}（其中第一个下标表示误差方向，第二个下标表示坐标轴的运动方向），只是误差源不同。鉴于此，数控机床的误差元素可以表示为 δ_{uv}^{S}、ε_{uv}^{S}，其中上标 S（Source）表示误差源，而把 δ_{uv}、ε_{uv} 称为基本误差元素。表 2-2 为数控机床误差元素表。

表 2-2　误差元素表

运动方向		X 轴移动	Y 轴移动	Z 轴移动	A 轴转动	B 轴转动	C 轴转动	主轴 S 转动	误差源
X 向	平移	δ_{xx}	δ_{xy}	δ_{xz}	δ_{xA}	δ_{xB}	δ_{xC}	δ_{xS}	
	转角	ε_{xx}	ε_{xy}	ε_{xz}	ε_{xA}	ε_{xB}	ε_{xC}	ε_{xS}	
Y 向	平移	δ_{yx}	δ_{yy}	δ_{yz}	δ_{yA}	δ_{yB}	δ_{yC}	δ_{yS}	G、T、F
	转角	ε_{yx}	ε_{yy}	ε_{yz}	ε_{yA}	ε_{yB}	ε_{yC}	ε_{yS}	
Z 向	平移	δ_{zx}	δ_{zy}	δ_{zz}	δ_{zA}	δ_{zB}	δ_{zC}	δ_{zS}	
	转角	ε_{zx}	ε_{zy}	ε_{zz}	ε_{zA}	ε_{zB}	ε_{zC}	—	
轴间		S_{xy}、S_{xz}、S_{yz}			η_{yA}、η_{zA}	η_{xB}、η_{zB}	η_{xC}、η_{yC}		—
刀具磨损		δ_{xw}、δ_{yw}、δ_{zw}							

表2-2中，误差源 G（Geometric error）表示工艺系统几何误差，T（Thermal error）表示加工过程中产生的热误差，F（Force error）表示加工过程中产生的力误差。

2. 误差元素表的应用

下面以图2-31所示三轴加工中心为例说明误差元素表的应用。其运动部件包括主轴、X 工作台、Y 工作台和 Z 工作台，因此取误差元素表中 X 轴移动、Y 轴移动、Z 轴移动、主轴 S 转动四列基本误差元素，则加工中心误差元素见表2-3。

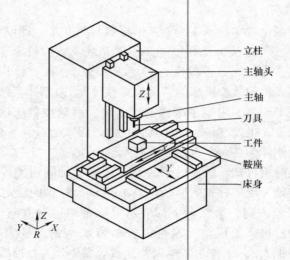

图 2-31　数控加工中心

表 2-3　加工中心误差元素

运动方向		X 轴移动	Y 轴移动	Z 轴移动	主轴 S 转动	误差源
X 向	平移	δ_{xx}	δ_{xy}	δ_{xz}	δ_{xS}	
	转角	ε_{xx}	ε_{xy}	ε_{xz}	ε_{xS}	
Y 向	平移	δ_{yx}	δ_{yy}	δ_{yz}	δ_{yS}	G
	转角	ε_{yx}	ε_{yy}	ε_{yz}	ε_{yS}	T
Z 向	平移	δ_{zx}	δ_{zy}	δ_{zz}	δ_{zS}	F
	转角	ε_{zx}	ε_{zy}	ε_{zz}	—	
轴间		S_{xy}	S_{xz}	S_{yz}		

由表2-3可知，加工中心共有 26 个基本误差元素，引入误差源 G、T、F，则该加工中心的误差元素为 δ_{xx}^{G}、δ_{xx}^{T}、δ_{xx}^{F}，δ_{xy}^{G}、δ_{xy}^{T}、δ_{xy}^{F}，δ_{xz}^{G}、δ_{xz}^{T}、δ_{xz}^{F}，δ_{xS}^{G}、δ_{xS}^{T}、δ_{xS}^{F}，δ_{yx}^{G}、δ_{yx}^{T}、δ_{yx}^{F}，δ_{yy}^{G}、δ_{yy}^{T}、δ_{yy}^{F}，δ_{yz}^{G}、δ_{yz}^{T}、δ_{yz}^{F}，δ_{yS}^{G}、δ_{yS}^{T}、δ_{yS}^{F}，δ_{zx}^{G}、δ_{zx}^{T}、δ_{zx}^{F}，δ_{zy}^{G}、δ_{zy}^{T}、δ_{zy}^{F}，δ_{zz}^{G}、δ_{zz}^{T}、δ_{zz}^{F}，δ_{zS}^{G}、δ_{zS}^{T}、δ_{zS}^{F}，ε_{xx}^{G}、ε_{xx}^{T}、ε_{xx}^{F}，ε_{xy}^{G}、ε_{xy}^{T}、ε_{xy}^{F}，ε_{xz}^{G}、ε_{xz}^{T}、ε_{xz}^{F}，ε_{xS}^{G}、ε_{xS}^{T}、ε_{xS}^{F}，ε_{yx}^{G}、ε_{yx}^{T}、ε_{yx}^{F}，ε_{yy}^{G}、ε_{yy}^{T}、ε_{yy}^{F}，ε_{yz}^{G}、ε_{yz}^{T}、ε_{yz}^{F}，ε_{yS}^{G}、ε_{yS}^{T}、ε_{yS}^{F}，ε_{zx}^{G}、ε_{zx}^{T}、ε_{zx}^{F}，ε_{zy}^{G}、ε_{zy}^{T}、ε_{zy}^{F}，ε_{zz}^{G}、ε_{zz}^{T}、ε_{zz}^{F}，S_{xy}^{G}、S_{xy}^{T}、S_{xy}^{F}，S_{xz}^{G}、S_{xz}^{T}、S_{xz}^{F}，S_{yz}^{G}、S_{yz}^{T}、S_{yz}^{F} 共 78 个误差元素。

第 3 章　机床误差综合数学模型

3

3.1　齐次坐标变换

1. 齐次线性变换

设有序数组（x，y，z）及与之对应的有序数组（x'，y'，z'），满足（齐次）关系：

$$T: \begin{cases} x' = a_{11}x + a_{12}y + a_{13}z \\ y' = a_{21}x + a_{22}y + a_{23}z \\ z' = a_{31}x + a_{32}y + a_{33}z \end{cases}$$

称 T 是把有序数组（x，y，z）变到（x'，y'，z'）的一个齐次线性变换。有序数组（x'，y'，z'）称为在变换 T 下的（x，y，z）的像，（x，y，z）则称为（x'，y'，z'）的原像。方阵：

$$T_A^B = (a_{ij}) = \begin{pmatrix} a_{11} & a_{12} & a_{13} \\ a_{21} & a_{22} & a_{23} \\ a_{31} & a_{32} & a_{33} \end{pmatrix}$$

称为齐次线性变换 T 的方阵或齐次线性变换矩阵。

若有序数组（x，y，z）及与之对应的有序数组（x'，y'，z'）分别为两个空间坐标系 A 和 B 中的两个位置坐标，则称 T 是把坐标系 A 中的位置坐标（x，y，z）转换到坐标系 B 中的位置坐标（x'，y'，z'）的一个齐次坐标（线性）变换。

2. 二维齐次坐标变换

如图 3-1 所示，设 P 点在原坐标系 $O_A X_A Y_A$ 中的坐标值为（x_A，y_A），当坐标系 $O_A X_A Y_A$ 移至新坐标系 $O_B X_B Y_B$ 后，则 P 点在新坐标系 $O_B X_B Y_B$ 中的坐标值（x_B，y_B）与（x_A，y_A）的关系可表示为

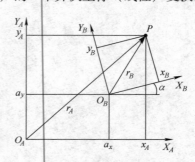

图 3-1　二维坐标变换

$$x_A = x_B \cos\alpha - y_B \sin\alpha + a_x$$
$$y_A = x_B \sin\alpha + y_B \cos\alpha + a_y$$

⟹ 解析式

$$\begin{pmatrix} x_A \\ y_A \\ 1 \end{pmatrix} = \begin{pmatrix} \cos\alpha & -\sin\alpha & a_x \\ \sin\alpha & \cos\alpha & a_y \\ 0 & 0 & 1 \end{pmatrix} \begin{pmatrix} x_B \\ y_B \\ 1 \end{pmatrix}$$

⟹ 矩阵形式

$$\boldsymbol{r}_A = \boldsymbol{T}_A^B \boldsymbol{r}_B$$

⟹ 转换矩阵

式中，$\boldsymbol{r}_A$、$\boldsymbol{r}_B$ 表示向量；$\boldsymbol{T}_A^B$ 表示坐标变换矩阵。

$$\boldsymbol{T}_A^B = \begin{pmatrix} \cos\alpha & -\sin\alpha & a_x \\ \sin\alpha & \cos\alpha & a_y \\ 0 & 0 & 1 \end{pmatrix}$$

3. 三维齐次坐标变换

如图 3-2 所示，设 P 点在原坐标系 $O_1 X_1 Y_1 Z_1$ 中的坐标值为（x_1，y_1，z_1），当坐标系 $O_1 X_1 Y_1 Z_1$ 沿 X_1 轴平移 x 至新坐标系 $O_2 X_2 Y_2 Z_2$ 后，则 P 点在新坐标系坐标系 $O_2 X_2 Y_2 Z_2$ 中的坐标值（x_2，y_2，z_2）与（x_1，y_1，z_1）的关系可表示为

$$\begin{pmatrix} x_1 \\ y_1 \\ z_1 \\ 1 \end{pmatrix} = \begin{pmatrix} 1 & 0 & 0 & x \\ 0 & 1 & 0 & 0 \\ 0 & 0 & 1 & 0 \\ 0 & 0 & 0 & 1 \end{pmatrix} \begin{pmatrix} x_2 \\ y_2 \\ z_2 \\ 1 \end{pmatrix} = \boldsymbol{Trans}(x) \begin{pmatrix} x_2 \\ y_2 \\ z_2 \\ 1 \end{pmatrix} \qquad (3\text{-}1)$$

式中，$\boldsymbol{Trans}(x)$ 表征沿 X_1 轴平移的平移矩阵。

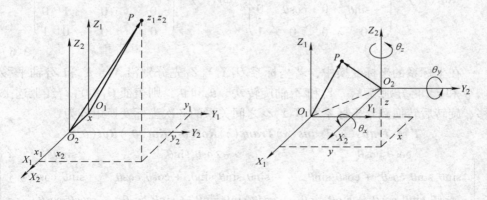

图 3-2 坐标系的坐标变换

$$Trans(x) = \begin{pmatrix} 1 & 0 & 0 & x \\ 0 & 1 & 0 & 0 \\ 0 & 0 & 1 & 0 \\ 0 & 0 & 0 & 1 \end{pmatrix} \tag{3-2}$$

类似地，沿 Y_1 轴和 Z_1 轴的平移矩阵分别为

$$Trans(y) = \begin{pmatrix} 1 & 0 & 0 & 0 \\ 0 & 1 & 0 & y \\ 0 & 0 & 1 & 0 \\ 0 & 0 & 0 & 1 \end{pmatrix}; \ Trans(z) = \begin{pmatrix} 1 & 0 & 0 & 0 \\ 0 & 1 & 0 & 0 \\ 0 & 0 & 1 & z \\ 0 & 0 & 0 & 1 \end{pmatrix} \tag{3-3}$$

若坐标系 $O_1X_1Y_1Z_1$ 绕 X_1 轴旋转 θ_x 后成为坐标系 $O_2X_2Y_2Z_2$，则

$$\begin{pmatrix} x_1 \\ y_1 \\ z_1 \\ 1 \end{pmatrix} = \begin{pmatrix} 1 & 0 & 0 & 0 \\ 0 & \cos\theta_x & -\sin\theta_x & 0 \\ 0 & \sin\theta_x & \cos\theta_x & 0 \\ 0 & 0 & 0 & 1 \end{pmatrix} \begin{pmatrix} x_2 \\ y_2 \\ z_2 \\ 1 \end{pmatrix} = Rot(\theta_x) \begin{pmatrix} x_2 \\ y_2 \\ z_2 \\ 1 \end{pmatrix} \tag{3-4}$$

式中，$Rot(\theta_x)$ 为绕 X_1 轴的旋转矩阵。

$$Rot(\theta_x) = \begin{pmatrix} 1 & 0 & 0 & 0 \\ 0 & \cos\theta_x & -\sin\theta_x & 0 \\ 0 & \sin\theta_x & \cos\theta_x & 0 \\ 0 & 0 & 0 & 1 \end{pmatrix} \tag{3-5}$$

类似地，绕 Y_1 轴和 Z_1 轴的旋转矩阵可分别表示为

$$Rot(\theta_y) = \begin{pmatrix} \cos\theta_y & 0 & \sin\theta_y & 0 \\ 0 & 1 & 0 & 0 \\ -\sin\theta_y & 0 & \cos\theta_y & 0 \\ 0 & 0 & 0 & 1 \end{pmatrix}; \ Rot(\theta_z) = \begin{pmatrix} \cos\theta_z & -\sin\theta_z & 0 & 0 \\ \sin\theta_z & \cos\theta_z & 0 & 0 \\ 0 & 0 & 1 & 0 \\ 0 & 0 & 0 & 1 \end{pmatrix}$$

$$\tag{3-6}$$

在坐标系的坐标变换中，若坐标系 $O_1X_1Y_1Z_1$ 先分别沿 X_1、Y_1 和 Z_1 轴平移 x、y 和 z，再分别绕 X_1、Y_1 和 Z_1 轴旋转 θ_x、θ_y 和 θ_z，则表征 $O_1X_1Y_1Z_1$ 经上述平移、旋转后转换到新坐标系 $O_2X_2Y_2Z_2$ 之间关系的齐次坐标变换矩阵为

$$T = Trans(x)Trans(y)Trans(z)Rot(\theta_x)Rot(\theta_y)Rot(\theta_z)$$

$$= \begin{pmatrix} \cos\theta_y\cos\theta_z & -\cos\theta_y\sin\theta_z & \sin\theta_y & x \\ \sin\theta_x\sin\theta_y\cos\theta_z + \cos\theta_x\sin\theta_z & -\sin\theta_x\sin\theta_y\sin\theta_z + \cos\theta_x\cos\theta_z & -\sin\theta_x\cos\theta_y & y \\ -\cos\theta_x\sin\theta_y\cos\theta_z + \sin\theta_x\sin\theta_z & \cos\theta_x\sin\theta_y\sin\theta_z + \sin\theta_x\cos\theta_z & \cos\theta_x\cos\theta_y & z \\ 0 & 0 & 0 & 1 \end{pmatrix}$$

$$\tag{3-7}$$

当旋转角度 θ_x、θ_y 和 θ_z 非常小时，有 $\sin\theta_x \approx \theta_x$、$\sin\theta_y \approx \theta_y$、$\sin\theta_z \approx \theta_z$、$\cos\theta_x \approx 1$、$\cos\theta_y \approx 1$、$\cos\theta_z \approx 1$。当平移 x、y 和 z 分别有误差 δ_x、δ_y 和 δ_z 时，如忽略二阶以上微量，可将式（3-7）齐次坐标变换矩阵简化为

$$
\boldsymbol{T} = \begin{pmatrix}
1 & -\theta_z & \theta_y & x + \delta_x \\
\theta_z & 1 & -\theta_x & y + \delta_y \\
-\theta_y & \theta_x & 1 & z + \delta_z \\
0 & 0 & 0 & 1
\end{pmatrix}
\tag{3-8}
$$

3.2 机床误差综合数学模型的建立

机床误差综合数学模型建模的具体步骤如下：

1）建立坐标系。由于使用齐次坐标变换推导机床误差综合数学模型，为计算刀尖和工件之间的误差，必须建立一系列坐标系。

2）建立误差转换矩阵。根据齐次坐标变换原理，建立各坐标系之间的关系即坐标转换矩阵，以进行各运动副误差动力学特性的描述和各运动副之间的链转换。

3）建立刀具坐标系和工件坐标系之间的关系。根据刀尖和正在被切削点位于空间同一点，可得这两部分的等式。最后，求解等式可得包含各误差的综合数学模型。

3.2.1 机床误差综合数学模型的建模方法

1. 设定坐标系

如图 3-3 所示 TXYZ 型加工中心，假定机床在初始状态下，在机床床身上创建参考坐标系 R，分别在 X、Y、Z 向工作台，主轴 S，刀具 T，工件 W 上创建局部坐标系 X、Y、Z、S、T、W，方向与参考坐标系 R 一致。

2. 误差运动转换矩阵

（1）理想（无误差）状态下各运动轴的转换矩阵　在理想情况下，设 X、Y、Z 工作台分别移动距离 x、y、z，则参考坐标系 R 到坐标系 X 的齐次变换矩阵 $^R_X\boldsymbol{T}^i$、坐标系 X 到坐标系 Y 的齐次变换矩阵 $^X_Y\boldsymbol{T}^i$ 和坐标系 Y 到坐标系 Z 的齐次变换矩阵 $^Y_Z\boldsymbol{T}^i$ 分别为

$$
^R_X\boldsymbol{T}^i = \begin{pmatrix}
1 & 0 & 0 & x \\
0 & 1 & 0 & 0 \\
0 & 0 & 1 & 0 \\
0 & 0 & 0 & 1
\end{pmatrix},\
^X_Y\boldsymbol{T}^i = \begin{pmatrix}
1 & 0 & 0 & 0 \\
0 & 1 & 0 & y \\
0 & 0 & 1 & 0 \\
0 & 0 & 0 & 1
\end{pmatrix},\
^Y_Z\boldsymbol{T}^i = \begin{pmatrix}
1 & 0 & 0 & 0 \\
0 & 1 & 0 & 0 \\
0 & 0 & 1 & z \\
0 & 0 & 0 & 1
\end{pmatrix}
\tag{3-9}
$$

式中，右上标 i 表示理想（Ideal）状态；左侧上、下标表示从上标坐标系到下标

坐标系的变换；T 表示坐标变换矩阵。

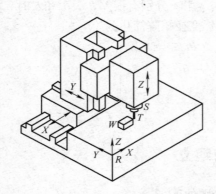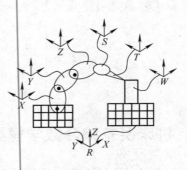

图 3-3　TXYZ 型加工中心坐标系设定

理想状态下主轴和 Z 轴无相对运动，因此坐标系 Z 到主轴坐标系 S 的齐次变换矩阵为单位矩阵，即 $_S^Z T^i = I$；刀具与主轴固连，因此主轴坐标系 S 到刀具坐标系 T 的齐次变换矩阵为单位矩阵，即 $_T^S T^i = I$；工件与床身之间无相对运动，因此工件坐标系 W 到参考坐标系 R 的齐次变换矩阵为单位矩阵，即 $_R^W T^i = I$。

在理想情况下，当机床分别沿 X、Y、Z 方向移动 x、y、z 距离时，工件坐标系 W 到刀具坐标系 T 的齐次变换矩阵为

$$_T^W T^i = _T^W T_T^R T = _R^W T^i{}_X^R T^i{}_Y^X T^i{}_Z^Y T^i{}_S^Z T^i{}_T^S T^i = \begin{pmatrix} 1 & 0 & 0 & x \\ 0 & 1 & 0 & y \\ 0 & 0 & 1 & z \\ 0 & 0 & 0 & 1 \end{pmatrix} \tag{3-10}$$

可知在理想状态下，刀具坐标系在工件坐标系中的坐标为 (x, y, z)。

（2）实际状态（有误差）下各运动轴的转换矩阵　在实际情况下，工作台 X 轴存在 3 个移动误差 δ_{xx}、δ_{yx}、δ_{zx}，3 个转角误差 ε_{xx}、ε_{yx}、ε_{zx}，当工作台 X 移动距离 x 时，基于小误差假设，根据齐次坐标变换原理，参考坐标系 R 到工作台 X 的齐次变换矩阵为

$$_X^R T^e = \begin{pmatrix} 1 & -\varepsilon_{zx} & \varepsilon_{yx} & \delta_{xx}+x \\ \varepsilon_{zx} & 1 & -\varepsilon_{xx} & \delta_{yx} \\ -\varepsilon_{yx} & \varepsilon_{xx} & 1 & \delta_{zx} \\ 0 & 0 & 0 & 1 \end{pmatrix} \tag{3-11}$$

式中，右上标 e 表示实际（有误差 Error）状态。

当工作台 Y 移动距离 y 时，由于存在 3 个移动误差 δ_{xy}、δ_{yy} 和 δ_{zy}，3 个转角误差 ε_{xy}、ε_{yy}、ε_{zy} 和 1 个垂直度误差 S_{xy}，基于小误差假设，根据齐次坐标变换

原理，工作台 X 到工作台 Y 的变换矩阵为

$$
{}_Y^X\boldsymbol{T}^e = \begin{pmatrix} 1 & -\varepsilon_{zy} & \varepsilon_{yy} & \delta_{xy} - yS_{xy} \\ \varepsilon_{zy} & 1 & -\varepsilon_{xy} & \delta_{yy} + y \\ -\varepsilon_{yy} & \varepsilon_{xy} & 1 & \delta_{zy} \\ 0 & 0 & 0 & 1 \end{pmatrix} \tag{3-12}
$$

当 Z 移动距离 z 时，由于 Z 轴移动时存在 3 个移动误差 δ_{xz}、δ_{yz} 和 δ_{zz}，3 个转角误差 ε_{xz}、ε_{yz}、ε_{zz}，2 个垂直度误差 S_{xz}、S_{yz}，基于小误差假设，坐标系 Y 到坐标系 Z 的转换矩阵为

$$
{}_Z^Y\boldsymbol{T}^e = \begin{pmatrix} 1 & -\varepsilon_{zz} & \varepsilon_{yz} & \delta_{xz} + zS_{xz} \\ \varepsilon_{zz} & 1 & -\varepsilon_{xz} & \delta_{yz} - zS_{yz} \\ -\varepsilon_{yz} & \varepsilon_{xz} & 1 & \delta_{zz} + z \\ 0 & 0 & 0 & 1 \end{pmatrix} \tag{3-13}
$$

由于数控机床主轴的制造精度较高，由主轴引起的几何误差较小，可忽略不计，因此坐标系 Z 到主轴坐标系 S 的齐次变换矩阵为单位矩阵，即 ${}_S^Z\boldsymbol{T}^e = \boldsymbol{I}$；刀具与主轴无相对运动，因此主轴坐标系 S 到刀具坐标系 T 的齐次变换矩阵为单位矩阵，即 ${}_T^S\boldsymbol{T}^e = \boldsymbol{I}$；工件与床身无相对运动，因此工件坐标系 W 到参考坐标系 R 的齐次变换矩阵为单位矩阵，即 ${}_R^W\boldsymbol{T}^e = \boldsymbol{I}$。

在实际状态下，当机床分别沿 X、Y、Z 方向移动 x、y、z 距离时，工件坐标系 W 到刀具坐标系 T 的变换矩阵为

$$
{}_T^W\boldsymbol{T}^e = {}_R^W\boldsymbol{T}^e\,{}_X^R\boldsymbol{T}^e\,{}_Y^X\boldsymbol{T}^e\,{}_Z^Y\boldsymbol{T}^e\,{}_S^Z\boldsymbol{T}^e\,{}_T^S\boldsymbol{T}^e \tag{3-14}
$$

3. TXYZ 型加工中心误差综合数学模型

在实际状态下，工件坐标系 W 到刀具坐标系 T 的变换矩阵可以看成是在理想运动基础上叠加一个误差运动矩阵 ${}_T^W\boldsymbol{E}$，因此有

$$
{}_T^W\boldsymbol{T}^e = {}_T^W\boldsymbol{T}^i\,{}_T^W\boldsymbol{E} \tag{3-15}
$$

基于小误差假设，工件坐标系 W 到刀具坐标系 T 的误差运动变换矩阵 ${}_T^W\boldsymbol{E}$ 可假设如下：

$$
{}_T^W\boldsymbol{E} = \begin{pmatrix} 1 & -\Delta\varepsilon_z & \Delta\varepsilon_y & \Delta_x \\ \Delta\varepsilon_z & 1 & -\Delta\varepsilon_x & \Delta_y \\ -\Delta\varepsilon_y & \Delta\varepsilon_x & 1 & \Delta_z \\ 0 & 0 & 0 & 1 \end{pmatrix} \tag{3-16}
$$

式中，Δ_x、Δ_y、Δ_z 为刀具实际切削点相对理想切削点的位置误差；$\Delta\varepsilon_x$、$\Delta\varepsilon_y$、$\Delta\varepsilon_z$ 为刀具实际切削点相对理想切削点的方向误差。

将式（3-10）、式（3-14）、式（3-16）代入式（3-15），基于小误差假设并忽略二阶及二阶以上小量，可得 TXYZ 型数控机床工件坐标系 W 到刀具坐标系 T 的误差运动变换矩阵 $_T^W E$：

$$_T^W E = \begin{pmatrix} 1 & -\varepsilon_{zx}-\varepsilon_{zy}-\varepsilon_{zz} & \varepsilon_{yx}+\varepsilon_{yy}+\varepsilon_{yz} & \delta_{xx}+\delta_{xy}+\delta_{xz}-y\varepsilon_{zx}+z\varepsilon_{yx}+z\varepsilon_{yy}-yS_{xy}+zS_{xz} \\ \varepsilon_{zx}+\varepsilon_{zy}+\varepsilon_{zz} & 1 & -\varepsilon_{xx}-\varepsilon_{xy}-\varepsilon_{xz} & \delta_{yx}+\delta_{yy}+\delta_{yz}-z\varepsilon_{xx}-z\varepsilon_{xy}-zS_{yz} \\ -\varepsilon_{yx}-\varepsilon_{yy}-\varepsilon_{yz} & \varepsilon_{xx}+\varepsilon_{xy}+\varepsilon_{xz} & 1 & \delta_{zx}+\delta_{zy}+\delta_{zz}+y\varepsilon_{xx} \\ 0 & 0 & 0 & 1 \end{pmatrix}$$

$$(3\text{-}17)$$

从而可得 TXYZ 型加工中心误差综合数学模型：

$$\begin{cases} \Delta_x = \delta_{xx}+\delta_{xy}+\delta_{xz}-y\varepsilon_{zx}+z\varepsilon_{yx}+z\varepsilon_{yy}-yS_{xy}+zS_{xz} \\ \Delta_y = \delta_{yx}+\delta_{yy}+\delta_{yz}-z\varepsilon_{xx}-z\varepsilon_{xy}-zS_{yz} \\ \Delta_z = \delta_{zx}+\delta_{zy}+\delta_{zz}+y\varepsilon_{xx} \end{cases} \quad (3\text{-}18)$$

3.2.2　4 种结构加工中心的误差综合数学模型

如图 3-4 所示，加工中心的 4 种结构分别为 TXYZ、XTYZ、XYTZ 和 XYZT，其中字母 T 表示刀具，X、Y、Z 表示坐标轴，T 前面的各字母表示工件相对于固定基座的运动方向，T 后面的字母表示刀具相对于固定基座的运动方向。

TXYZ 型加工中心的误差综合数学模型已经在 3.2.1 建立，下面建立其他 3 种结构加工中心的误差综合数学模型。

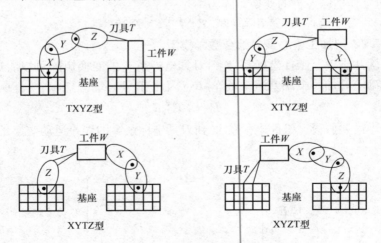

图 3-4　4 种结构的加工中心

1. XTYZ 型加工中心误差综合数学模型的建立

（1）设定坐标系　XTYZ 型加工中心结构如图 3-5 所示，假定机床在初始状态下，在机床床身上创建参考坐标系 R，分别在 X、Y、Z 向工作台，主轴 S，刀具 T，工件 W 上创建局部坐标系 X、Y、Z、S、T、W，方向与参考坐标系 R 一致。

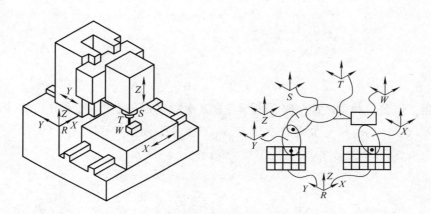

图 3-5　XTYZ 型加工中心坐标系设定

（2）误差运动转换矩阵

1）理想（无误差）状态下各运动轴的转换矩阵。在理想情况下，设 X、Y、Z 工作台分别移动距离 x、y、z，则坐标系 X 到参考坐标系 R 的齐次变换矩阵 ${}_R^X\boldsymbol{T}^{\mathrm{i}}$、参考坐标系 R 到坐标系 Y 的齐次坐标变换矩阵 ${}_Y^R\boldsymbol{T}^{\mathrm{i}}$ 和坐标系 Y 到坐标系 Z 的齐次变换矩阵 ${}_Z^Y\boldsymbol{T}^{\mathrm{i}}$ 分别为

$$
{}_R^X\boldsymbol{T}^{\mathrm{i}} = \begin{pmatrix} 1 & 0 & 0 & -x \\ 0 & 1 & 0 & 0 \\ 0 & 0 & 1 & 0 \\ 0 & 0 & 0 & 1 \end{pmatrix}, \quad
{}_Y^R\boldsymbol{T}^{\mathrm{i}} = \begin{pmatrix} 1 & 0 & 0 & 0 \\ 0 & 1 & 0 & y \\ 0 & 0 & 1 & 0 \\ 0 & 0 & 0 & 1 \end{pmatrix}, \quad
{}_Z^Y\boldsymbol{T}^{\mathrm{i}} = \begin{pmatrix} 1 & 0 & 0 & 0 \\ 0 & 1 & 0 & 0 \\ 0 & 0 & 1 & z \\ 0 & 0 & 0 & 1 \end{pmatrix} \tag{3-19}
$$

在理想状态下，主轴和 Z 轴无相对运动，因此坐标系 Z 到主轴坐标系 S 的齐次变换矩阵为单位矩阵，即 ${}_S^Z\boldsymbol{T}^{\mathrm{i}} = \boldsymbol{I}$；刀具与主轴固连，因此主轴坐标系 S 到刀具坐标系 T 的齐次变换矩阵为单位矩阵，即 ${}_T^S\boldsymbol{T}^{\mathrm{i}} = \boldsymbol{I}$；工件与 X 工作台之间无相对运动，因此工件坐标系 W 到坐标系 X 的齐次变换矩阵为单位矩阵，即 ${}_X^W\boldsymbol{T}^{\mathrm{i}} = \boldsymbol{I}$。

在理想情况下，当机床分别沿 X、Y、Z 方向移动 x、y、z 距离时，工件坐标系 W 到刀具坐标系 T 的变换矩阵为

$$
{}_T^W\boldsymbol{T}^{\mathrm{i}} = {}_R^W\boldsymbol{T}{}_T^R\boldsymbol{T} = {}_X^W\boldsymbol{T}^{\mathrm{i}}{}_R^X\boldsymbol{T}^{\mathrm{i}}{}_Y^R\boldsymbol{T}^{\mathrm{i}}{}_Z^Y\boldsymbol{T}^{\mathrm{i}}{}_S^Z\boldsymbol{T}^{\mathrm{i}}{}_T^S\boldsymbol{T}^{\mathrm{i}} = \begin{pmatrix} 1 & 0 & 0 & -x \\ 0 & 1 & 0 & y \\ 0 & 0 & 1 & z \\ 0 & 0 & 0 & 1 \end{pmatrix} \tag{3-20}
$$

可知在理想情况下，刀尖（理论切削点）在工件坐标系中的坐标为 $(-x, y, z)$。

2）实际状态（有误差）下各运动轴的转换矩阵。在实际情况下，工作台 X 轴存在 3 个移动误差 δ_{xx}、δ_{yx}、δ_{zx}，3 个转角误差 ε_{xx}、ε_{yx}、ε_{zx}，当工作台 X 移动距离 x 时，工作台 X 到参考坐标系 R 的齐次变换矩阵为

$$
{}_{R}^{X}\boldsymbol{T}^{e} = \begin{pmatrix} 1 & \varepsilon_{zx} & -\varepsilon_{yx} & -\delta_{xx} - x \\ -\varepsilon_{zx} & 1 & \varepsilon_{xx} & -\delta_{yx} \\ \varepsilon_{yx} & -\varepsilon_{xx} & 1 & -\delta_{zx} \\ 0 & 0 & 0 & 1 \end{pmatrix} \tag{3-21}
$$

当工作台 Y 移动距离 y 时，由于存在 3 个移动误差 δ_{xy}、δ_{yy} 和 δ_{zy}，3 个转角误差 ε_{xy}、ε_{yy}、ε_{zy} 和 1 个垂直度误差 S_{xy}，参考坐标系 R 到工作台 Y 的变换矩阵为

$$
{}_{Y}^{R}\boldsymbol{T}^{e} = \begin{pmatrix} 1 & -\varepsilon_{zy} & \varepsilon_{yy} & \delta_{xy} - yS_{xy} \\ \varepsilon_{zy} & 1 & -\varepsilon_{xy} & \delta_{yy} + y \\ -\varepsilon_{yy} & \varepsilon_{xy} & 1 & \delta_{zy} \\ 0 & 0 & 0 & 1 \end{pmatrix} \tag{3-22}
$$

当 Z 移动距离 z 时，由于 Z 轴移动时存在 3 个移动误差 δ_{xz}、δ_{yz} 和 δ_{zz}，3 个转角误差 ε_{xz}、ε_{yz} 和 ε_{zz}，2 个垂直度误差 S_{xz}、S_{yz}，则坐标系 Y 到坐标系 Z 的转换矩阵为

$$
{}_{Z}^{Y}\boldsymbol{T}^{e} = \begin{pmatrix} 1 & -\varepsilon_{zz} & \varepsilon_{yz} & \delta_{xz} + zS_{xz} \\ \varepsilon_{zz} & 1 & -\varepsilon_{xz} & \delta_{yz} - zS_{yz} \\ -\varepsilon_{yz} & \varepsilon_{xz} & 1 & \delta_{zz} + z \\ 0 & 0 & 0 & 1 \end{pmatrix} \tag{3-23}
$$

由于实际状态下，刀具与主轴无相对运动，因此主轴坐标系 S 到刀具坐标系 T 的齐次变换矩阵为单位矩阵，即 ${}_{T}^{S}\boldsymbol{T}^{e} = \boldsymbol{I}$；由于数控机床主轴的制造精度较高，由主轴引起的几何误差较小，可忽略不计，因此坐标系 Z 到主轴坐标系 S 的齐次变换矩阵为单位矩阵，即 ${}_{S}^{Z}\boldsymbol{T}^{e} = \boldsymbol{I}$；工件与 X 工作台无相对运动，因此工件坐标系 W 到坐标系 X 的齐次变换矩阵为单位矩阵，即 ${}_{X}^{W}\boldsymbol{T}^{e} = \boldsymbol{I}$。

在实际状态下，当机床分别沿 X、Y、Z 方向移动 x、y、z 距离时，工件坐标系 W 到刀具坐标系 T 的变换矩阵为

$$
{}_{T}^{W}\boldsymbol{T}^{e} = {}_{X}^{W}\boldsymbol{T}^{e}{}_{R}^{X}\boldsymbol{T}^{e}{}_{Y}^{R}\boldsymbol{T}^{e}{}_{Z}^{Y}\boldsymbol{T}^{e}{}_{S}^{Z}\boldsymbol{T}^{e}{}_{T}^{S}\boldsymbol{T}^{e} \tag{3-24}
$$

（3）XTYZ 型加工中心误差综合数学模型　等同 TXYZ 型加工中心误差综合数学模型的推导过程，可得 XTYZ 型加工中心工件坐标系 W 到刀具坐标系 T 的误差运动变换矩阵 ${}_{T}^{W}\boldsymbol{E}$：

$$_T^W\boldsymbol{E} = \begin{pmatrix} 1 & \varepsilon_{zx}-\varepsilon_{zy}-\varepsilon_{zz} & -\varepsilon_{yx}+\varepsilon_{yy}+\varepsilon_{yz} & -\delta_{xx}+\delta_{xy}+\delta_{xz}+y\varepsilon_{zx}-z\varepsilon_{yx}+z\varepsilon_{yy}-yS_{xy}+zS_{xz} \\ -\varepsilon_{zx}+\varepsilon_{zy}+\varepsilon_{zz} & 1 & \varepsilon_{xx}-\varepsilon_{xy}-\varepsilon_{xz} & -\delta_{yx}+\delta_{yy}+\delta_{yz}+z\varepsilon_{xx}-z\varepsilon_{xy}-zS_{yz} \\ \varepsilon_{yx}-\varepsilon_{yy}-\varepsilon_{yz} & -\varepsilon_{xx}+\varepsilon_{xy}+\varepsilon_{xz} & 1 & -\delta_{zx}+\delta_{zy}+\delta_{zz}-y\varepsilon_{xx} \\ 0 & 0 & 0 & 1 \end{pmatrix}$$

$$(3\text{-}25)$$

从而可得 XTYZ 型加工中心误差综合数学模型：

$$\begin{cases} \Delta_x = -\delta_{xx}+\delta_{xy}+\delta_{xz}+y\varepsilon_{zx}-z\varepsilon_{yx}+z\varepsilon_{yy}-yS_{xy}+zS_{xz} \\ \Delta_y = -\delta_{yx}+\delta_{yy}+\delta_{yz}+z\varepsilon_{xx}-z\varepsilon_{xy}-zS_{yz} \\ \Delta_z = -\delta_{zx}+\delta_{zy}+\delta_{zz}-y\varepsilon_{xx} \end{cases} \qquad (3\text{-}26)$$

2. XYTZ 型加工中心误差综合数学模型的建立

（1）设定坐标系　XYTZ 型加工中心结构如图 3-6 所示，假定机床在初始状态下，在机床床身上创建参考坐标系 R，分别在 X、Y、Z 向工作台，主轴 S，刀具 T，工件 W 上创建局部坐标系 X、Y、Z、S、T、W，方向与参考坐标系 R 一致。

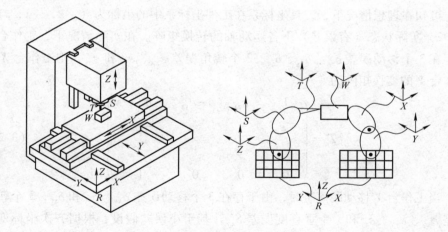

图 3-6　XYTZ 型加工中心坐标系设定

（2）误差运动转换矩阵

1）理想（无误差）状态下各运动轴的转换矩阵。在理想情况下，设 X 轴工作台移动距离 x，Y 轴工作台移动距离 y，Z 轴工作台移动距离 z，则坐标系 X 到坐标系 Y 的齐次变换矩阵 $_Y^X\boldsymbol{T}^i$、坐标系 Y 到参考坐标系 R 的齐次坐标变换矩阵 $_R^Y\boldsymbol{T}^i$，参考坐标系 R 对坐标系 Z 的齐次变换矩阵 $_Z^R\boldsymbol{T}^i$ 分别为

$$
{}_{Y}^{X}\boldsymbol{T}^{\mathrm{i}}=\begin{pmatrix} 1 & 0 & 0 & -x \\ 0 & 1 & 0 & 0 \\ 0 & 0 & 1 & 0 \\ 0 & 0 & 0 & 1 \end{pmatrix},\ {}_{R}^{Y}\boldsymbol{T}^{\mathrm{i}}=\begin{pmatrix} 1 & 0 & 0 & 0 \\ 0 & 1 & 0 & -y \\ 0 & 0 & 1 & 0 \\ 0 & 0 & 0 & 1 \end{pmatrix},\ {}_{Z}^{R}\boldsymbol{T}^{\mathrm{i}}=\begin{pmatrix} 1 & 0 & 0 & 0 \\ 0 & 1 & 0 & 0 \\ 0 & 0 & 1 & z \\ 0 & 0 & 0 & 1 \end{pmatrix}
$$

$$(3\text{-}27)$$

在理想状态下，主轴和 Z 轴无相对运动，因此坐标系 Z 到主轴坐标系 S 的齐次变换矩阵为单位矩阵，即 ${}_{S}^{Z}\boldsymbol{T}^{\mathrm{i}}=\boldsymbol{I}$；刀具与主轴固连，因此主轴坐标系 S 到刀具坐标系 T 的齐次变换矩阵为单位矩阵，即 ${}_{T}^{S}\boldsymbol{T}^{\mathrm{i}}=\boldsymbol{I}$；工件与 X 工作台之间无相对运动，因此工件坐标系 W 到坐标系 X 的齐次变换矩阵为单位矩阵，即 ${}_{X}^{W}\boldsymbol{T}^{\mathrm{i}}=\boldsymbol{I}$。

在理想情况下，当机床分别沿 X、Y、Z 方向移动 x、y、z 距离时，工件坐标系 W 到刀具坐标系 T 的变换矩阵为

$$
{}_{T}^{W}\boldsymbol{T}^{\mathrm{i}}={}_{X}^{W}\boldsymbol{T}^{\mathrm{i}}{}_{Y}^{X}\boldsymbol{T}^{\mathrm{i}}{}_{R}^{Y}\boldsymbol{T}^{\mathrm{i}}{}_{Z}^{R}\boldsymbol{T}^{\mathrm{i}}{}_{S}^{Z}\boldsymbol{T}^{\mathrm{i}}{}_{T}^{S}\boldsymbol{T}^{\mathrm{i}}=\begin{pmatrix} 1 & 0 & 0 & -x \\ 0 & 1 & 0 & -y \\ 0 & 0 & 1 & z \\ 0 & 0 & 0 & 1 \end{pmatrix}
$$

$$(3\text{-}28)$$

可知在理想情况下，刀具坐标系在工件坐标系中的坐标为（$-x$，$-y$，z）。

2）实际状态（有误差）下各运动轴的转换矩阵。在实际情况下，工作台 X 轴存在 3 个移动误差 δ_{xx}、δ_{yx}、δ_{zx}，3 个转角误差 ε_{xx}、ε_{yx} 和 ε_{zx}，则工作台 X 到工作台 Y 的变换矩阵为

$$
{}_{Y}^{X}\boldsymbol{T}^{\mathrm{e}}=\begin{pmatrix} 1 & \varepsilon_{zx} & -\varepsilon_{yx} & -\delta_{xx}-x \\ -\varepsilon_{zx} & 1 & \varepsilon_{xx} & -\delta_{yx} \\ \varepsilon_{yx} & -\varepsilon_{xx} & 1 & -\delta_{zx} \\ 0 & 0 & 0 & 1 \end{pmatrix}
$$

$$(3\text{-}29)$$

当工作台 Y 移动距离 y 时，由于存在 3 个移动误差 δ_{xy}、δ_{yy} 和 δ_{zy}，3 个转角误差 ε_{xy}、ε_{yy}、ε_{zy} 和 1 个垂直度误差 S_{xy}，基于小误差假设，根据齐次坐标变换原理，工作台 Y 到参考坐标系 R 的变换矩阵为

$$
{}_{R}^{Y}\boldsymbol{T}^{\mathrm{e}}=\begin{pmatrix} 1 & \varepsilon_{zy} & -\varepsilon_{yy} & -\delta_{xy}+yS_{xy} \\ -\varepsilon_{zy} & 1 & \varepsilon_{xy} & -\delta_{yy}-y \\ \varepsilon_{yy} & -\varepsilon_{xy} & 1 & -\delta_{zy} \\ 0 & 0 & 0 & 1 \end{pmatrix}
$$

$$(3\text{-}30)$$

当 Z 移动距离 z 时，由于 Z 轴移动时存在 3 个移动误差 δ_{xz}、δ_{yz} 和 δ_{zz}，3 个转角误差 ε_{xz}、ε_{yz} 和 ε_{zz}，2 个垂直度误差 S_{xz} 和 S_{yz}，基于小误差假设，则参考坐

标系 R 到坐标系 Z 的转换矩阵为

$$
{}_Z^R\mathbf{T}^e = \begin{pmatrix} 1 & -\varepsilon_{zz} & \varepsilon_{yz} & \delta_{xz}+zS_{xz} \\ \varepsilon_{zz} & 1 & -\varepsilon_{xz} & \delta_{yz}-zS_{yz} \\ -\varepsilon_{yz} & \varepsilon_{xz} & 1 & \delta_{zz}+z \\ 0 & 0 & 0 & 1 \end{pmatrix} \tag{3-31}
$$

由于实际状态下，刀具与主轴无相对运动，因此主轴坐标系 S 到刀具坐标系 T 的齐次变换矩阵为单位矩阵，即 ${}_T^S\mathbf{T}^e=\mathbf{I}$；由于数控机床主轴的制造精度较高，由主轴引起的几何误差较小，可忽略不计，因此坐标系 Z 到主轴坐标系 S 的齐次变换矩阵为单位矩阵，即 ${}_S^Z\mathbf{T}^e=\mathbf{I}$；工件与 X 工作台无相对运动，因此工件坐标系 W 到坐标系 X 的齐次变换矩阵为单位矩阵，即 ${}_X^W\mathbf{T}^e=\mathbf{I}$。

在实际状况下，当机床分别沿 X、Y、Z 方向移动 x、y、z 距离时，工件坐标系 W 到刀具坐标系 T 的变换矩阵为

$$
{}_T^W\mathbf{T}^e={}_X^W\mathbf{T}^e{}_Y^X\mathbf{T}^e{}_R^Y\mathbf{T}^e{}_Z^R\mathbf{T}^e{}_S^Z\mathbf{T}^e{}_T^S\mathbf{T}^e
$$

（3）XYTZ 型加工中心误差综合数学模型　等同 TXYZ 型加工中心误差综合数学模型的推导过程，可得 XYTZ 型加工中心工件坐标系 W 到刀具坐标系 T 的误差运动变换矩阵 ${}_T^W\mathbf{E}$：

$$
{}_T^W\mathbf{E}=\begin{pmatrix} 1 & \varepsilon_{zx}+\varepsilon_{zy}-\varepsilon_{zz} & -\varepsilon_{yx}-\varepsilon_{yy}+\varepsilon_{yz} & -\delta_{xx}-\delta_{xy}+\delta_{xz}-y\varepsilon_{zx}-z\varepsilon_{yx}-z\varepsilon_{yy}+yS_{xy}+zS_{xz} \\ -\varepsilon_{zx}-\varepsilon_{zy}+\varepsilon_{zz} & 1 & \varepsilon_{xx}+\varepsilon_{xy}-\varepsilon_{xz} & -\delta_{yx}-\delta_{yy}+\delta_{yz}+z\varepsilon_{xx}+z\varepsilon_{xy}-zS_{yz} \\ \varepsilon_{yx}+\varepsilon_{yy}-\varepsilon_{yz} & -\varepsilon_{xx}-\varepsilon_{xy}+\varepsilon_{xz} & 1 & -\delta_{zx}-\delta_{zy}+\delta_{zz}+y\varepsilon_{xx} \\ 0 & 0 & 0 & 1 \end{pmatrix}
$$

$$
\tag{3-32}
$$

从而可得 XYTZ 型加工中心误差综合数学模型：

$$
\begin{cases} \Delta_x = -\delta_{xx}-\delta_{xy}+\delta_{xz}-y\varepsilon_{zx}-z\varepsilon_{yx}-z\varepsilon_{yy}+yS_{xy}+zS_{xz} \\ \Delta_y = -\delta_{yx}-\delta_{yy}+\delta_{yz}+z\varepsilon_{xx}+z\varepsilon_{xy}-zS_{yz} \\ \Delta_z = -\delta_{zx}-\delta_{zy}+\delta_{zz}+y\varepsilon_{xx} \end{cases} \tag{3-33}
$$

3. XYZT 型加工中心误差综合数学模型的建立

（1）设定坐标系　XYZT 型加工中心结构如图 3-7 所示，假定机床在初始状态下，在机床床身上创建参考坐标系 R，分别在 X、Y、Z 向工作台，主轴 S，刀具 T，工件 W 上创建局部坐标系 X、Y、Z、S、T、W，方向与参考坐标系 R 一致。

（2）误差运动转换矩阵

1）理想（无误差）状态下各运动轴的转换矩阵。在理想情况下，设 X 轴工

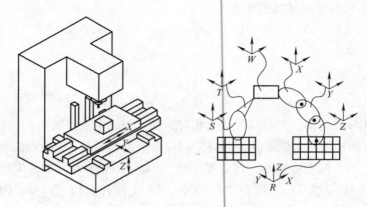

图 3-7　XYZT 型加工中心坐标系设定

作台移动距离 x，Y 轴工作台移动距离 y，Z 轴工作台移动距离 z，则坐标系 X 到坐标系 Y 的齐次变换矩阵 ${}_Y^X\boldsymbol{T}^i$、坐标系 Y 到坐标系 Z 的齐次坐标变换矩阵 ${}_Z^Y\boldsymbol{T}^i$，坐标系 Z 到参考坐标系 R 的齐次变换矩阵 ${}_R^Z\boldsymbol{T}^i$ 分别为

$$
{}_Y^X\boldsymbol{T}^i = \begin{pmatrix} 1 & 0 & 0 & -x \\ 0 & 1 & 0 & 0 \\ 0 & 0 & 1 & 0 \\ 0 & 0 & 0 & 1 \end{pmatrix},\ {}_Z^Y\boldsymbol{T}^i = \begin{pmatrix} 1 & 0 & 0 & 0 \\ 0 & 1 & 0 & -y \\ 0 & 0 & 1 & 0 \\ 0 & 0 & 0 & 1 \end{pmatrix},\ {}_R^Z\boldsymbol{T}^i = \begin{pmatrix} 1 & 0 & 0 & 0 \\ 0 & 1 & 0 & 0 \\ 0 & 0 & 1 & -z \\ 0 & 0 & 0 & 1 \end{pmatrix}
$$

$$(3-34)$$

理想状态下主轴和立柱无相对运动，因此参考坐标系 R 到主轴坐标系 S 的齐次变换矩阵为单位矩阵，即 ${}_S^R\boldsymbol{T}^i = \boldsymbol{I}$；刀具与主轴固连，因此主轴坐标系 S 到刀具坐标系 T 的齐次变换矩阵为单位矩阵，即 ${}_T^S\boldsymbol{T}^i = \boldsymbol{I}$；工件与 X 工作台之间无相对运动，因此工件坐标系 W 到坐标系 X 的齐次变换矩阵为单位矩阵，即 ${}_X^W\boldsymbol{T}^i = \boldsymbol{I}$。

在理想情况下，当机床分别沿 X、Y、Z 方向移动 x、y、z 距离时，工件坐标系 W 到刀具坐标系 T 的变换矩阵为

$$
{}_T^W\boldsymbol{T}^i = {}_X^W\boldsymbol{T}^i\,{}_Y^X\boldsymbol{T}^i\,{}_Z^Y\boldsymbol{T}^i\,{}_R^Z\boldsymbol{T}^i\,{}_S^R\boldsymbol{T}^i\,{}_T^S\boldsymbol{T}^i = \begin{pmatrix} 1 & 0 & 0 & -x \\ 0 & 1 & 0 & -y \\ 0 & 0 & 1 & -z \\ 0 & 0 & 0 & 1 \end{pmatrix}
$$

$$(3-35)$$

可知在理想情况下，刀具坐标系在工件坐标系中的坐标为（$-x$，$-y$，$-z$）。

2）实际状态（有误差）下各运动轴的转换矩阵。在实际情况下，工作台 X 轴存在 3 个移动误差 δ_{xx}、δ_{yx}、δ_{zx}，3 个转角误差 ε_{xx}、ε_{yx} 和 ε_{zx}，则工作台 X 到工作台 Y 的变换矩阵为

$$
{}_Y^X\boldsymbol{T}^e = \begin{pmatrix} 1 & \varepsilon_{zx} & -\varepsilon_{yx} & -\delta_{xx}-x \\ -\varepsilon_{zx} & 1 & \varepsilon_{xx} & -\delta_{yx} \\ \varepsilon_{yx} & -\varepsilon_{xx} & 1 & -\delta_{zx} \\ 0 & 0 & 0 & 1 \end{pmatrix} \tag{3-36}
$$

当工作台 Y 移动距离 y 时，由于存在 3 个移动误差 δ_{xy}、δ_{yy} 和 δ_{zy}，3 个转角误差 ε_{xy}、ε_{yy} 和 ε_{zy}，1 个垂直度误差 S_{xy}，则工作台 Y 到坐标系 Z 的变换矩阵为

$$
{}_Z^Y\boldsymbol{T}^e = \begin{pmatrix} 1 & \varepsilon_{zy} & -\varepsilon_{yy} & -\delta_{xy}+yS_{xy} \\ -\varepsilon_{zy} & 1 & \varepsilon_{xy} & -\delta_{yy}-y \\ \varepsilon_{yy} & -\varepsilon_{xy} & 1 & -\delta_{zy} \\ 0 & 0 & 0 & 1 \end{pmatrix} \tag{3-37}
$$

当 Z 移动距离 z 时，由于存在 3 个移动误差 δ_{xz}、δ_{yz} 和 δ_{zz}，3 个转角误差 ε_{xz}、ε_{yz} 和 ε_{zz}，2 个垂直度误差 S_{xz} 和 S_{yz}，基于小误差假设，则坐标系 Z 到参考坐标系 R 的转换矩阵为

$$
{}_R^Z\boldsymbol{T}^e = \begin{pmatrix} 1 & \varepsilon_{zz} & -\varepsilon_{yz} & -\delta_{xz}-zS_{xz} \\ -\varepsilon_{zz} & 1 & \varepsilon_{xz} & -\delta_{yz}+zS_{yz} \\ \varepsilon_{yz} & -\varepsilon_{xz} & 1 & -\delta_{zz}-z \\ 0 & 0 & 0 & 1 \end{pmatrix} \tag{3-38}
$$

由于实际状态下，刀具与主轴无相对运动，因此主轴坐标系 S 到刀具坐标系 T 的齐次变换矩阵为单位矩阵，即 ${}_T^S\boldsymbol{T}^e = \boldsymbol{I}$；由于数控机床主轴的制造精度较高，由主轴引起的几何误差较小，可忽略不计，因此参考坐标系 R 到主轴坐标系 S 的齐次变换矩阵为单位矩阵，即 ${}_S^R\boldsymbol{T}^e = \boldsymbol{I}$；工件与 X 工作台无相对运动，因此工件坐标系 W 到坐标系 X 的齐次变换矩阵为单位矩阵，即 ${}_X^W\boldsymbol{T}^e = \boldsymbol{I}$。

在实际状况下，当机床分别沿 X、Y、Z 方向移动 x、y、z 距离时，工件坐标系 W 到刀具坐标系 T 的变换矩阵为

$$
{}_T^W\boldsymbol{T}^e = {}_X^W\boldsymbol{T}^e{}_Y^X\boldsymbol{T}^e{}_Z^Y\boldsymbol{T}^e{}_R^Z\boldsymbol{T}^e{}_S^R\boldsymbol{T}^e{}_T^S\boldsymbol{T}^e
$$

（3）XYZT 型加工中心误差综合数学模型 等同 TXYZ 型加工中心误差综合数学模型的推导过程，可得 XYZT 型加工中心工件坐标系 W 到刀具坐标系 T 的误差运动变换矩阵 ${}_T^W\boldsymbol{E}$：

$$
{}_T^W\boldsymbol{E} = \begin{pmatrix} 1 & \varepsilon_{zx}+\varepsilon_{zy}+\varepsilon_{zz} & -\varepsilon_{yx}-\varepsilon_{yy}-\varepsilon_{yz} & -\delta_{xx}-\delta_{xy}-\delta_{xz}-y\varepsilon_{zx}+z\varepsilon_{yx}+z\varepsilon_{yy}+yS_{xy}-zS_{xz} \\ -\varepsilon_{zx}-\varepsilon_{zy}-\varepsilon_{zz} & 1 & \varepsilon_{xx}+\varepsilon_{xy}+\varepsilon_{xz} & -\delta_{yx}-\delta_{yy}-\delta_{yz}-z\varepsilon_{xx}-z\varepsilon_{xy}+zS_{yz} \\ \varepsilon_{yx}+\varepsilon_{yy}+\varepsilon_{yz} & -\varepsilon_{xx}-\varepsilon_{xy}-\varepsilon_{xz} & 1 & -\delta_{zx}-\delta_{zy}-\delta_{zz}+y\varepsilon_{xx} \\ 0 & 0 & 0 & 1 \end{pmatrix}
$$

$$\tag{3-39}$$

从而可得 XYZT 型加工中心误差综合数学模型：

$$\begin{cases} \Delta_x = -\delta_{xx} - \delta_{xy} - \delta_{xz} - y\varepsilon_{zx} + z\varepsilon_{yx} + z\varepsilon_{yy} + yS_{xy} - zS_{xz} \\ \Delta_y = -\delta_{yx} - \delta_{yy} - \delta_{yz} - z\varepsilon_{xx} - z\varepsilon_{xy} + zS_{yz} \\ \Delta_z = -\delta_{zx} - \delta_{zy} - \delta_{zz} + y\varepsilon_{xx} \end{cases} \quad (3\text{-}40)$$

3.3　4 种结构加工中心的统一数学模型

由 3.2 节 4 种结构加工中心误差综合数学模型的建模过程可知，4 种结构加工中心的坐标系变换均是从工件坐标系 W 变换到刀具坐标系 T，即

$$_T^W \boldsymbol{T}^e = {}_m^W \boldsymbol{T}^e \prod_{m=1}^{n} {}_m^{m-1} \boldsymbol{T}^e {}_T^n \boldsymbol{T}^e \quad (3\text{-}41)$$

式中，n 为从工件坐标系到刀具坐标系之间的传动链数目；${}_m^{m-1}\boldsymbol{T}^e$ 为从上一传动链到下一传动链的坐标变换矩阵。

由于加工中心结构不同，各传动链的顺序如下：

TXYZ 型传动链：$W \rightarrow R \rightarrow X \rightarrow Y \rightarrow Z \rightarrow S \rightarrow T$。

XTYZ 型传动链：$W \rightarrow X \rightarrow R \rightarrow Y \rightarrow Z \rightarrow S \rightarrow T$。

XYTZ 型传动链：$W \rightarrow X \rightarrow Y \rightarrow R \rightarrow Z \rightarrow S \rightarrow T$。

XYZT 型传动链：$W \rightarrow X \rightarrow Y \rightarrow Z \rightarrow R \rightarrow S \rightarrow T$。

从 4 种结构加工中心传动链可知，在进行坐标系变换时，参考坐标系位置发生规律变化，在参考坐标系 R 右侧坐标系齐次变换矩阵为正变换，而在参考坐标系 R 左侧坐标系变换矩阵为逆变换（即坐标变换方向相反）。根据这一规律，在齐次变换矩阵中加入一变量，使各坐标系变换矩阵在不同传动链中分别相应取正变换或逆变换，为此引入奇异函数：

$$\xi(\boldsymbol{T}_m) = (-1)^{\frac{\langle i-T_m \rangle}{i-T_m}} \quad (3\text{-}42)$$

$$\langle i - T_m \rangle = \begin{cases} i - T_m, & i \geqslant T_m \\ 0, & i < T_m \end{cases}$$

式中，i 表示 4 种结构加工中心，$i = 0$，1，2，3，分别对应 TXYZ、XTYZ、XYTZ、XYZT，即当机床结构为 TXYZ 时，$i = 0$，其余类推；$\boldsymbol{T}_m$ 表示变换矩阵 $\boldsymbol{T}_X$、$\boldsymbol{T}_Y$、$\boldsymbol{T}_Z$，取 $\boldsymbol{T}_X = 0$，$\boldsymbol{T}_Y = 1$，$\boldsymbol{T}_Z = 2$。

将式（3-42）分别代入式（3-10）～式（3-13），可得

$$
{}^{W}_{T}\boldsymbol{T}^{i} = \begin{pmatrix} 1 & 0 & 0 & (-1)^{\frac{\langle i-0 \rangle}{i-0}}x \\ 0 & 1 & 0 & (-1)^{\frac{\langle i-1 \rangle}{i-1}}y \\ 0 & 0 & 1 & (-1)^{\frac{\langle i-2 \rangle}{i-2}}z \\ 0 & 0 & 0 & 1 \end{pmatrix}
\tag{3-43}
$$

$$
{}^{R}_{X}\boldsymbol{T}^{e} = \begin{pmatrix} 1 & -(-1)^{\frac{\langle i-0 \rangle}{i-0}}\varepsilon_{zx} & (-1)^{\frac{\langle i-0 \rangle}{i-0}}\varepsilon_{yx} & (-1)^{\frac{\langle i-0 \rangle}{i-0}}(\delta_{xx}+x) \\ (-1)^{\frac{\langle i-0 \rangle}{i-0}}\varepsilon_{zx} & 1 & -(-1)^{\frac{\langle i-0 \rangle}{i-0}}\varepsilon_{xx} & (-1)^{\frac{\langle i-0 \rangle}{i-0}}\delta_{yx} \\ -(-1)^{\frac{\langle i-0 \rangle}{i-0}}\varepsilon_{yx} & (-1)^{\frac{\langle i-0 \rangle}{i-0}}\varepsilon_{xx} & 1 & (-1)^{\frac{\langle i-0 \rangle}{i-0}}\delta_{zx} \\ 0 & 0 & 0 & 1 \end{pmatrix}
\tag{3-44}
$$

$$
{}^{X}_{Y}\boldsymbol{T}^{e} = \begin{pmatrix} 1 & -(-1)^{\frac{\langle i-1 \rangle}{i-1}}\varepsilon_{zy} & (-1)^{\frac{\langle i-1 \rangle}{i-1}}\varepsilon_{yy} & (-1)^{\frac{\langle i-1 \rangle}{i-1}}(\delta_{xy}-yS_{xy}) \\ (-1)^{\frac{\langle i-1 \rangle}{i-1}}\varepsilon_{zy} & 1 & -(-1)^{\frac{\langle i-1 \rangle}{i-1}}\varepsilon_{xy} & (-1)^{\frac{\langle i-1 \rangle}{i-1}}(\delta_{yy}+y) \\ -(-1)^{\frac{\langle i-1 \rangle}{i-1}}\varepsilon_{yy} & (-1)^{\frac{\langle i-1 \rangle}{i-1}}\varepsilon_{xy} & 1 & (-1)^{\frac{\langle i-1 \rangle}{i-1}}\delta_{zy} \\ 0 & 0 & 0 & 1 \end{pmatrix}
\tag{3-45}
$$

$$
{}^{Y}_{Z}\boldsymbol{T}^{e} = \begin{pmatrix} 1 & -(-1)^{\frac{\langle i-2 \rangle}{i-2}}\varepsilon_{zz} & (-1)^{\frac{\langle i-2 \rangle}{i-2}}\varepsilon_{yz} & (-1)^{\frac{\langle i-2 \rangle}{i-2}}(\delta_{xz}+zS_{xz}) \\ (-1)^{\frac{\langle i-2 \rangle}{i-2}}\varepsilon_{zz} & 1 & -(-1)^{\frac{\langle i-2 \rangle}{i-2}}\varepsilon_{xz} & (-1)^{\frac{\langle i-2 \rangle}{i-2}}(\delta_{yz}-zS_{yz}) \\ -(-1)^{\frac{\langle i-2 \rangle}{i-2}}\varepsilon_{yz} & (-1)^{\frac{\langle i-2 \rangle}{i-2}}\varepsilon_{xz} & 1 & (-1)^{\frac{\langle i-2 \rangle}{i-2}}(\delta_{zz}+z) \\ 0 & 0 & 0 & 1 \end{pmatrix}
\tag{3-46}
$$

将相关坐标转换矩阵代入式（3-15），基于小误差假设并忽略二阶及二阶以上小量，可得 4 种结构加工中心统一数学模型：

$$
\begin{cases}
\Delta_{x} = (-1)^{\frac{\langle i-0 \rangle}{i-0}}\delta_{xx} + (-1)^{\frac{\langle i-1 \rangle}{i-1}}\delta_{xy} + (-1)^{\frac{\langle i-2 \rangle}{i-2}}\delta_{xz} - (-1)^{\frac{\langle i-0 \rangle}{i-0}}(-1)^{\frac{\langle i-1 \rangle}{i-1}}y\varepsilon_{zx} + \\
\quad (-1)^{\frac{\langle i-0 \rangle}{i-0}}(-1)^{\frac{\langle i-2 \rangle}{i-2}}z\varepsilon_{yx} + (-1)^{\frac{\langle i-1 \rangle}{i-1}}(-1)^{\frac{\langle i-2 \rangle}{i-2}}z\varepsilon_{yy} - (-1)^{\frac{\langle i-1 \rangle}{i-1}}yS_{xy} + (-1)^{\frac{\langle i-2 \rangle}{i-2}}zS_{xz} \\
\Delta_{y} = (-1)^{\frac{\langle i-0 \rangle}{i-0}}\delta_{yx} + (-1)^{\frac{\langle i-1 \rangle}{i-1}}\delta_{yy} + (-1)^{\frac{\langle i-2 \rangle}{i-2}}\delta_{yz} - (-1)^{\frac{\langle i-0 \rangle}{i-0}}(-1)^{\frac{\langle i-2 \rangle}{i-2}}z\varepsilon_{xx} - \\
\quad (-1)^{\frac{\langle i-1 \rangle}{i-1}}(-1)^{\frac{\langle i-2 \rangle}{i-2}}z\varepsilon_{xy} - (-1)^{\frac{\langle i-2 \rangle}{i-2}}zS_{yz} \\
\Delta_{z} = (-1)^{\frac{\langle i-0 \rangle}{i-0}}\delta_{zx} + (-1)^{\frac{\langle i-1 \rangle}{i-1}}\delta_{zy} + (-1)^{\frac{\langle i-2 \rangle}{i-2}}\delta_{zz} + (-1)^{\frac{\langle i-0 \rangle}{i-0}}(-1)^{\frac{\langle i-1 \rangle}{i-1}}y\varepsilon_{xx}
\end{cases}
\tag{3-47}
$$

式中，i 表示 4 种结构加工中心，$i=0$，1，2，3，分别对应 TXYZ、XTYZ、XYTZ、XYZT，即当机床结构为 TXYZ 时，$i=0$，其余类推。

$$\langle i-n\rangle = \begin{cases} i-n, & i\geqslant n \\ 0, & i<n, n=0,1,2,3 \end{cases} \quad （指数分母为 0 时取值为 1）$$

3.4　12 种结构五轴机床的统一数学模型

五轴机床在精密制造中扮演着重要的角色。相比于三轴机床，它们具有更高的生产率、更好的灵活性和更少的装夹时间。虽然五轴机床的结构根据工业应用不同各有所异，但它们都是由三个平动轴和两个旋转轴组合而成。

五轴机床可以归为三类：①双摆头型，旋转轴均在主轴侧（图 3-8a）；②双转台型，旋转轴都在工作台侧（图 3-8b）；③混合型，主轴侧和工作台侧各分布一旋转轴（图 3-8c）。以上三种类型的五轴机床分别表示为 TTTRR、RRTTT 和 RTTTR，其中符号 R 代表旋转轴，T 代表平动轴。

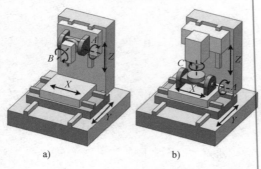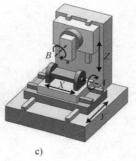

图 3-8　常见的 3 种五轴机床类型

a）双摆头型　b）双转台型　c）混合型

对于五轴机床而言，旋转轴或是分布在主轴侧或是分布在工作台侧，因此可在主轴侧和工作台侧各分布两个旋转轴从而构建五轴机床的统一数学模型。其中，每一个旋转轴均有三种形式，即 A、B 和 C。本研究中仅考虑了 AB、$A'C'$ 和 BA' 三种类型的机床，因为它们是最为常见的 3 种五轴机床，其中 A、B 和 C 代表主轴侧的旋转轴，而 A'、B' 和 C' 代表工作台侧的旋转轴。图 3-9 显示了五轴机床的统一数学模型的坐标系，在主轴侧和工作台侧各分布了两个旋转轴。

在上述统一模型中，从工件坐标系转换到刀具坐标系的运动链如下所示：

$$W \to R_{wC} \to R_{wA} \to X \to Y \to F \to Z \to R_{tA} \to R_{tB} \to T$$

其中，R_{wC} 和 R_{wA} 为工作台侧的 C 轴和 A 轴，而 R_{tA} 和 R_{tB} 为主轴侧的 A 轴和

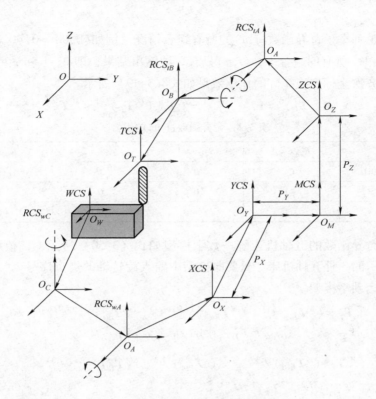

图 3-9 五轴统一模型的坐标系

B 轴。

如图 3-8 所示的 3 种五轴机床的运动链如下所示：

$$TTTRR: W \to X \to Y \to F \to Z \to R_{tA} \to R_{tB} \to T$$

$$RTTTR: W \to R_{wA} \to X \to Y \to F \to Z \to R_{tB} \to T$$

$$RRTTT: W \to R_{wC} \to R_{wA} \to X \to Y \to F \to Z \to T$$

类似于 3.3 节中所提及的三轴机床统一建模方法，在此构造了新的奇异函数：

$$(j, n) = [j - n](-1)^{\frac{\langle j-n \rangle}{j-n}} \tag{3-48}$$

式中，$\langle j - n \rangle = \begin{cases} j - n, & j \geqslant n \\ 0, & j < n \end{cases}$，特别地，当 $j = n$ 时，$\dfrac{\langle j-n \rangle}{j-n} = 0$；$[j - n] = \begin{cases} 1, & j - n \geqslant 1 \text{ 或 } j - n \leqslant -2 \\ 0, & \text{其他} \end{cases}$。参数 $j = 0$，1，2，分别代表 3 种五轴机床 TTTRR、RTTTR 和 RRTTT。参数 $n = 0$，1，2，3，分别代表旋转矩阵 $\boldsymbol{T}_{RwA}$、$\boldsymbol{T}_{RwC}$、$\boldsymbol{T}_{RtA}$

71

和 T_{RtB}。

表 3-1 列举了奇异函数 (j,n) 的所有组合情况。例如 $(0,0)=0$，$(0,2)=1$ 和 $(2,1)=-1$。所有的组合中，(j,n) 只有 3 种输出结果，即 0、1 和 -1。这些奇异函数对齐次坐标变换矩阵的作用效果如式（3-49）所示。

$$(^Q T_P)^0 = I, \quad (^Q T_P)^1 = {}^Q T_P, \quad (^Q T_P)^{-1} = {}^P T_Q \tag{3-49}$$

表 3-1 奇异函数 (j,n) 的组合

函数	$R_{wA}\ n=0$	$R_{wC}\ n=1$	$R_{tA}\ n=2$	$R_{tB}\ n=3$
TTTRR $j=0$	0	0	1	1
RTTTR $j=1$	-1	0	0	1
RRTTT $j=2$	-1	-1	0	0

基于奇异函数的五轴机床统一数学模型如式（3-50）所示，该模型涵盖了图 3-8 所示的 3 种五轴机床。只要向模型中输入旋转轴的类型序号 j，就可以得到最后的运动学模型。

$$
\begin{aligned}
^W T_T = {} & (^W T_{RwC})^{(j,1)} (^W T_{RwA})^{(j,0)(j,3)} (^{RwC} T_{RwA})^{-(j,0)(j,1)} \times \\
& (^W T_X)^{-(j,2)(j,3)} (^{RwA} T_X)^{(j,0)} (^X T_Y)^{-1} (^Y T_M)^{-1} \times \\
& (^M T_Z) (^Z T_{RtB})^{(j,3)-(j,2)} (^Z T_{RtA})^{(j,2)} (^{RtA} T_{RtB})^{(j,2)(j,3)} \times \\
& (^{RtB} T_T)^{(j,3)} (^Z T_T)^{1-(j,3)}
\end{aligned} \tag{3-50}
$$

当考虑每一个运动轴的几何误差时，式（3-50）中的每一个运动矩阵应该展开为式（3-51）和式（3-52）。

$$^Q T_P = {}^Q T_P^{\text{ideal}} {}^Q E_P \tag{3-51}$$

$$(^Q T_P)^{-1} = (^Q E_P)^{-1} (^Q T_P^{\text{ideal}})^{-1} \tag{3-52}$$

式中，$^Q E_P$ 为 $^Q T_P$ 的误差矩阵；$^Q T_P^{\text{ideal}}$ 为不考虑误差情况下的由 Q 坐标系到 P 坐标系的转换矩阵。不管运动轴在 MCS 的左边或者右边，它的误差矩阵总是表示为式（3-53）。所有的误差矩阵都是相对于 MCS 表示的，模型中的所有误差元素默认情况下为正。

$$
E_Q = \begin{pmatrix}
1 & -\varepsilon_{zq} & \varepsilon_{yq} & \delta_{xq} \\
\varepsilon_{zq} & 1 & -\varepsilon_{xq} & \delta_{yq} \\
-\varepsilon_{yq} & \varepsilon_{xq} & 1 & \delta_{zq} \\
0 & 0 & 0 & 1
\end{pmatrix} \tag{3-53}
$$

在式（3-50）所示的统一模型中，经常需要计算矩阵的逆；式（3-54）和式（3-55）描述了求一个 4×4 齐次坐标变换矩阵的逆的实用有效的方法。

$$^{Q}\boldsymbol{T}_{P} = \begin{pmatrix} ^{Q}\boldsymbol{R}_{P} & ^{Q}\boldsymbol{P}_{P} \\ 0 & 1 \end{pmatrix} \tag{3-54}$$

$$(^{Q}\boldsymbol{T}_{P})^{-1} = {}^{Q}\boldsymbol{T}_{P} = \begin{pmatrix} (^{Q}\boldsymbol{R}_{P})^{T} & -(^{Q}\boldsymbol{R}_{P})^{TQ} & \boldsymbol{P}_{P} \\ 0 & & 1 \end{pmatrix} \tag{3-55}$$

式中，$^{Q}\boldsymbol{R}_{P}$ 为 3×3 方向部分；$^{Q}\boldsymbol{P}_{P}$ 为 3×1 位移部分。而且，在计算逆矩阵时忽略了高阶微小量。

　　然而，式（3-50）所示的统一数学模型只能适用于 3 种五轴机床，因为它们的平动轴类型是固定的，均为 $X\to Y\to F\to Z$。在第 3.3 节中我们得到了 4 种三轴机床的统一数学模型。很自然能想到，将这三轴的统一数学模型集成到五轴的统一数学模型中，这样就能得到 12 种五轴机床的统一数学模型。最后得到的统一数学模型如式（3-56）所示，它引入了式（3-43）中的变量 i。

$$^{W}\boldsymbol{T}_{T} = (^{W}\boldsymbol{T}_{RwC})^{(j,1)} \, (^{W}\boldsymbol{T}_{RwA})^{(j,0)(j,3)} \, (^{RwC}\boldsymbol{T}_{RwA})^{-(j,0)(j,1)} \times$$

$$\left[(^{W}\boldsymbol{T}_{x})^{-(j,2)(j,3)} (^{RwA}\boldsymbol{T}_{X})^{(j,0)} \right]^{\frac{(i-0.5)}{i-0.5}} \left[(^{W}\boldsymbol{T}_{M})^{-(j,2)(j,3)} (^{RwA}\boldsymbol{T}_{M})^{j,0} \right]^{1-\frac{(i-0)}{i-0}} \boldsymbol{T} \times$$

$$\left[(^{Z}\boldsymbol{T}_{RtB})^{(j,3)-(j,2)} (^{Z}\boldsymbol{T}_{RtA})^{(j,2)} \right]^{\frac{(-i+2.5)}{-i+2.5}} \left[(^{M}\boldsymbol{T}_{RtB})^{(j,3)-(j,2)} (^{M}\boldsymbol{T}_{RtA})^{(j,2)} \right]^{\frac{(i-2)}{i-2}} \times$$

$$(^{RtA}\boldsymbol{T}_{RtB})^{(j,2)(j,3)} (^{RtB}\boldsymbol{T}_{T})^{(j,3)} (^{Z}\boldsymbol{T}_{T})^{1-(j,3)}$$

$$\tag{3-56}$$

式中，$\boldsymbol{T}$ 为第 3.3 节中由式（3-51）~式（3-56）确定的三轴机床的统一数学模型。

　　式（3-56）所示的统一数学模型可以表述 12 种类型的五轴机床，它们是 3 种旋转类型和 4 种平动类型的组合。表 3-2 列出了所述的 12 种机床类型。

表 3-2　包含于统一模型的 12 种类型五轴机床

类型	配置型号	数量
双摆头型	FXYZAB，XFYZAB，XYFZAB，XYZFAB	4
双转台型	C′A′FXYZ，C′A′XFYZ，C′A′XYFZ，C′A′XYZF	4
混合型	A′FXYZB，A′XFYZB，A′XYFZB，A′XYZFB	4

　　在同一模型中，只要根据机床的三轴和五轴的结构类型输入对应的 i 和 j，就能得到最终的空间误差模型，不需要任何的其他人为操作。从式（3-57）可

得位移误差量 Δx、Δy 和 Δz。

$$\begin{pmatrix} \Delta x \\ \Delta y \\ \Delta z \\ 1 \end{pmatrix} = {}^{W}\boldsymbol{T}_{T}\begin{pmatrix} 0 \\ 0 \\ 0 \\ 1 \end{pmatrix} - \begin{pmatrix} x \\ y \\ z \\ 0 \end{pmatrix} \tag{3-57}$$

类似于式（3-54），当所有的误差元素均确定以后，通过向各运动轴施加等量相反的运动量即可实现对各轴误差 Δx、Δy 和 Δz 的补偿。

第4章 数控机床误差检测技术

机床误差检测是机床验收和评价的依据，也是进行误差分量建模的基础。一台数控机床全部误差的检测和验收工作是一项技术难度非常大的工作，需要相应的检测仪器和手段配合。近年来出现了一系列的对机床性能进行评价的方法，国际标准化组织 ISO 制定了机床静态的几何精度、数控机床运动精度（包括位置精度和重复精度）、加工精度和数控机床的圆运动的检测试验标准，对机床的机、电、液、气等各部分及整机进行综合性能及单项性能检测，包括机床的动静刚度和热变形等一系列试验，最后得出对该机床的综合评价。以上内容的机床验收工作应由国家指定的几个机床检测中心进行，以得出权威性的结论意见，因此只适合于新机床样机和产业产品的评比检验以及关键进口设备的检验。而对于一般的机床用户，其验收工作主要根据机床出厂检验合格证上的规定验收技术条件和实际能提供的检测手段，部分或全部地测定机床合格证上的各项技术指标。

从误差源的角度，机床误差的检测通常包括机床几何误差检测、机床热误差检测、机床力误差检测，以及其他误差的检测。

4.1 机床几何误差检测

机床几何误差主要包括定位误差、重复定位误差、反向间隙误差、直线度误差、主轴回转误差、转角误差、偏摆误差和俯仰误差等。

机床几何误差的检测工具和仪器很多，传统的检测工具有精密水平仪、直角尺、平尺、平行光管、千分表或测微仪和高精度主轴芯棒等。测量直线运动误差的常用检测工具有测微仪、成组块规、标准刻线尺、金属线纹尺、步距规、光学读数显微镜、准直仪等，近年来使用更好的双频激光测量仪。测量回转运动误差的常用检测工具有高精度标准分度转台和多面体等，而应用高精度双球规和平面光栅检测机床在国际上也是近年来才出现，国内应用更为稀少。其优点是既可测回转运动误差，也可测短距离的直线运动误差；其中，平面光栅还可以测量具有复杂轨迹的平面运动误差。

机床误差检测从一次测量可得误差项数的角度可分为单项误差检测和综合

误差检测两种。一般而言，单项误差直接检测精确、明了，但需要的测量仪器多、耗时长。综合误差检测建立在机床误差模型的基础上，通过专门或者较少仪器一次可以测量机床多项误差，耗时较短，检测仪器标定和误差模型的建立是其关键。

1. 单项误差检测

单项误差检测就是选用合适的测量仪器，对数控机床多项几何误差直接单项测量。根据测量基准的不同单项误差检测方法可以分为三类：一是基于量规或量尺的测量方法，常用测量仪器有金属平尺、角规、千分表等；二是基于重力的测量方法，常用仪器有水平仪、倾角仪等；三是基于激光的测量方法，常用仪器有激光干涉仪和各种类型的光学镜，其中以激光干涉检测方法应用最广。

2. 综合误差检测

综合误差检测就是通过数学辨识模型实现误差参数分离，使用测量仪器一次同时对数控机床多项空间误差进行检测。根据测量基准可以将综合误差检测分为两类：标准工件法和轨迹法。

标准工件法是一类用已标定的圆形或者球型工件作为测量基准的方法，测量时通过比较标准工件的实际坐标和其标定值，得到机床当前位置的运动误差向量，最终综合机床量程内不同位置所测数据拟合出误差函数。特征标准工件根据其可测量的运动轴数目分为一维、二维、三维 3 种。该方法原理简单，测量范围较大，但其测量精度受标准工件精度的影响，因而对标准工件制作要求高，实际应用并不广泛。

轨迹法是一类通过测量机床一定运动轨迹误差并根据误差辨识模型分离出机床几何误差参数的方法。常见测量轨迹有直线和圆。基于直线轨迹的典型方法为激光干涉仪检测方法，而基于圆轨迹运动的检测仪器主要以伸缩式双球规为代表。此外，由德国 Heidenhain 公司在 1996 年提出的平面光栅法检测方法，首次实现了非接触轨迹误差测量，而且可以测量任一平面内复杂轨迹运动的精度，测量轨迹不局限于圆。总体而言，轨迹法较适合数控机床的在机检测，是目前应用最为广泛的一类方法，特别是基于对角线轨迹的空间误差测量本章将重点介绍。

3. 机床圆运动精度检测

对于多轴数控机床，加工大多是在多轴联动状态下完成的，因此检测机床通过双轴插补指令合成为圆运动的精度就十分必要。检测机床圆运动的精度不仅可以获得与机床的几何精度、位置精度、重复精度有关的信息，还可以获得与进给速度和伺服控制系统有关的动态误差分量信息，包括机床爬行、标尺误差、反向间隙、伺服增益不匹配和由于伺服响应滞后引起的加工半径减小等误差分量。因此，机床的圆运动精度全面地反映出机床的加工性能。ISO 230—4：

2005 圆运动试验标准中给出了三种检测方法：①一维测头——基准圆盘法；②二维测头——基准圆盘法；③双球规法。

机床圆运动精度检验应用的范围很广，既可用于对新购机床的入厂检验，又可用于对数字控制系统各项参数的调整以及定期保养时的测试。

4.1.1 激光干涉仪检测法

自 1960 年 T. Maiman 发明第一台红宝石激光器以来，激光理论及技术发展迅速，各种激光器应运而生。1964 年，Yeh 和 Oummnis 首次通过测量激光的多普勒频移得到流体的速度信息，开创了应用激光测量的先河。此后，先后有各种典型的激光干涉仪器，如迈克逊（Michelson）干涉仪、泰曼格林（Twyman Green）干涉仪、麦克詹达干涉仪（Mach – Zender）、菲索干涉仪（Fizeau）、HP 干涉仪、Renishaw 干涉仪及多普勒双频激光干涉仪（LDDM）等纷纷应用于机床的误差检测，其中以多普勒双频干涉仪可测项目范围最广。

双频激光干涉仪是在单频激光干涉仪的基础上发展的一种外差式干涉仪。它以两个具有不同频率的圆偏振光作为光源，发射光经偏振分光镜将两个光正交分离。当测量反射镜移动时，由于多普勒效应，返回光产生多普勒频移，其包含了测量反射镜的位移信息。所以，测量信息是叠加在一个固定频差上，属于交流信号，具有很大的增益和高信噪比，完全克服了单频激光测量仪因光强变动造成直流电平漂移，使系统无法正常工作的弊端。测量时，即使光强衰减 90%，双频激光测量仪仍能正常工作。由于其具有很强的抗干扰能力，因而特别适合现场条件下使用。

图 4-1 为激光干涉仪工作示意图。激光干涉仪工作时，激光头固定不动，反射镜或干涉镜随机床部件一起移动，可测距离（位置精度）、直线度、垂直度、偏摆角、平行度、平面度、转台精度及速度、加速度等，并可对机床振动情况进行分析，这些检测项目几乎包括了机床精度鉴定的所有主要指标。

1. 激光干涉仪测量原理

（1）多普勒效应（Doppler Effect）　任何形式的波传播，由于波源、接收器、传播介质或中间反射器或散射体的运动，会使频率发生变化，这种现象即多普勒效应。这种因多普勒效应所引起的频率变化称为多普勒偏移或频移（Doppler Shift），其频移大小与介质、波源和观察物的运动有关，如图 4-2 所示。

（2）线性位移误差检测原理　如图 4-3 所示，激光头射出的频率为 f_0，经平行反射镜反射回来到侦测器，当平行反射镜不动时，其反射波频率 $f_r = f_0$。当反射镜以 v（$= \mathrm{d}x/\mathrm{d}t$，远离时取"＋"，移近时取"－"）的速度移动时，因为光程增加（或减少）了 $2vt$，反射波 f_r 的数值会减少（或增加）$2v/\lambda_0$（λ_0 为激光的波长），即

$$\Delta f = f_0 - f_r = 2v/\lambda_0 = (2/\lambda_0)\,\mathrm{d}x/\mathrm{d}t \tag{4-1}$$

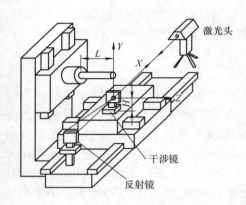

图 4-1　激光干涉仪工作示意图

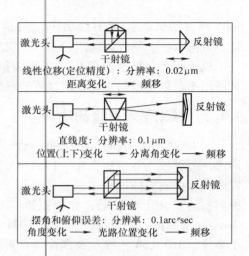

线性位移(定位精度)：分辨率：0.02μm
距离变化 ⟶ 频移

直线度：分辨率：0.1μm
位置(上下)变化 ⟶ 分离角变化 ⟶ 频移

摆角和俯仰误差：分辨率：0.1arc″sec
角度变化 ⟶ 光路位置变化 ⟶ 频移

图 4-2　多普勒效应

而 $f = \omega/2\pi$，且 $\omega = \mathrm{d}\phi/\mathrm{d}t$

故
$$\frac{1}{2\pi\mathrm{d}t}\mathrm{d}(\Delta\phi) = \frac{2}{\lambda_0\mathrm{d}t}\mathrm{d}x \tag{4-2}$$

即
$$\Delta Y = \frac{1}{2\pi}\int\mathrm{d}(\Delta\phi) = \int\theta(x)\mathrm{d}x \tag{4-3}$$

求得
$$N + \Delta\phi/2\pi = (2/\lambda_0)x \tag{4-4}$$

式中，N 为式（4-3）左边积分满一周期（即 2π）的周数；$\Delta\phi/2\pi$ 是未满一周期的余量；ω 为圆频率；ϕ 为相位；$\Delta\phi$ 为相位差；ΔY 为增加或减少的反射波；$\theta(x)$ 为中间变量，$\theta(x) = 2/\lambda_0$。

由式（4-4）可得

$$x = (\lambda_0/2)\left[\Delta\phi/(2\pi) + N\right] \tag{4-5}$$

根据式（4-5），激光多普勒测量仪采用了一个鉴相器，每当相位 ϕ 积满一个 2π，鉴相器便输出一个增位（或减位）脉冲，即式（4-5）中的 N。另外，以 $0 \sim 15\mathrm{V}$ 的模拟电压表示 $\Delta\phi/(2\pi)$ 这一项。计算鉴相器的脉冲数以及模拟电压的伏数，根据式（4-5）便可测知位移 x。

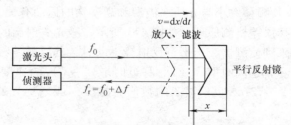

图 4-3　激光多普勒频差效应原理

（3）转角误差检测原理　以检测 X 轴沿 Y 方向的转角误差（角偏）为例，如图 4-4 所示，将一个双光束激光多普勒测量仪的激光射向一个双晶平行反射镜。双晶平行反射镜随机床 X 轴移动，当机床床身在移动时发生了一个水平方向的角偏 θ，则双光束激光的光程 X_1、X_2 就起了变化（$X_1 \neq X_2$）。它们之间的关系为：$\tan(\theta) = (X_2 - X_1)/d$，当角偏很小时，$\tan(\theta) = \theta$，即

$$\theta = (X_2 - X_1)/d \tag{4-6}$$

式中，d 为双晶平行反射镜的中心距离。

这样，通过测量两条光线的光程差便可测出角偏。而机床移动时横向偏移则是：

$$\Delta Y = \int \theta(x)\,\mathrm{d}x \tag{4-7}$$

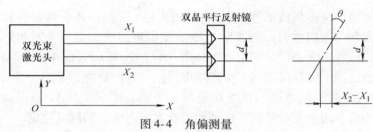

图 4-4　角偏测量

如果把机床的运动起点和终点当作一直线，则式（4-7）中的 ΔY 就是机床沿 X 轴移动时在 Y 方向的直线度误差。

当把双光束激光头和双晶平行反射镜直立（即沿垂直方向）架设时，就可以测量机床移动时沿垂直方向（Z 方向）的角偏（即俯仰误差）和直线度误差。

2. 机床误差的体积测量方法

目前，国内外学者就利用激光干涉仪测量机床的几何误差提出了多种测量及辨识方法，如 22 线法、15 线法、14 线法、9 线法等。但是，在实际测量时，这些方法大都过于复杂，测量周期太长，调整极度困难费时，而且需要附加购买昂贵的光学元件。对于机床空间位置精度的检定，美国国家标准中推荐了一种通过测量机床体对角线的位移误差来对空间位置精度进行快速检定、评价的方法。所谓体对角线就是指在空间直角坐标系中，由机床工作台三个进给方向上的最大行程所围成的长方体的四条对角线。这种方法的确改进了机床误差测量过程，但是采用这种测量方法无法获得足够的信息用于分析误差源，因此也无法获得用于误差补偿的有关信息。我们通过与美国光动公司合作，提出了一种沿体对角线的机床空间位置误差的体积测量方法，实现了机床空间位置误差的高效测量和机床空间位置精度的快速检定。

机床误差的体积测量是一种高效快速的误差测量方法，可通过测量机床对角斜线的线性位移误差而快速获得，如图 4-5 所示。机床误差体积测量常用方法

是激光向量多步法。该方法利用激光多普勒位移测量仪通过对四条体对角线的分步运动的位移测量就可以高效地分离出可用于机床空间位置误差补偿的 9 项位置误差，附加测量两条平面对角线及一条平面直线的运动位移误差，则可以辨识出三轴机床的与位置精度有关的其他几何误差元素。

图 4-5　体积误差测量

（1）激光向量多步法的测量过程　如图 4-6 所示，大平镜安装在机床主轴上，并与激光束方向垂直。测量时走四条体积对角线，走每条对角线时，走一次分三步，x、y 和 z 先后分别走一个步距：$\mathrm{d}x$、$\mathrm{d}y$ 和 $\mathrm{d}z$（图 4-7），每走一个步距可获得包含 1 个位移误差和 2 个直线度误差信息的数据，走完一条对角线可获得包含 3 个位移误差、6 个直线度误差和 3 个垂直度误差共 12 项误差元素信息的数据。故多步向量测量可获得比其他激光测量多 3 倍的测量数据。

X 轴运动一步　　　　　　　Y 轴运动一步　　　　　　　Z 轴运动一步

图 4-6　多步法激光测量过程

（2）多步法向量测量的误差的辨识

机床误差的辨识就是通过误差的数学建模，将误差元素进行分离获得各项误差。机床几何误差辨识主要是基于激光多普勒位移测量仪（Laser Doppler Displacement Meter，LDDM）技术和创新的多步测量及其算法，利用简单的激光头与套件即可从仅 4 次多步调整测量中（沿机床 4 个对角线方向），快速地辨识出机床的全部 12 个移动误差，不但调整操作简单方便且节省大量时间，

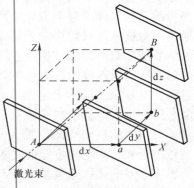

图 4-7　激光向量多步法测量原理

为误差补偿的应用创造了更有利的条件。

如图4-8所示，测量空间分段路径共8条来回对角线，分别为PPP、NPP、PNP、PPN、NNN、PNN、NPN及NNP，其中，3个字母依次表示为 X、Y、Z 向，N 为 Negatives（反向）P 为 Positive（正向），如 PPP 就是指向3个轴的坐标都增加方向的对角线。激光向量多步法测量的行程如图4-9所示。

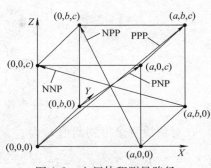

图4-8 空间体积测量路径

如图4-10所示，设三维空间为 $a \times b \times c$，测量点的坐标为 (x_0, y_0, z_0)。首先通过空间解析几何方法，求解测量点在对角线上的投影点 (x_p, y_p, z_p)，为此将直线方程参数化，设参数为 t，则对角线的直线参数方程为

$$\begin{cases} x = at \\ y = bt \\ z = ct \end{cases} \tag{4-8}$$

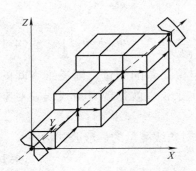

图4-9 激光向量多步法测量的行程

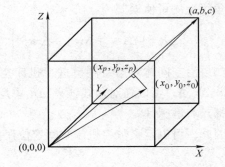

图4-10 三维空间中测量点在体对角线上的坐标

代入平面方程，则有

$$a(at - x_0) + b(bt - y_0) + c(ct - z_0) = 0 \tag{4-9}$$

解得参数 t 的值为

$$t = \frac{ax_0 + by_0 + cz_0}{a^2 + b^2 + c^2} \tag{4-10}$$

则交点坐标为

$$\begin{cases} x_p = \dfrac{a(ax_0 + by_0 + cz_0)}{a^2 + b^2 + c^2} \\[2mm] y_p = \dfrac{b(ax_0 + by_0 + cz_0)}{a^2 + b^2 + c^2} \\[2mm] z_p = \dfrac{c(ax_0 + by_0 + cz_0)}{a^2 + b^2 + c^2} \end{cases} \tag{4-11}$$

在对角线测量得到的值 R 为

$$R = \sqrt{x_p^2 + y_p^2 + z_p^2} = \frac{ax_0 + by_0 + cz_0}{\sqrt{a^2 + b^2 + c^2}} \tag{4-12}$$

$$= (x_0 \boldsymbol{u}_x + y_0 \boldsymbol{u}_y + z_0 \boldsymbol{u}_z)\left[\frac{1}{\sqrt{a^2 + b^2 + c^2}}(a\boldsymbol{u}_x + b\boldsymbol{u}_y + c\boldsymbol{u}_z) \right]$$

所以，测量点在空间对角线上的测量值为该点的向量 $(x_0 \boldsymbol{u}_x + y_0 \boldsymbol{u}_y + z_0 \boldsymbol{u}_z)$ 与测量对角线方向单位向量$\left[\dfrac{1}{\sqrt{a^2 + b^2 + c^2}}(a\boldsymbol{u}_x + b\boldsymbol{u}_y + c\boldsymbol{u}_z) \right]$的乘积。

假设实际测量点和理想测量点在空间存在 3 个方向的误差 Δx、Δy、Δz，即实际测量点坐标为$(x + \Delta x, y + \Delta y, z + \Delta z)$，可以得到理想测量点和实际测量点在体对角线上测量值误差为

$$\Delta R = \left[\Delta x \boldsymbol{u}_x + \Delta y \boldsymbol{u}_y + \Delta z \boldsymbol{u}_z \right]\left[\frac{1}{\sqrt{a^2 + b^2}}(a\boldsymbol{u}_x + b\boldsymbol{u}_y + b\boldsymbol{u}_z) \right] \tag{4-13}$$

如果沿空间体对角线测量进行机床空间定位误差的测量，则三维空间的误差$(\Delta x, \Delta y, \Delta z)$可以在对角线误差 ΔR 中反映出来，也就是说对角线误差对空间误差都具有敏感性。

因此，可以定义数控机床空间定位误差的对角线测量的一般公式为

$$\Delta R = e r \tag{4-14}$$

式中，e 为定位误差的误差向量，$e = \Delta x \boldsymbol{u}_x + \Delta y \boldsymbol{u}_y + \Delta z \boldsymbol{u}_z$；$\Delta x$、$\Delta y$、$\Delta z$ 为机床在 x、y、z 方向上产生的误差值，并与第 3 章综合误差建模结果中的 Δx、Δy、Δz 对应（本节在只考虑几何误差的情况下）；r 为空间体对角线方向的单位向量，由机床工作空间的大小决定。

在进行对角线测量时，首先将对角线分为 n 个测量点，如图 4-11 所示。假设体对角线的起点为(x_s, y_s, z_s)，终点为(x_e, y_e, z_e)，则各个连续测量点在 X、Y、Z 轴上的坐标变化量 D_x、D_y、D_z 分别为

$$\begin{cases} D_x = (x_e - x_s)/n \\ D_y = (y_e - y_s)/n \\ D_z = (z_e - z_s)/n \end{cases} \tag{4-15}$$

因此，在对角线方向的单位向量可以表达为

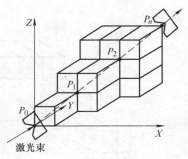

$$r = \frac{D_x}{R}u_x + \frac{D_y}{R}u_y + \frac{D_z}{R}u_z \qquad (4\text{-}16)$$

式中，$R = \sqrt{D_x^2 + D_y^2 + D_z^2}$。

这样，机床误差在对角线上所反映的测量误差值可以由式（4-14）得到，其中误差 $e = \Delta x u_x + \Delta y u_y + \Delta z u_z$，$\Delta x$、$\Delta y$、$\Delta z$ 为机床在 x、y、z 方向上产生的误差值。则，沿体对角线 PPP 的测量误差 $\mathrm{d}R_{\mathrm{PPP}}$ 为

图 4-11 机床体对角线的测量

$$\mathrm{d}R_{\mathrm{PPP}} = \Delta x \frac{D_x}{R} + \Delta y \frac{D_y}{R} + \Delta z \frac{D_z}{R}$$

$$= \left[-\delta_x(x) - \delta_x(y) + \delta_x(z) - y\varepsilon_z(x) - z\varepsilon_y(x) - z\varepsilon_y(y) - z\varepsilon_{xz} \right]\frac{D_x}{R} +$$

$$\left[-\delta_y(x) - \delta_y(y) + \delta_y(z) + z\varepsilon_x(x) + z\varepsilon_x(y) + x\varepsilon_{xy} - z\varepsilon_{yz} \right]\frac{D_y}{R} +$$

$$\left[-\delta_z(x) - \delta_z(y) + \delta_z(z) + y\varepsilon_x(x) \right]\frac{D_z}{R}$$

$$(4\text{-}17)$$

同理，沿体对角线 NPP 的测量误差 $\mathrm{d}R_{\mathrm{NPP}}$ 为

$$\mathrm{d}R_{\mathrm{NPP}} = \Delta x \left(-\frac{D_x}{R} \right) + \Delta y \frac{D_y}{R} + \Delta z \frac{D_z}{R} \qquad (4\text{-}18)$$

沿体对角线 PNP 的测量误差 $\mathrm{d}R_{\mathrm{PNP}}$ 为

$$\mathrm{d}R_{\mathrm{PNP}} = \Delta x \frac{D_x}{R} + \Delta y \left(-\frac{D_y}{R} \right) + \Delta z \frac{D_z}{R} \qquad (4\text{-}19)$$

沿体对角线 PPN 的测量误差 $\mathrm{d}R_{\mathrm{PPN}}$ 为

$$\mathrm{d}R_{\mathrm{PPN}} = \Delta x \frac{D_x}{R} + \Delta y \frac{D_y}{R} + \Delta z \left(-\frac{D_z}{R} \right) \qquad (4\text{-}20)$$

由式（4-17）~式（4-20）可见，沿 4 条体对角线的测量误差具有对所有误差源（定位误差、直线度误差、垂直度误差及转角误差）都敏感的特性。

分步体对角线测量原理如图 4-12 所示。假设 P_0 和 P_1 分别为机床工作空间对角线上的两个测量点，且 D_x、D_y、D_z 分别为这两个测量点之间的坐标变化量。在一般体对角测量方法中，首先在 P_0 点测得这时的对角线数据值 R_0，然后通过机床 X、Y、Z 轴的联动达到下一测量点 P_1，并测得该位置的对角线数据 R_1，两次测得的对角线之差为 ΔR。

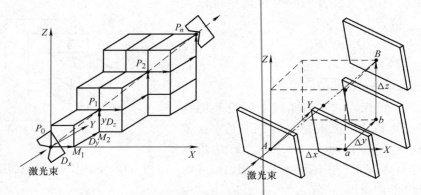

图 4-12　分步体对角线测量法

在本章应用的分步体对角线测量中，当 P_0 点处的对角线数据值 R_0 测量之后，第一步，通过 X 轴运动增量 D_x 到达点中间点 M_1 处，并测得对角线数值 R_{M1}；第二步，通过 Y 轴运动增量 D_y 到达中间点 M_2 处，并测得对角线数值 R_{M2}；第三步，通过 Z 轴运动增量 D_z 到达常规体对角线的第二个测量点 P_1 处，并进行对角线测量得到值 R_1。因此，分步体对角线测量与一般体对角线测量的主要差异，是将 P_1 和 P_0 点处的坐标变化量 D_x、D_y、D_z 转换成了 X、Y、Z 轴分别进行运动时的运动增量，并增加了中间点 M_1 和 M_2 的对角线测量值 R_{M1} 和 R_{M2}，对于同样运动到对角线上的下一个测点，测量数据增加为原来的 3 倍。对于机床工作空间的 4 条体对角线，可以测得 12 组数据。可以看出，这种分步对角线测量方法比常规体对角线测量方法可以获得更多信息。

设机床沿 X、Y、Z 轴分别运动之后产生的误差为 $E(x, y, z)$，则每一个方向的误差为

$$\begin{cases} \Delta x = E_x(x, y, z) = E_x(x) + E_x(y) + E_x(z) \\ \Delta y = E_y(x, y, z) = E_y(x) + E_y(y) + E_y(z) \\ \Delta z = E_z(x, y, z) = E_z(x) + E_z(y) + E_z(z) \end{cases} \quad (4\text{-}21)$$

式中，$E_x(x, y, z)$、$E_y(x, y, z)$、$E_z(x, y, z)$ 为机床分别沿 X、Y、Z 轴运动后在 x、y、z 方向上产生的误差值；$E_x(x)$、$E_y(x)$、$E_z(x)$ 分别为沿 X 轴时在 x、y、z 方向上产生的空间定位误差值，其中下标表示误差的方向，括号内的值表示运动方向。需要说明的是，$E_x(x)$、$E_y(x)$、$E_z(x)$ 这些误差值是沿 X 轴运动产生的误差的综合，包括了直线定位误差、直线度误差、转角误差和垂直度误差的影响。同理，$E_x(y)$、$E_y(y)$、$E_z(y)$ 分别为沿 Y 轴运动在 x、y、z 方向上产生的空间定位误差，$E_x(z)$、$E_y(z)$、$E_z(z)$ 分别为沿 Z 轴运动产生在 x、y、z 方向上产生的空间定位误差。

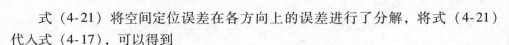

式（4-21）将空间定位误差在各方向上的误差进行了分解，将式（4-21）代入式（4-17），可以得到

$$dR_{PPP} = (E_x(x) + E_x(y) + E_x(z))\frac{D_x}{R} +$$
$$(E_y(x) + E_y(y) + E_y(z))\frac{D_y}{R} + \quad (4\text{-}22)$$
$$(E_z(x) + E_z(y) + E_z(z))\frac{D_z}{R}$$

在分步体对角线测量过程中，体对角线 PPP 上产生的误差记为 dR_{PPP}，则沿着 X、Y、Z 轴在 x、y、z 方向分步运动后的误差分量分别记为 $dR_{PPP}(x)$、$dR_{PPP}(y)$、$dR_{PPP}(z)$，则有

$$\begin{cases} dR_{PPP}(x) = E_x(x)\dfrac{Dx}{R} + E_y(x)\dfrac{Dy}{R} + E_z(x)\dfrac{Dz}{R} \\[2mm] dR_{PPP}(y) = E_x(y)\dfrac{Dx}{R} + E_y(y)\dfrac{Dy}{R} + E_z(y)\dfrac{Dz}{R} \\[2mm] dR_{PPP}(z) = E_x(z)\dfrac{Dx}{R} + E_y(z)\dfrac{Dy}{R} + E_z(z)\dfrac{Dz}{R} \end{cases} \quad (4\text{-}23)$$

同理，对于另外3条对角线，也可以得在 x、y、z 方向运动时在对角线 NPP 上产生的误差 $dR_{NPP}(x)$、$dR_{NPP}(y)$、$dR_{NPP}(z)$：

$$\begin{cases} dR_{NPP}(x) = -E_x(x)\dfrac{Dx}{R} + E_y(x)\dfrac{Dy}{R} + E_z(x)\dfrac{Dz}{R} \\[2mm] dR_{NPP}(y) = -E_x(y)\dfrac{Dx}{R} + E_y(y)\dfrac{Dy}{R} + E_z(y)\dfrac{Dz}{R} \\[2mm] dR_{NPP}(z) = -E_x(z)\dfrac{Dx}{R} + E_y(z)\dfrac{Dy}{R} + E_z(z)\dfrac{Dz}{R} \end{cases} \quad (4\text{-}24)$$

在 x、y、z 方向运动时在对角线 PNP 上产生的误差 $dR_{PNP}(x)$、$dR_{PNP}(y)$、$dR_{PNP}(z)$：

$$\begin{cases} dR_{PNP}(x) = E_x(x)\dfrac{Dx}{R} - E_y(x)\dfrac{Dy}{R} + E_z(x)\dfrac{Dz}{R} \\[2mm] dR_{PNP}(y) = E_x(y)\dfrac{Dx}{R} - E_y(y)\dfrac{Dy}{R} + E_z(y)\dfrac{Dz}{R} \\[2mm] dR_{PNP}(z) = E_x(z)\dfrac{Dx}{R} - E_y(z)\dfrac{Dy}{R} + E_z(z)\dfrac{Dz}{R} \end{cases} \quad (4\text{-}25)$$

在 x、y、z 方向运动时在对角线 PPN 上产生的误差 $dR_{PPN}(x)$、$dR_{PPN}(y)$、$dR_{PPN}(z)$：

$$\begin{cases} dR_{PPN}(x) = E_x(x)\dfrac{Dx}{R} + E_y(x)\dfrac{Dy}{R} - E_z(x)\dfrac{Dz}{R} \\[2mm] dR_{PPN}(y) = E_x(y)\dfrac{Dx}{R} + E_y(y)\dfrac{Dy}{R} - E_z(y)\dfrac{Dz}{R} \\[2mm] dR_{PPN}(z) = E_x(z)\dfrac{Dx}{R} + E_y(z)\dfrac{Dy}{R} - E_z(z)\dfrac{Dz}{R} \end{cases} \tag{4-26}$$

根据式（4-23）~式（4-26）4 组公式，求解各轴进给运动后分别在 x、y、z 方向产生的位置误差 $E_x(x)$、$E_y(x)$、$E_z(x)$、$E_x(y)$、$E_y(y)$、$E_z(y)$、$E_x(z)$、$E_y(z)$、$E_z(z)$ 共 9 个，得到 X 轴进给运动后在 x、y、z 方向产生的位置误差 $E_x(x)$、$E_y(x)$、$E_z(x)$ 为

$$\begin{cases} E_x(x) = \left[dR(x)_{PPP} - dR(x)_{NPP} \right]\dfrac{R}{2D_x} \\[2mm] E_y(x) = \left[dR(x)_{PPP} - dR(x)_{PNP} \right]\dfrac{R}{2D_y} \\[2mm] E_z(x) = \left[dR(x)_{PPP} - dR(x)_{PPN} \right]\dfrac{R}{2D_z} \end{cases} \tag{4-27}$$

Y 轴进给运动后在 x、y、z 方向产生的位置误差 $E_x(y)$、$E_y(y)$、$E_z(y)$ 为

$$\begin{cases} E_x(y) = \left[dR(y)_{PPP} - dR(y)_{NPP} \right]\dfrac{R}{2D_x} \\[2mm] E_y(y) = \left[dR(y)_{PPP} - dR(y)_{PNP} \right]\dfrac{R}{2D_y} \\[2mm] E_z(y) = \left[dR(y)_{PPP} - dR(y)_{PPN} \right]\dfrac{R}{2D_z} \end{cases} \tag{4-28}$$

Z 轴进给运动后在 x、y、z 方向产生的位置误差 $E_x(z)$、$E_y(z)$、$E_z(z)$ 为

$$\begin{cases} E_x(z) = \left[dR(z)_{PPP} - dR(z)_{NPP} \right]\dfrac{R}{2D_x} \\[2mm] E_y(z) = \left[dR(z)_{PPP} - dR(z)_{PNP} \right]\dfrac{R}{2D_y} \\[2mm] E_z(z) = \left[dR(z)_{PPP} - dR(z)_{PPN} \right]\dfrac{R}{2D_z} \end{cases} \tag{4-29}$$

分步对角线方法相对于传统的对角线空间定位精度校验方法的优点在于，通过沿对角线方向进行 X、Y、Z 轴分别进给增量 D_x、D_y、D_z 后进行分步测量，获得了更多的信息，通过求解得到 X、Y、Z 各轴在 x、y、z 方向进给运动后分别在 x、y、z 方向产生的 9 个位置误差 $E_x(x)$、$E_y(x)$、$E_z(x)$、$E_x(y)$、$E_y(y)$、$E_z(y)$、$E_x(z)$、$E_y(z)$、$E_z(z)$。这 9 个位置误差是一个综合误差，包含了各轴运动时产生的所有误差，包括 3 个定位误差、6 个直线度误差、9 个转角误差、3 个垂直度误差的影响。

考虑到转角误差相对于移动误差比较小，通过上述公式最后可解得3个定位误差、6个直线度误差、3个垂直度误差，共计12个误差元素。

3. 近代自由曲面检测技术

传统测量装置或测量样板由于价格昂贵、测量效率低、测量精度低等缺点已越来越难适应机械制造高精度、高效率、高柔性的要求。随着计算机技术及光学技术等先进技术的不断发展，坐标测量仪及用于测量的智能机器人在精密加工与检测中发挥了越来越大的作用。坐标测量仪可获得较高的测量精度，但是测量时间长且容易引起工件变形。近来随着智能机器人技术的发展而发展起来的智能激光检测机器人（图4-13）具有高柔性、高效率、无工件变形等优点，在精密加工与精密制造中发挥越来越重要的作用。

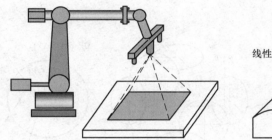

图4-13　智能检测机器人

4.1.2 机床误差的双球规检测法

1. 双球规法（Double Ball Bar，DBB）

双球规法是 ISO 230—4：2005 中所推荐的一种方法。1982 年，J. B. Bryan 在美国 Lawrence Livermore 国家实验室，首先开发出了用于快速检测数控机床运动误差的双球规。如图4-14 所示，双球规由两个精密金属圆球和一个可伸缩连杆组成，在连杆中间镶嵌着用于检测位移的光栅尺。

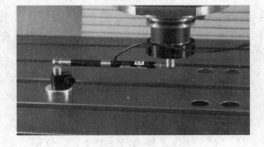

图4-14　双球规检测

测量时，一个圆球通过与之只有三点接触的磁性钢座固定在工作台上，另一个圆球通过同样的装置安装在主轴上，两球之间用连杆相连接。当机床在 XY 平面上做圆插补运动时，固定在工作台上的圆球就绕着主轴上的圆球旋转。如果机床没有任何误差，则工作台上圆球的轨迹是没有任何畸变的真圆，光栅尺也就没有位移输出。而当工作台存在几何误差和运动误差时，工作台上的圆球所扫过的轨迹并不是真圆。该圆的畸变部分被光栅尺1:1地测量出来，再通过运动学建模，就可以得到各项误差分量。

双球规可以同时动态测量两轴联动状态下的轮廓误差，数控机床的垂直度、重复性、间隙、各轴的伺服增益比例匹配、伺服性能和丝杠周期性误差等参数指标都能从运动轮廓的半径变化中反映出来。另外，利用加长杆还可以在更大的机床加工空间内进行测量。通常，测量周期不超过1h。球杆仪现已被国际机床检验标准如 ASME B5.54—2005 等推荐采用。

使用反求法辨识误差元素以减少误差检测时间。如图 4-15a、b 所示，6 次检测可获得 21 个机床误差元素。

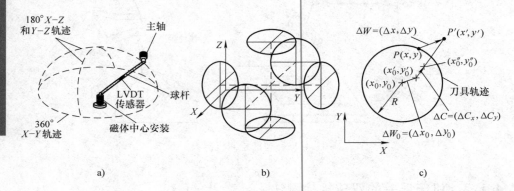

图 4-15　双球规在平面检测原理

双球规在平面的检测原理如图 4-15c 所示。其中，(x_0, y_0) 为绝对坐标，(x'_0, y'_0) 为导轨坐标，(x''_0, y''_0) 为控制坐标，指令位置为 $P(x, y)$，实际位置为 $P'(x', y')$。理想情况下 $P = P'$，但由于机床存在误差，此时 $P \neq P'$。理想位置与实际位置的关系如下：

$$x''_0 = x_0 + \Delta x_0 + \Delta C_x, \quad y''_0 = y_0 + \Delta y_0 + \Delta C_y$$

$$x' = x + \Delta x, \quad y' = y + \Delta y$$

$$\Delta R = R' - R = \sqrt{(x' - x''_0)^2 + (y' - y''_0)^2} - R$$

令 C_x、C_y 为沿 X 轴和 Y 轴的误差分量，则

$$C_X = \Delta x_0 + \Delta C_x, \quad C_Y = \Delta y_0 + \Delta C_y$$

解上述方程式，可得

$$\Delta R = (x C_x + y C_y)/R \tag{4-30}$$

2. 双球规法误差元素辨识过程

使用双球规除可辨识机床的 21 个几何误差元素外，还可辨识轴向标度（光栅标尺）误差、反向间隙、轮廓误差、伺服控制系统响应滞后和位置增益不匹配误差等。双球规法误差元素辨识过程如图 4-16 所示。

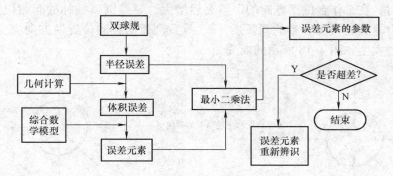

图 4-16　双球规法误差元素辨识过程

3. 机床误差双球规检测

图 4-17 为机床误差双球规实际检测图。测量时，一个圆球通过与之只有三点接触的磁性钢座固定在工作台上，另一个圆球通过同样的装置安装在主轴上，两球之间用连杆相连接。机床做圆插补运动，固定在工作台上的圆球就绕着主轴上的圆球旋转。机床误差可被光栅尺 1:1 地测量出来。

测量在XOY平面内的运动轨迹　　测量在XOZ平面内的运动轨迹　　测量在YOZ平面内的运动轨迹

图 4-17　机床误差双球规检测法

（1）几何误差检测　以 X 方向光栅标尺均匀伸长引起的误差为例，设 a 为标尺伸长系数，由于标尺伸长引起的 X 向误差 $C_x = aX$，由双球规误差计算式（4-30）可得

$$\Delta R = \frac{1}{R}C_x X = \frac{aX^2}{R}$$

又　　　　　　　　　　$X = R\cos\theta; Y = R\sin\theta$

所以有　　　　　　　$\Delta R = aR\cos^2\theta = \frac{aR}{2}(1 + \cos2\theta)$ 　　　　　（4-31）

于是，得到光栅标尺均匀伸长引起的误差。同理，根据相应的几何误差模型，可以得到垂直度误差、环路增益不匹配误差、螺距误差、间隙误差、直线度误差等。

（2）工作台偏摆误差典型圆轨迹　由于工作台具有偏摆误差，机床在进行整圆插补时，在工作台偏摆方向的误差突然增大，导致圆弧插补的起始位置突变，在工作台返程时（另一半的圆弧插补），导致圆弧插补的位置逆方向突变，实际圆的轨迹发生如图 4-18 所示的畸变。

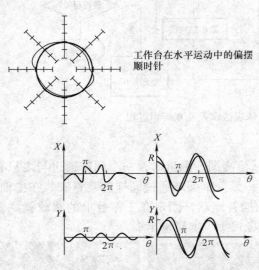

图 4-18　工作台偏摆误差

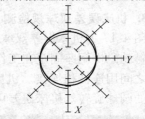

图 4-19　圆误差轨迹

4. 定位误差分量的典型圆误差轨迹

定位误差分量的典型圆误差轨迹如图 4-19、图 4-20 所示。图 4-19 为间隙误差所引起的圆误差轨迹。由于机床间隙的影响，圆误差轨迹为两个交错的半圆。如图 4-20a 所示，由于丝杠伸长，圆误差轨迹变成椭圆形（丝杠伸长）或梅花形（丝杠弯曲）。图 4-20b 为机床丝杠节距误差的圆误差轨迹及传感器噪声引起的圆误差轨迹，由该类误差引起的圆误差轨迹具有规律的间歇性波动特性。

5. 伺服控制系统误差的圆误差轨迹

伺服控制系统误差的圆误差轨迹如图 4-21 所示。

4.1.3　机床误差的平面光栅检测法

1. 平面正交光栅法（Cross Grid Encoder Test，CGET）的工作原理

如图 4-22 所示，工作台上置有直径 140mm 刻有高精度正交栅纹的平面光栅，主轴端布置有读数光栅，两者的间隙约为 0.5mm。在平面光栅的有效工作

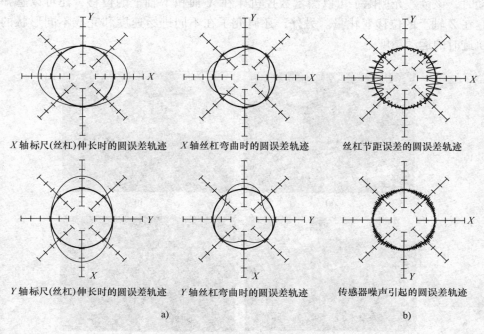

图 4-20 机床典型圆误差轨迹

a) 丝杠误差 b) 丝杠节距及传感器噪声误差

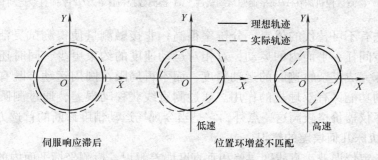

图 4-21 伺服控制系统误差的圆误差轨迹

范围内，不论按 NC 指令执行的工作台与主轴所做的相对运动是规则的圆运动、直线运动或者是不规则的复杂曲线运动，都可通过安装在主轴端上的读数头及后续电路直接"读出"其运动轨迹是否精良的信号，经细分后的读数分辨率可读至 5nm。W. Knapp 在德国 Heidenhain 公司生产的平面正交光栅基础上设计了 KGM + 系统，在原读数光栅上又增设了一个对读数光栅和平面光栅之间的距离敏感的光学传感器，用于测量两者之间的距离。当平面光栅在 XY 平面上做圆运动时，该读数光栅除了可以测量数控机床在 X 轴和 Y 轴上的位移，还可以感知它在 Z 轴上的位移变化量。另外，还研究了在不同进给速度和完成不同形状的轨迹时的运动精度。

图 4-22　平面正交光栅

a）检测数控机床 XOY 平面圆运动轨迹　b）检测数控机床 XOZ 平面圆运动轨迹
c）检测数控机床在 YOZ 平面圆运动轨迹　d）检测数控机床在 XOY 平面直线运动轨迹

　　此法有不可替代的优点：分辨率很高，非接触测量使得测试灵活，可方便地用于空间任一平面内的运动，对相对运动速度的约束更少，同时还可以测量数控机床完成复杂轨迹时的运动精度，而不再局限在圆周运动；既有激光干涉测量仪的功能又有双球规的作用。通过测直线获移动误差，通过测圆获转角误差。除了仪器价格较高这一点外，它是当今现场运动精度诊断的首选方法。

2. 机床几何误差的辨识

　　（1）定位误差、直线度误差和垂直度误差辨识　检测坐标平面内的特定直线（折线）运动轨迹精度，可以得到与该坐标平面相关的轴的位置误差、直线度误差及垂直度误差。图 4-23 为数控机床在 XOY 平面内做直线运动时定位误差、直线度误差和垂直度误差的辨识图。机床分别沿着 $y = Y_0$ 和 $x = X_0$ 做直线运动（或沿经过 $y = Y_0$ 和 $x = X_0$ 的垂直折线运动）时，实际测得的原始信号分别为 $S_0(x)$ 和 $S_0(y)$。由于垂直度误差的影响，使得两组测量数据中分别包含趋势线 Trend $(x) = a_1 x + b_1$ 和 $\text{Trend}(y) = a_2 y + b_2$，如图 4-23a 所示。趋势线的斜率 a_1、b_1 和 a_2、b_2 可通过最小二乘拟和求出：

$$\begin{pmatrix} a_1 \\ b_1 \end{pmatrix} = \frac{\boldsymbol{U}^T \boldsymbol{X}}{\boldsymbol{U}^T \boldsymbol{U}}; \begin{pmatrix} a_2 \\ b_2 \end{pmatrix} = \frac{\boldsymbol{U}^T \boldsymbol{Y}}{\boldsymbol{U}^T \boldsymbol{U}}$$

$$\boldsymbol{U} = \begin{pmatrix} 1 & 1 & 1 \cdots 1 \cdots & 1 \\ 0 & 1 & 2 \cdots i \cdots & N-1 \end{pmatrix}, i = 0, 1, 2, \cdots, N-1$$

式中，$\boldsymbol{X}$ 为由 $S_0(x)$ 组成的列向量；$\boldsymbol{Y}$ 为由 $S_0(y)$ 组成的列向量；N 为采样点的个数。

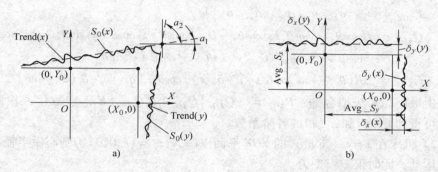

图 4-23 数控机床在 XOY 平面的直线运动

由图 4-23a 可得，X 导轨和 Y 导轨之间的垂直度误差为 $\varphi_{xz} = \pi/2 - a_2 + a_1$；去除 $S(x)$ 和 $S(y)$ 中垂直度误差所引起的误差信号，如图 4-23b 所示，可得 X 轴在 Y 方向上的直线度误差 $\delta_y(x)$ 以及 Y 轴在 X 方向上的直线度误差 $\delta_x(y)$ 分别为

$$\delta_y(x) = S_1(x) = S_0(x) - a_{1x}$$
$$\delta_x(y) = S_1(y) = S_0(y) - a_{2y}$$

令 $S_1(x)$ 和 $S_1(y)$ 的平均值分别为 $\mathrm{Avg\_} S_x$ 和 $\mathrm{Avg\_} S_y$。因此，Y 轴和 X 轴的位置误差为

$$\delta_y(y) = \mathrm{Avg\_}S_x - Y_0$$
$$\delta_x(x) = \mathrm{Avg\_}S_y - X_0 \tag{4-32}$$

类似，可以通过在 XOZ 平面和 YOZ 平面内测量数控机床做直线运动轨迹时的运动精度，就可以来辨识出其他几项位置误差、直线度误差和垂直度误差。

（2）转角误差辨识方法 在所有位置误差、直线度误差、垂直度误差均已得到的基础上，通过检测坐标平面内的特定圆运动轨迹，可以辨识出部分角偏误差。现以 YOZ 平面为例，分别讨论机床在 $x=0$ 和 $x=c$（常量）两平面内做圆运动的辨识情况。

1）机床在 $x=0$ 的 YOZ 平面以 $(x,y,z)=(0,0,0)$ 为圆心做半径为 R 的圆运动，此时 $\varepsilon_x(x)=0$，$\varepsilon_y(x)=0$，$\varepsilon_z(x)=0$，$\delta_y(x)=0$，$\delta_z(x)=0$，代入误差模

型中，则有

$$\Delta W_y = L\varepsilon_x(z) - O_{BCz}\varepsilon_x(y) + z[\varepsilon_x(y) - \phi_{yz}] + \delta_y(y) + \delta_y(z)$$

$$\Delta W_z = y\varepsilon_x(y) - \delta_z(y) + \delta_z(z)$$

从而可得

$$\Delta R(\theta) = \Delta W_y \cos\theta + \Delta W_z \sin\theta$$

改写成矩阵形式即

$$\boldsymbol{E}_{YOZ} = \boldsymbol{Q}_{YOZ}\boldsymbol{P}_{YOZ}$$

式中：$\boldsymbol{P}_{YOZ} = [a_{xz1}, a_{xz2}, a_{xz3}, a_{xy1}, a_{xy2}, a_{xy3}]$

$$\boldsymbol{Q}_{YOZ} = [Lz\cos\theta, Lz^2\cos\theta, Lz^3\cos\theta, -O_{BCz}y\cos\theta + zy\cos\theta + y^2\sin\theta, O_{BCz}y^2\cos\theta +$$
$$zy^2\cos\theta + y^3\sin\theta, -O_{BCz}y^3\cos\theta + zy^3\cos\theta + y^4\sin\theta]$$

$$\boldsymbol{E}_{YOZ} = [\Delta R(\theta) + [z\phi_{yz} - \delta_y(y) - \delta_y(z)]\cos\theta + [\delta_z(y) - \delta_z(z)]\sin\theta]$$

由最小二乘法拟合知：$\boldsymbol{P}_{YOZ} = (\boldsymbol{Q}_{YOZ}^T \boldsymbol{Q}_{YOZ})^{-1}\boldsymbol{Q}_{YOZ}^T\boldsymbol{E}_{YOZ}$。故代入检测数据，可得到 $\varepsilon_x(y)$ 和 $\varepsilon_x(z)$ 的各阶系数。

2）机床在 $x = c$（常量）的 YOZ 平面以 $(x, y, z) = (c, 0, 0)$ 为圆心做半径为 R 的圆运动，此时误差模型为

$$\Delta W_y = L\varepsilon_X(z) - O_{BCz}\varepsilon_X(y) + c[\varepsilon_Z(c) - \varepsilon_Z(z) - \varphi_{xy}] +$$
$$z[\varepsilon_x(c) + \varepsilon_x(y) - \varphi_{yz}] - \delta_Y(c) + \delta_Y(y) + \delta_Y(z)$$

$$\Delta W_z = -x\varepsilon_Y(c) + y[\varepsilon_X(c) + \varepsilon_X(y)] - \delta_z(c) - \delta_z(y) + \delta_z(z)$$

分析知，运用最小二乘法解算该模型时，只要已知 $\varepsilon_y(x)$ 和 $\varepsilon_z(x)$，便可解算出 $\varepsilon_x(z)$、$\varepsilon_z(z)$、$\varepsilon_x(x)$ 和 $\varepsilon_x(y)$。现在假设 $\varepsilon_y(x)$、$\varepsilon_z(x)$、$\varepsilon_x(y)$ 已知，则将上式代入 $\Delta R(\theta) = \Delta W_y \cos\theta + \Delta W_z \sin\theta$，并改写成矩阵形式：

$$\boldsymbol{E}_{YOZ} = \boldsymbol{Q}_{YOZ}\boldsymbol{P}_{YOZ}$$

式中：$\boldsymbol{P}_{YOZ} = [a_{xz1}, a_{xz2}, a_{xz3}, a_{zz1}, a_{zz2}, a_{zz3}, a_{xx1}, a_{xx2}, a_{xx3}]$

$$\boldsymbol{Q}_{YOZ} = [Lz\cos\theta, Lz^2\cos\theta, Lz^3\cos\theta, -xz\cos\theta, -xz^2\cos\theta, -xz^3\cos\theta, zx\cos\theta +$$
$$yx\sin\theta, zx^2\cos\theta + yx^2\sin\theta, zx^3\cos\theta + yx^3\sin\theta]$$

$$\boldsymbol{E}_{YOZ} = \Delta R(\theta) + x\varepsilon_y(x)\sin\theta + O_{BCz}\varepsilon_x(y)\cos\theta - z\varepsilon_x(y)\cos\theta - x\varepsilon_z(x)\cos\theta - y\varepsilon_x(y)\sin\theta$$

代入检测数据，由最小二乘法可拟合得到 $\varepsilon_x(z)$、$\varepsilon_z(z)$ 和 $\varepsilon_x(x)$ 的各阶系数。

类似，可以通过在 XOY 平面和 XOZ 平面内检测数控机床做圆运动轨迹时的运动精度，就可以辨识出其他几项角偏误差。若依一定次序分别检测不同坐标平面内的圆运动轨迹，则可以分步辨识出三轴机床的全部 9 项角偏误差。

（3）测量流程　图 4-24 为 Heidenhain KGM 182 平面光栅检测流程。

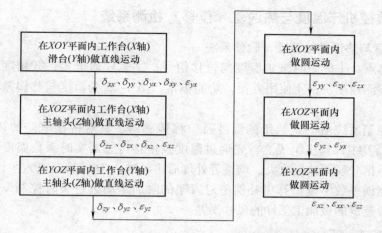

图 4-24 Heidenhain KGM 182 平面光栅检测流程

4.2 数控机床温度与热误差检测

机床在运行过程中，受到各种热的影响而产生温度变形，这种变形将破坏刀具与工件的正确几何关系和运动关系，造成工件的加工误差。热误差对加工精度的影响比较大，特别是在精密加工和大件加工中，热变形所引起的加工误差通常会占到工件加工总误差的 40%～70%。机床热误差主要是由环境的温度和机床内部温度场分布变化引起的，热源包括驱动电动机、切削过程、传动件、液压系统、切削液、轴承等，使得机床的零、部件产生热变形，其中主轴、导轨、刀具等重要部件的热变形对加工精度有很大影响。

机床温度和热误差检测的目的是获取机床温度场和热变形位移场的信息，为建立热误差模型并对热误差进行补偿提供基础。对于机床温度检测，可选用的温度传感器有热电偶、铂电阻温度计、数字温度传感器配合微处理器等。其中，箔型热电偶是最常用的温度测量仪器，粘连于机床部件表面，定期监测温度数据。测量热变形误差的方法主要分为接触式和非接触式。接触式测量方法有一维球列法、双球规测量法（DBB）等。非接触式测量方法主要是采用非接触位移传感器进行测量。

热误差和温度的检测实验持续时间较长、检测数据量大、检测点较多、检测精度要求较高；开发一个自动化程度高、存储量大、检测通道多、测量精度高的温度和热误差检测系统是保证热误差补偿系统实施效果的先决条件。同时，温度测点的布置是机床热误差补偿的关键和难点。本节将重点探讨对数控机床温度与热误差（位移）检测系统和温度测点布置技术两方面内容。

4.2.1 数控机床温度与热误差（位移）检测系统

1. 温度与热误差检测硬、软件系统

系统特点：①能同时采集温度与位移信号；②采样通道多；③精度高，实时性强，检测速度快；④使用方便，功能丰富。图4-25为温度与热误差检测硬件系统。

补偿控制系统由一定数量的温度及位移传感器、具有桥接电路的调整板、A/D转换器及主计算机组成。首先通过温度及位移传感器实时采集温度及位移信号。然后信号经调整板放大、调整等处理后再经过A/D转换器进入主计算机，计算机根据误差数学模型算出补偿值对刀架的附加运动进行实时控制，以修正机床热变形造成的被加工工件的尺寸误差。

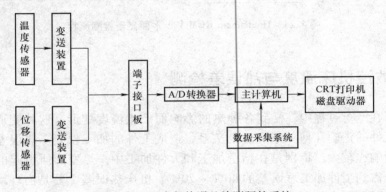

图4-25 温度与热误差检测硬件系统

图4-26为机床温度、热误差采集界面。通过温度采集界面可实时观测机床各测温点的实时温度及相应的热误差，以便实时掌握机床温度及热误差的变化规律，为机床热误差建模提供依据。

图4-27为温度检测实验装置。机床温度实时检测装置由温度传感器、变送装置及温度信号处理装置组成，检测精度达0.1℃，满足机床热误差补偿要求。

图4-28为各测点的温度变化图。由图4-28可以看出，机床各测温点的温度变化不同，其中第0通道检测机床主轴温度，由于主轴高速旋转产生大量热量，所以温升最大。

2. 温度测点在机床上的布置

1）图4-29为温度传感器在巨型龙门加工中心上的布置。机床行程范围：X向，13716mm（45ft）；Y向，3048mm（10ft）；Z向，1219.2mm（4ft）。温度传感器总数为40个：床身12个、龙门架18个、主轴工作台7个、工件2个、环境温度1个。

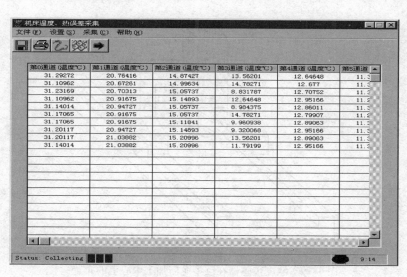

图 4-26　机床温度、热误差采集界面

本实验设备外观图

温度检测

图 4-27　温度检测试验装置

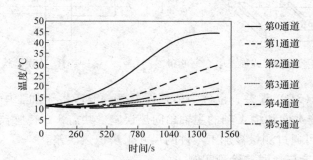

图 4-28　各测点温度变化

2）图 4-30 为温度传感器在卧式加工中心上的布置。温度传感器总数 18 个。

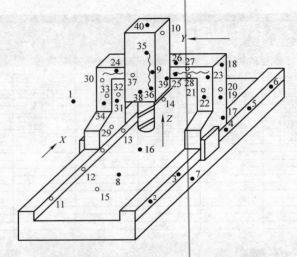

图 4-29　温度传感器在巨型龙门加工中心上的布置

3. 热误差检测

对于图 4-31 的平面（2D）误差（车床），位移传感器 1 检测 X 向的主轴热误差，再与位移传感器 2 配合检测主轴角向热误差；位移传感器 3 检测 Z 向的主轴热误差，共需 3 个位移传感器。此项检测也称为主轴热漂移检测。

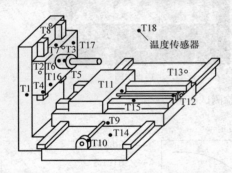

图 4-30　温度传感器在卧式加工中心上的布置

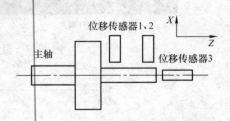

图 4-31　热误差检测示意

对于空间（3D）误差，也称为体积误差，一般产生于加工中心，除了以上 3 个外，还需测 Y 向和绕 X 轴的主轴角向热误差，共需 5 个传感器。

另外，还可通过测量被加工零件的尺寸来辨识热误差。

4. 机床温度与热误差检测实例

（1）温度和位移传感器布置　图 4-32 为温度和位移传感器在机床上的实际布置图。温度传感器分别布置在机床主轴、丝杠螺母及主轴支座上，分别检测上述机床部件的实时温度，通过位移传感器检测机床主轴热误差。

温度测点在主轴后端的布置　　　　温度测点在丝杠螺母副上的布置

温度测点在主轴支座上的布置　　温度测点在主轴前端和位移传感器的布置

图 4-32　温度和位移传感器在机床上的实际布置图

（2）温度和位移传感器布置　图 4-33 为温度和位移传感器布置示意图。

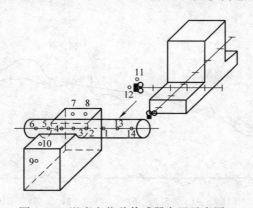

图 4-33　温度和位移传感器布置示意图

（3）机床温度及热误差检测结果及误差拟合数学模型　根据机床温度及热误差实际检测数据（图 4-34、图 4-35），选取 2、10、11、14 号温度传感器进行建模，设热误差与各测点温度的关系为

$$\Delta r = a_0 + a_1 \Delta T_2 + a_1 \Delta T_{10} + a_3 \Delta T_{11} + a_4 \Delta T_{14}$$

式中，a_0、a_1、a_2、a_3、a_4 为拟合系数。

将实验数据带入上式，可得一方程组，根据最小二乘理论可得

$$\Delta r = -0.505\Delta T_2 + 0.802\Delta T_{10} + 1.642\Delta T_{11} + 1.158\Delta T_{14} + 0.355$$

由机床热误差曲线图可知，热误差拟合精度较高，建模残差为 $-2\sim2\mu m$。

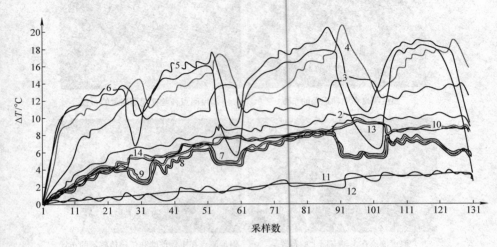

图 4-34　机床各测温点温度变化曲线

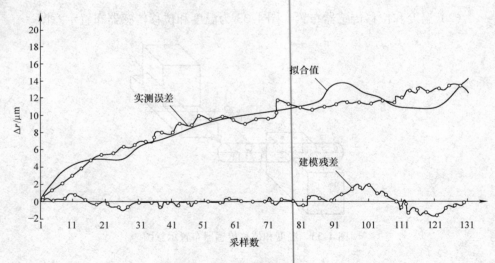

图 4-35　机床热误差曲线

4.2.2　温度测点布置技术

1. 温度测点选择

在机床热误差的补偿中，温度测点的布置是关键和难点。选择适当的温度测点不但能减少用于建模的测点数目，简化建模过程和热误差模型，而且还可提高机床热误差模型的精度。

在几乎所有应用的热误差补偿系统中，温度测点位置的确定在一定程度上是根据经验进行试凑的过程，称为试凑法。它通常是先基于工程判断，在机床的不同位置安装大量的温度传感器，再采用统计相关分析来选出少量的温度传感器用于误差元素的建模。具体步骤如图 4-36 所示。

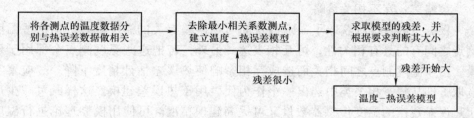

图 4-36 试凑的具体步骤

2. 温度测点布置策略

策略一：主因素策略。

主因素策略的意思是用于热误差建模的各温度测点数据 T_{ij} 应与热误差数据 E_j 有一定的联系，即具有一定的相关性，用数学式子表达为

$$\rho_{T_{ij}E_j} = \frac{\sum_{j=1}^{n}(T_{ij} - \overline{T_i})(E_j - \overline{E_j})}{\sqrt{\sum_{j=1}^{n}(T_{ij} - \overline{T_i})^2}\sqrt{\sum_{j=1}^{n}(E_j - \overline{E_j})^2}} \tag{4-33}$$

式中，$i = 1, 2, \cdots, m$，m 为温度测点数；$j = 1, 2, \cdots, n$，n 为测量数据个数。

根据具体情况选取 $\rho_{T_{ij}E_j}$，如可取 $\rho_{T_{ij}E_j} > 0.8$ 的误差元素为主因素。

策略二：能观测性策略。

能观测性策略是指所选温度点的温度信号能否具有一定精度地表达机床热误差。

对于机床热动态过程，一般有

$$T = AT + BQ$$
$$\Delta L = CT + DQ$$

式中，T 为机床温度矩阵；ΔL 为热误差（输出）矩阵；Q 为热源（输入）矩阵；A、B、C、D 分别为常数矩阵。

状态完全能观测（即温度 T 能表达热误差 ΔL）的充分必要条件是其能观测性矩阵：

$$G = [C^T A^T C^T \cdots (A^T)^{n-1} C^T]$$

满秩。由此可得下列结论：

1）可观测性条件或温度对于热误差的表达与温度传感器在机床上的位置紧密相关。

2）只要布置合适，少量的温度测点也能表达热误差。

3）为了保证可观测性或用温度表达热误差，温度传感器应避免布置在特征函数的零点位置上。

策略三：互不相关策略。

根据主因素准则获取了一定数量的与热误差有关的温度测点。但这些温度测点之间有的具有相关性，可互相表达。另外，若把这些温度测点全部用于建模，由于温度测点之间相关而造成互相影响使热误差估计精度下降。故应聚类选取，即从每一相关类中选出一个作为代表用于热误差建模。这样既可减少用于热误差建模的温度传感器数量又可提高建模精度。可使用模糊理论进行温度测点的聚类选取。

策略四：最少布点策略。

在满足机床加工精度的条件下，若能用最少的温度测点来估计热误差，所带来的好处是显而易见的。在满足主因素、互不相关条件及机床加工精度的允许下，放宽残差限度，逐步在建模中减少温度测点，搜索最佳测点组合，使用于热误差建模的温度传感器测点数减少到最低限度。

策略五：最大灵敏度策略。

机床上各点的温度变化对机床热误差的影响程度不同，有些点的温度变化将引起机床热误差的明显变化，这些点就为热误差敏感点。热误差敏感点应为机床热误差补偿中所考虑的温度测点。具体选择过程为：首先建立各温度测点的温度变化与热误差（可为位移测点的位移）变化之间的关系，然后根据这种关系所确定的导数关系辨识各温度测点的温度变化对热误差的影响程度，影响程度大的测温点即为热误差敏感点，作为用于热误差建模的候选点。用数学式表达为

$$\frac{\partial \Delta R_T}{\partial T_i} > \rho_m \qquad (4\text{-}34)$$

式中，ΔR_T 为机床热误差；T_i 为各温度测点的温度；ρ_m 为热误差敏感基数，根据实际情况确定，偏导数大于 ρ_m 的温度测点作为用于热误差建模的考虑对象。

策略六：最近线性策略。

如果能够把温度传感器安置在一些策略的位置，线性模型可用于热误差分析。线性热误差模型与传统的非线性多元回归模型相比，具有训练速度快和更好的外插性能。在满足机床加工精度的条件下，在热误差建模中采用线性模型，搜索最佳测点组合，使得建立出来的热误差模型不但线性而且具有一定的精度。

最后需要指出的是，以上六个策略互相之间是有联系和影响的，有些仅是

考虑的角度不同。例如，在满足了主因素、可观测性条件后，温度传感器应安置在对热误差最敏感，且受其他温度测点干扰最小的位置。但要同时满足这两个要求一般难以达到，有时为了获得测点温度间最小的相关性不得不放弃对热误差的灵敏性。所以，在机床关键温度点的具体选择过程中还要根据实际情况和条件进行综合、全面地考虑。

3. 温度测点优化布置

在最终的热误差建模中试凑法将导致大量的时间和传感器的浪费，因为这些浪费的传感器并不用在最终的温度－热误差模型中。

在理论上进行优化布点研究，确定适当的温度测点，不但能减少用于建模的测点数目，简化建模过程和热误差模型，而且还可提高机床热误差模型的精度。

考虑这样一个基本假设：如果能够找到热误差与所选温度场测量数据之间的线性或接近线性的关系，则热特性辨识时间将由于线性预报模型所具有的良好内插和外插性能而大大减少。由此要分析和回答的实际问题之：一是否在热误差与所选温度场测量数据之间存在线性或近似线性关系？如果对该问题的回答为是，则问题之二是这种线性关系在什么条件下存在？以及在不同的条件下是否具有鲁棒性？这里根据解析法和有限差分法，使用 Matlab 软件进行仿真，分析主轴在不同的受热情况下的温度测点优化布置问题，并对以上两个问题给予解答。

（1）主轴一维最佳温度测点布置优化 图 4-37 为机床主轴一维简化模型。假设只有左端单一热源。热量从左端输入，从右端传出。同时，轴与周围环境有对流和辐射换热。主轴各点温度变化和由此产生的热伸长为

$$\Delta T(x,t) = \frac{q}{h_r A} + \frac{q}{kA}(L-x) + \sum_{n=1}^{\infty} b_n \cos(\lambda_n x) \exp\left(-\lambda_n^2 \frac{k}{\rho c} t\right) \quad (4\text{-}35)$$

$$\Delta L = \int_0^L \alpha_T \left[T(x,t) - T_\infty \right] \mathrm{d}x = \alpha_T \sum_{n=1}^{\infty} \frac{b_n}{\lambda_n} \sin(\lambda_n L) \left[\exp\left(-\lambda_n^2 \frac{k}{\rho c} t\right) - 1 \right]$$

$$(4\text{-}36)$$

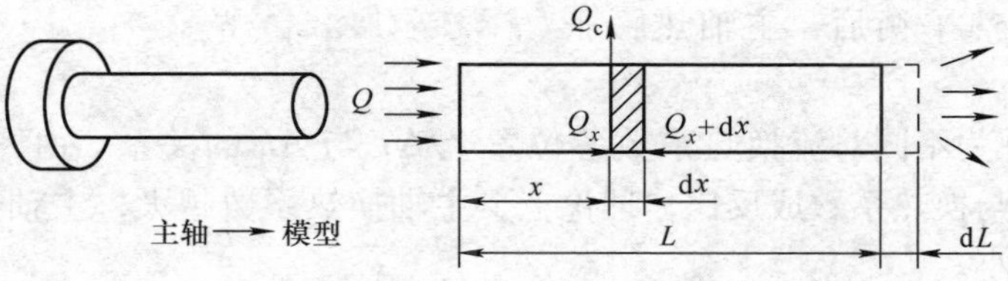

图 4-37 机床主轴一维简化模型

在理论上进行优化布点研究，确定适当的温度测点，不但能减少用于建模的测点数目，简化建模过程和热误差模型，而且还可提高机床热误差模型精度。

1）理论分析：

导热微分方程：

$$k\frac{\partial^2 T}{\partial x^2} = \rho c\frac{\partial T}{\partial t} \qquad (4\text{-}37)$$

初始条件：$T(x,0) = T_\infty$

边界条件：$\left.\dfrac{\partial T}{\partial x}\right|_{x=0} = -\dfrac{q}{kA}$

$\left.\dfrac{\partial T}{\partial x}\right|_{x=L} = -\dfrac{h_r}{k}(T(L,t) - T_\infty)$

$$\Delta T(x,t) = \frac{q}{h_r A} + \frac{q}{kA}(L-x) + \sum_{n=1}^{\infty} b_n\cos(\lambda_n x)\exp\left(-\lambda_n^2\frac{k}{\rho c}t\right)$$

$$\Delta L = \int_0^L \alpha_T(T(x,t) - T_\infty)\mathrm{d}x = \alpha_T\sum_{n=1}^{\infty}\frac{b_n}{\lambda_n}\sin(\lambda_n L)\left[\exp\left(-\lambda_n^2\frac{k}{\rho c}t\right) - 1\right]$$

式中，ρ 为密度（kg/m^3）；c 为比热（J/(kg·℃)）；q 为热流密度（J/s）；k 为导热系数（W/(m·℃)）；A 为主轴截面积（m^2）；h_r 为主轴右端单位面积对流换热系数（W/(m^2·℃)）；L 为主轴长度（m）。

2）主轴温度场与主轴热膨胀。图4-38为主轴单端热源时的温度场。由图4-38可知，主轴的温度变化与时间成正比、与位置成反比；远离热源的位置温变小，当温变达到最高后逐渐趋于热平衡状态。

图4-39为不同热流密度各位置上 ΔT 与 ΔL 的关系。由图4-39可知，主轴热膨胀与热流密度成正比；在机床主轴未达到热平衡前，主轴热膨胀与温变成正比，与位置无关；当主轴达到热平衡后，主轴热膨胀也趋于平衡。

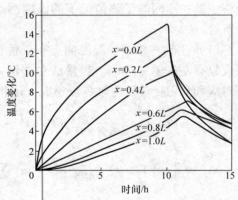

图 4-38　主轴单端热源时的温度场

图4-40为不同对流换热系数各位置上 ΔT 与 ΔL 的关系。由图4-40可知，主轴热膨胀与换热系数成反比，理论上，主轴换热系数越大，主轴热交换越快，主轴的温变小。

图4-41不同热流密度各位置上 ΔT 和 ΔL 的关系（UM）。由图4-41可以看出，在大约 $x = 0.40L$ 处，ΔL 和 ΔT 之间具有近似线性关系并且这一关系具有很

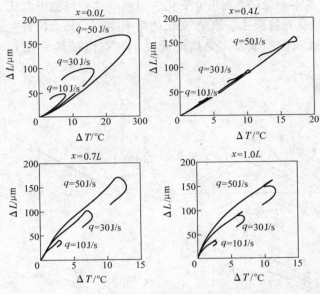

图 4-39　不同热流密度各位置 ΔT 与 ΔL 关系

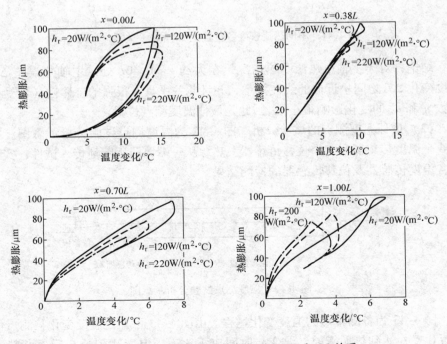

图 4-40　不同对流换热系数各位置上 ΔT 和 ΔL 关系

强的鲁棒性，基本不受热流密度 q 变化的影响（这一点也可以从 ΔL 和 ΔT 表达式得出），而且受对流换热系数 h_r 变化的影响很小。其余位置上的温度变化 ΔT 和 ΔL 之间关系线性度很差，受热流密度 q 和对流换热系数 h_r 变化的影响也很大。

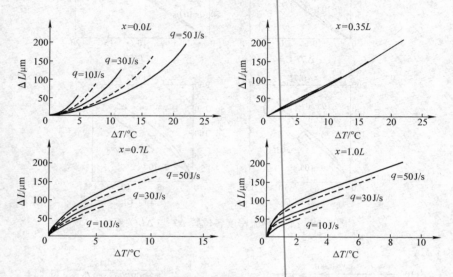

图 4-41　不同热流密度各位置上 ΔT 和 ΔL 关系（UM）

结论：对于主轴单热源受热情况，在大约 $x = 0.40L$ 处，主轴热误差 ΔL 和温度变化 ΔT 之间呈近似的线性关系，并且此关系具有很强的鲁棒性（即受可控参数 q 和 h_r 的变化影响很小），因此是最佳温度测点位置。

（2）最佳温度测点的试验分析　图 4-42 为温度测点试验分析示意图。共布置 6 个温度传感器和 1 个位移传感器。热源从一端源源不断地传入试件，实时记录各温度传感器及位移传感器的检测结果。

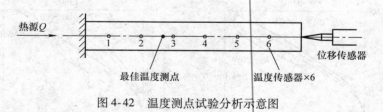

图 4-42　温度测点试验分析示意图

图 4-43 为各测量点的温度变化过程。由图 4-43 可知，温度变化与测点位置成反比。在达到热平衡前，温变与时间成正比，当温变达到最高后逐渐趋于热平衡。

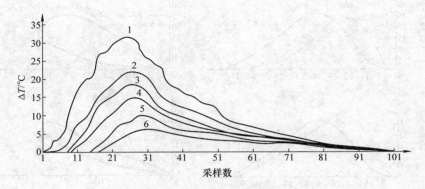

图 4-43　各测量点温度变化过程

图 4-44 为热膨胀与温变及采样（时序）关系。由图 4-44a 可以看出：在 1、2 测点温度变化（图中细线）在前、热变形（图中粗线）滞后，从测点 3 开始热变形在前、温度滞后，故在测点 2 与测点 3 之间有同步点。由图 4-44b 可以看出，测点 1、2 温度上升在下、温度下降在上，从测点 3 开始温度上升在上，而且测点 2 和 3 温度上升线和下降线最靠近。在测点 2 与 3 之间有温度上升和下降同线。

在测点 2 和测点 3 之间应该存在一个用于精确估计热变形的最佳温度测点，使得：

1）该点处温度变化与主轴热变形接近同步无滞后且呈近似线性关系。

2）该点处在升温过程中曲线与降温过程中的曲线基本重合。

3）经进一步分析、计算、实测可得，该点距热源三分之一主轴长度多一点。

（3）最佳温度测点位置的热误差数学模型　采用黄金分割法，反复迭代，对最佳温度测点位置的选择加以优化。对于本次试验所用主轴，其最佳温度点的起始搜索区间为 $0.25 \sim 0.42L$。因为试验所采用的温度传感器直径为 10mm，所以当搜索区间小于 10mm 时，就可以认为已找到最佳温度测点，并结束迭代过程。最后得到了最佳温度测点位置为 $0.372L$。采用回归分析和最小二乘法对最佳温度测点的 $\Delta T - \Delta L$ 曲线进行拟合，取置信度为 99%。拟合直线及其残差如图 4-45 所示。从图 4-45 中可以看出，采用最佳温度测点预测机床主轴的热伸长量时所产生的残差仅 $3.5\mu m$，其曲线方程为

$$\Delta L = 2.47\Delta T - 4.02\mu m$$

在机床热误差建模和补偿过程中采用此最佳测点位置的温度变化读数可以最优地预计主轴（轴向）热变形，即不仅可以建立精度高和鲁棒性强的热误差模型，实现有效的实时误差补偿，还可以大大减少温度传感器的数量，提高测量的效率，减少实施成本并方便应用，从而产生更好的机床热误差实时补偿效

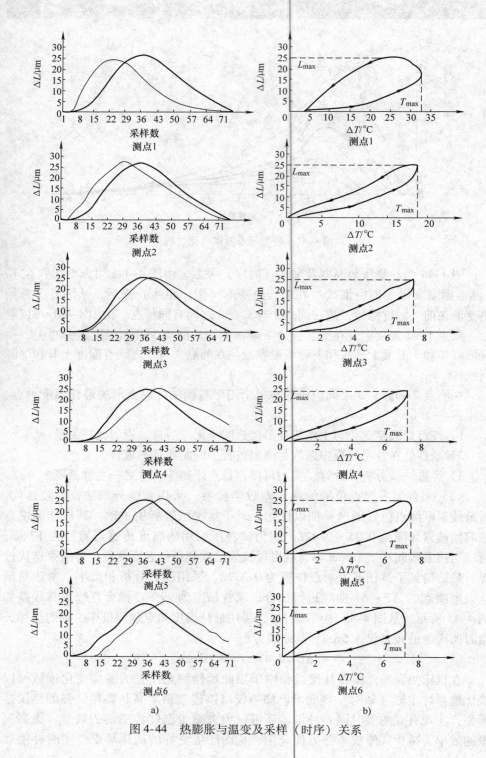

a)   b)

图 4-44 热膨胀与温变及采样（时序）关系

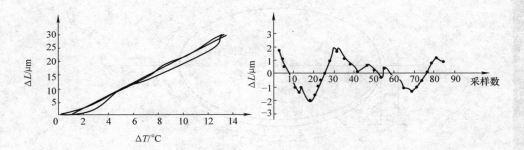

图 4-45　最佳温度点分析

果，使数控机床加工精度大幅度提高。

图 4-46 为机床主轴两端热源时各位置上 ΔT 和 ΔL 的关系。由图 4-46 可知，主轴两端热源与单端热源情况相近。

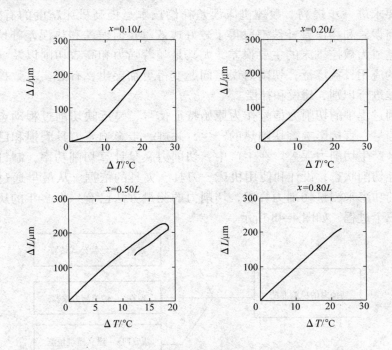

图 4-46　主轴两端热源时各位置上 ΔT 和 ΔL 的关系

图 4-47 为圆盘最佳温度测点位置。通过试验得出，圆盘最佳温度测点位置 $R_{opt} = 0.35R$。

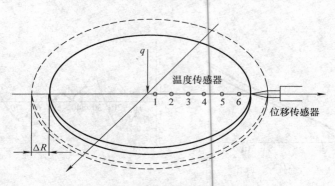

图 4-47 圆盘最佳温度测点位置

4.3 切削力和切削力误差检测

随着生产过程自动化的飞速发展和精密加工的广泛应用，对数控机床加工精度的要求进一步提高。数控机床误差补偿技术是提高机床精度的有效方法，目前几何误差和热误差补偿都取得了较好成效。几何误差和热误差补偿后，切削力误差成为数控机床的主要误差，尤其是随着强力和高效切削以及一些难加工材料的应用日益广泛，切削力误差问题变得更加突出，有必要对数控机床切削力误差进行识别、建模和补偿。

切削过程中的切削力信号作为原始特征信号，是反映切削过程动态特性最本质的信号，直接影响着切削热的产生，并进一步影响着刀具磨损和已加工表面质量，产生切削力误差。在生产中，切削力又是计算切削功率，制订切削用量，监控切削状态，设计和使用机床、刀具、夹具的依据。从最早通过电动机所消耗的功率来测量切削力算起，切削力的测量方法已有一百多年的历史，大致经过三个过程，如图 4-48 所示。

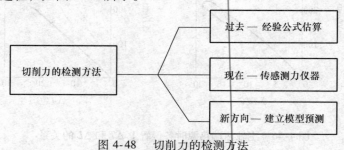

图 4-48 切削力的检测方法

关于切削力方面的研究，目前主要有三类方法：一是运用测力仪直接测量切削力；二是通过驱动电动机电枢电流间接检测切削力；三是以有限元分析为代表的理论建模和分析方法对切削力进行预测。下面分别对这三类方法进行介绍。

4.3.1 测力仪直接测量切削力

直接测量就是直接使用测力仪测得切削力。按测量原理可分为机械、液压、电气（电阻、电感、电容、压电、电磁）测力仪器。常用的为电阻式测力仪和压电式测力仪，它们分别是利用切削力作用在测力仪的弹性元件上所产生的弹性变形和作用在压电晶体上所产生的电荷经过转换后，得出 F_x、F_y、F_z 值。

从测力仪的发展来看，大致可分为三个阶段。第一阶段是将力转换成其他物理量的探索阶段，如将力转换成指针偏转或电信号等方法的试验研究，此间先后出现机械式、电阻应变式、电容式、电感式以及液压式等测力仪，多在实验室使用；第二阶段是静态分力测试研究阶段，在各种实际加工条件下正确测出静态切削 3 个分力，作为这个时期代表的电阻应变式测力仪进一步得到完善并获得了较为普遍的应用；第三阶段是动态力的测试与研究阶段，这是最近十几年由于国防工程和机械加工动态测试的需要，同时也因近代测试技术的发展提供了可能性而发展起来的，作为这个阶段的代表就是压电式切削测力仪。进入20 世纪 80 年代，许多学者利用比较成熟的压电切削测力仪进行试验和研究工作，使用量日趋扩大。

1. 应变片法及应变片式测力仪

此类测力装置是利用具有电阻应变效应的材料变形来测量切削力的大小。具有电阻应变效应的材料变形时，其电阻值会产生变化。应变片的测量工作原理是利用金属的电阻应变效应将被由切削力引起的变形转换成电量输出。与电阻应变式传感器配套使用的处理仪器常见的有静态、动态应变仪。目前，这些仪器大部分已标准化。

2. 压电传感器测量

压电传感器的输出电荷经过一定的电路处理放大得到较理想的电信号。电信号与所施加的力有一定的对应关系，通过测量电信号的大小来得到所受力的大小。目前最常用的材料是压电陶瓷和石英晶体。压电传感器适用于冲击、振动等动态力测量。压电传感器广泛用于机床的切削力控制、机床切削力的监控及刀具磨损情况的监控。

基于上述原理设计的八角环形电阻测力仪是现在常用的测力仪器。它是一种电阻应变式测力仪，其工作原理是测力仪的八角环是弹性元件，在环的内外壁上粘贴应变片，并连接成电桥以测量 F_x、F_y、F_z 三个分力。进给抗力 F_x 使八角环受到切向推力，切深抗力 F_y 使八角环受到压缩，主切削力 F_z 使八角环上面受拉伸下面受压缩。对这种不同的受力情况，在八角环上适当地布置应变片就可在相互极小干扰的情况下分别测出各个切削分力。在实际的切削加工过程中，八角环的变形使紧贴在其上的电阻应变片也发生了变形。电阻值 R 也发生了变化（$R \pm \Delta R$）。根据电阻的输出电信号可以得出切削力的大小。

利用测力仪直接测力方法具有力信号比较容易采集、响应快、灵敏度高、便于在线实时测量等优点。但也有明显的缺陷：

1）安装测力仪或力传感器时机床本身结构遭到破坏，机床刚度发生变化，采集不到准确的力信号。

2）测力仪和力传感器的安装、调试技术复杂。

3）测试设备花费较高。

4）测力仪和力传感器测试系统可靠性低。

因此，测力仪直接测量法一般只用于试验研究，直接用于实际生产的很少。

4.3.2　通过驱动电动机电枢电流间接检测切削力

数控机床上切削力变化会引起主轴伺服电动机电流的变化，因此可以通过主轴电动机电流变化来估计切削力大小。机床主轴电动机电流的测量实现起来比较容易和简单，测量原理图如图 4-49 所示。电流传感器对切削加工系统特性不产生影响。该方法经济、简便，工作可靠，是目前值得推广发展的一个间接测量切削力的量具。运用该方法测量切削力时，需要事先通过一定的方法找出电动机负载的变化与电动机电枢电流的变化规律间的关系，利用诸如神经网络等先进的手段建立切削力与电动机电流等参数间的关系模型。

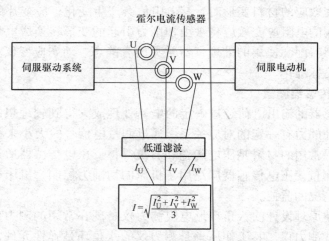

图 4-49　电流间接测量切削力的原理

1. 数控机床主轴传动系统的运动学模型

数控机床主轴传动链系统包括主轴伺服电动机、电动机轴、带与带轮、变速箱和主轴等。把整个主轴传动系统考虑成一个整体，整体惯量包括电动机惯量、传动系统惯量和载荷惯量等。整体主要受到变化的切削力、反向电磁力、轴承摩擦力等作用。可知存在下面方程：

$$J_s \frac{\mathrm{d}\omega_s}{\mathrm{d}t} = K_{\alpha s}I_s - B_s\omega_s - T_{ts} \tag{4-38}$$

式中，ω_s 为主轴电动机角速度；J_s 为转动部件的总惯量；B_s 为黏性阻尼系数；T_{ts} 为施加在电动机上的总外力矩；I_s 为电动机电枢电流；$K_{\alpha s}$ 为与电动机有关的常数，下标 s 表示是整个主轴系统。

T_{ts} 不仅仅是工件上的切削力矩，它还是包括摩擦力矩和切削力矩在内的总力矩，可以用以下公式表示：

$$T_{ts} = T_{fs} + \delta T_{bs} + T_c \tag{4-39}$$

式中，T_{fs} 为摩擦力矩，$T_{fs} = T_{fso} + \delta T_{fs}$，$T_{fso}$ 为空载时的摩擦力矩，δT_{fs} 为工作时增大的库仑摩擦力矩；δT_{bs} 为工作时增大的黏滞摩擦力矩；T_c 为切削力矩。

合并式（4-38）、式（4-39）得到主轴传动系统力平衡方程：

$$J_s \frac{\mathrm{d}\omega_s}{\mathrm{d}t} = K_{\alpha s}I_s - B_s\omega_s - (T_{fso} + \delta T_{fs} + \delta T_{bs} + T_c) \tag{4-40}$$

由于切削力矩 T_c 与切削力 F_c 为线性关系，切削力变化会使电动机电流发生变化，从而可以通过电流间接检测切削力误差。

2. 切削力误差和电动机电流关系分析

切削力误差 δF_c 可以通过电流变化量 ΔI 来估计：

$$\Delta I = I_s - I_o \tag{4-41}$$

式中，I_s 为切削加工时电主轴电动机电枢电流；I_o 为空载时主轴电动机电枢电流。

空载时，可知空载电流 I_o 与主轴转速 ω 成线性变化：

$$I_o = m\omega_s + n \tag{4-42}$$

空载时，$T_c = 0$，$\delta T_{fs} = \delta T_{bs} = 0$，$\dfrac{\mathrm{d}\omega_s}{\mathrm{d}t} = 0$，则式（4-40）可简化为

$$K_{\alpha s}I_o = B_s\omega_s + T_{fso} \tag{4-43}$$

将（4-43）带入式（4-40）中整理得

$$J_s \frac{\mathrm{d}\omega_s}{\mathrm{d}t} = K_{\alpha s}\Delta I - (\delta T_{fs} + \delta T_{bs} + T_c) \tag{4-44}$$

转动部件的总惯量 J_s 可以根据各旋转件的几何尺寸计算出。

摩擦力增量 δT_{fs} 和 δT_{bs} 大小与切削力 F_c 和主轴转速 ω_s 有关，切削力误差是切削力的函数，所以综合上面分析得到切削力误差可用下面函数表示：

$$\Delta F_c = F(\Delta I, \omega_s) \tag{4-45}$$

伺服电动机主要有直流伺服电动机和交流伺服电动机两大类，较早的数控机床大多使用直流伺服电动机。直流伺服电动机的测量相对简单一些。近年来，

交流伺服电动机越来越普及。由于交流电动机有着体积小、响应快、适用范围广、转速高、可靠性好等优越性，交流伺服电动机应用越来越多。在交流电动机上利用电流传感器测量切削力也越来越多。交流电动机常用的是三相永磁同步电动机，电流传感器分别测出三相电流，然后根据一定的方法将交流电流转换成等效的直流电流。一种简便的方法是均方根法，即将三相电流测出后求出它的均方根，用这个均方根作为等效的直流电流：

$$I = \sqrt{\frac{(I_U^2 + I_V^2 + I_W^2)}{3}}$$ （4-46）

式中，I_U、I_V、I_W 为电动机的三相电流；I 为转换后的等效电流。该等效电流和切削力矩成正比关系，这样就可求得切削力的大小。需要指出的是，传感器所显示的电流大小不完全是切削力产生的，在机床刀具不参加切削时，其电动机为克服导轨、丝杠、轴承等阻力也会消耗一定的电流，因此进行切削力分析时要注意区别对待。

上述测量方法得到与切削力相关的电信号，如果电信号与切削力关系式已知，则可直接利用这个关系式进行换算，得到切削力的大小；如果得到的电信号与切削力间的关系未知，则需建立电信号与切削力间的关系模型，通过模型得到切削力的值。目前，用于建模的方法有回归方法、人工神经网络方法、模糊方法、优化方法等。

3. 以有限元分析为代表的理论分析方法

尽管很多学者曾对计算切削力进行了大量的理论分析，也试图从理论上获得切削力的计算公式，以服务于生产。但由于切削过程非常复杂，影响因素很多，迄今为止还未能得出与实测结果相吻合的理论公式。因而在生产实践中仍采用通过试验方法所建立的切削力经验公式。生产实践中采用的经验公式是从切削试验得出的：由测力仪测得切削力，同时记录下切削温度、刀具寿命、刀具磨损等数据，将所得数据用数学方法进行处理，然后与切削条件联系起来，总结出经验公式。目前，生产实际中使用的经验公式可分为两类：一类是指数公式，另一类是按单位切削力进行计算。

（1）指数公式　常用的指数公式形式为

$$F_c = Ca_p^x f^y v^z k$$ （4-47）

式中，C 为由被加工金属和切屑条件决定的系数；a_p 为切削深度；f 为进给量；v 为切削速度；x、y、z 分别为切削深度、进给量和切削速度的指数；k 表示当实际加工条件与试验条件不符时各种因素对切削力的修正系数。

（2）单位切削力计算公式　为便于粗略估算主切削力，可以采用单位切削力的试验数据。单位切削力是指单位切削截面上的主切削力，用 p 表示，因此：

$$p = \frac{F_s}{a_p f} = \frac{F_s}{a_c a_w} \tag{4-48}$$

式中，F_s 为主切削力；a_p 为切削深度（或铣削深度）；a_c 为切削厚度；a_w 为切削宽度。

　　这种方法所测定的值，建立在几种切削参数相对固定的情况下，目的是为了便于不同材料的切削性能的比较，在生产中有一定的指导意义。各种材料通过对单位切削力的比较，可以了解材料加工性能的优良；但对于切削条件和试验条件较为灵活的情况下，由于试验测定量的有限性，以及定量切削加工时数据需要转化，因此，这种方法对切削力估算的能力就显不足。近年来，随着计算机模拟技术的发展，国内外一些学者等利用有限元软件（如 ANSYS/ABAQUS、DEFORM、MARK、AdvantEdge）建立切削力分析计算模型，这些模型在一定程度上为新设备、新工艺试运行提供了可预测的切削力量级，具有很高的参考价值。

4.4　机床空间误差测量与辨识方法

　　激光干涉仪是误差检测中运用最广泛的仪器，光动（Optodyne）、雷尼绍（Renishaw）、美国自动精密工程（API）、惠普（HP）等均研发了相关产品。运用激光干涉仪可以对机床除去滚转误差之外的 18 项误差元素进行逐项直接检测。但单项直接测量所有误差元素需要的仪器以及折射镜和反射镜组合价格高昂，测量耗时极长，检测效率低。

　　为了提高测量效率，各种间接测量方法被应用于误差检测。激光干涉仪也可以间接测量平动轴误差，常见的平动轴激光干涉仪间接测量包括 9 线法、12 线法、14 线法、15 线法等。这些方法通过检测机床工作空间中若干条直线上的定位误差，然后通过辨识算法获得各项误差元素。

　　ISO 230—6：2002 给出了运用激光干涉仪测量机床工作空间中面对角线和体对角线的方法。面对角线和体对角线的测量结果可以快速评估机床的体积精度，但是由于数据量不足，对角线测量无法辨识出各项误差元素。Charles Wang 提出了激光干涉仪的分步体对角线向量检测技术，通过各平动轴分步运动可以获得更多的检测数据，以此分离出平动轴所有误差元素。这种方法无须使用大量昂贵的测量仪器，快速高效，对于大型机床也同样适用。

4.4.1　空间误差的概念

　　机床的空间误差是指在机床的工作空间内，刀具在工件坐标系中 X、Y、Z 方向实际位置和理想位置的最大位置偏差。机床的空间误差是在各项误差元素相互作用下产生的，是反映机床精度最直接的指标，也是决定加工精度的关键因素。

图4-50是机床工作空间中空间误差的向量示意图。在理想条件下，机床刀具在工件坐标系下的刀尖点位置坐标为 (x,y,z)。实际机床运动过程中，由于机床体积误差的存在，机床刀具在工件坐标系下的实际刀尖点位置坐标为 (x',y',z')。机床空间误差 $(\Delta x,\Delta y,\Delta z)$ 的表达式为

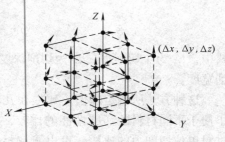

图4-50　机床工作空间中空间误差向量示意图

$$\Delta P = \begin{pmatrix} \Delta x \\ \Delta y \\ \Delta z \end{pmatrix} = \begin{pmatrix} x' - x \\ y' - y \\ z' - z \end{pmatrix} \tag{4-49}$$

对角线位移检验可以估算机床的空间性能。对机床的空间性能进行完整检验是一个困难而费事的过程。对角线位移检验降低了检测空间性能的时间和成本。对角线位移检验可以用于机床验收，也可以用于对机床性能进行再次确认，其中将检验参数用作比较指标。

检测程序在概念上类似于线性坐标轴线，区别仅在于该线性位移的测量不是沿平行于线性轴线，而是沿着机床工作空间或平面的对角线进行的测量。在对角线长度上，每米应至少选择5个均布的目标位置，并且在全长上至少应选择5个目标位置。按照标准检验循环对所有目标位置进行检验，每个目标位置在每个方向上检验5次。目标位置之间的进给速度应由供货商/制造商和用户间协商确定达成协议，其他参数的检验也一样。进给速度不应超过最大进给速度的20%。

4.4.2　分步对角线法空间误差测量辨识

机床共有21个误差元素：3个定位误差、6个直线度误差、3个滚转误差、3个俯仰误差、3个偏摆误差和3个垂直度误差。传统的测量方法是单个误差元素的直接检测法。这种方法需要大量的测量时间，检测效率较低。与单个误差元素直接检测法相比，误差间接检测法需要的测量时间短，检测效率更高。常见的平动轴误差间接检测方法包括圆检验（Circular Tests）、对角线与分步对角线测量（Diagonal and Step – diagonal Tests）、特殊装置测量（Measurement of Artifacts）、被动连杆测量（Passive Links）和激光跟踪仪测量（Tracking Interferometer）。

机床工作空间立方体的面对角线定位误差可以反映该平面两个坐标轴方向

上的误差影响；体对角线上定位误差可以反映该空间中 3 个坐标轴方向上的误差影响。以体对角线为例，对角线定位误差：

$$\Delta R = er \tag{4-50}$$

式中，e 为误差向量，$e = \Delta x u_x + \Delta y u_y + \Delta z u_z$，$\Delta x$、$\Delta y$、$\Delta z$ 分别为 X、Y、Z 轴的体积误差，u_x、u_y、u_z 分别为 X、Y、Z 轴的单位向量；r 为体对角线的单位向量。

由于体对角线定位误差包含了空间中三个方向体积误差的信息，ISO 230—6：2002 和 ASME B5.54 中把激光干涉仪测量对角线定位误差的方法作为机床体积误差的评价方法。这种体积误差评价方法具有测量速度快、成本低廉的优点。将激光干涉仪的靶镜固定在主轴的刀具位置，靶镜沿着机床工作空间立方体的体对角线运动，激光干涉仪测量获得体对角线定位误差，如图 4-51 所示。

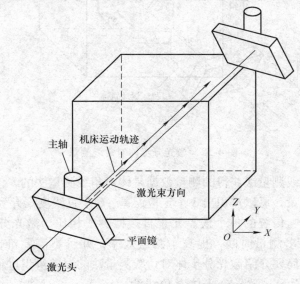

图 4-51 机床体对角线测量

Chapman 对体对角线测量法进行了详细的分析，指出了体对角线测量法的两点局限性。一是三轴误差可能互有正负，相互抵消。在这种情况下，即使每个平动轴的误差都很大，相互抵消后的体对角线误差可能会很小，体对角线误差不能真实地反映机床体积误差的大小。二是虽然体对角线测量法可以快速评估机床的体积精度，但是获得的体对角线定位误差测量值数据量有限，不足以辨识出机床平动轴的全部 12 个误差元素。

为了改善上述体对角线测量的不足，Charles Wang 提出了激光向量测量技术，即激光分步体对角线测量法。在体对角线测量中，三轴同时运动实现体对角线方向的位移；在分步体对角线测量中，三轴依次单独运动，运动顺序为先 X

轴运动 $(a_x, 0, 0)$，然后 Y 轴运动 $(0, a_y, 0)$，最后 Z 轴运动 $(0, 0, a_z)$，如图 4-52 所示。通过激光干涉仪和固定在主轴上运动的大面积平面镜完成沿体对角线方向的测量，每一个轴单独运动时，激光干涉仪记录此运动下体对角线方向的定位误差数据。

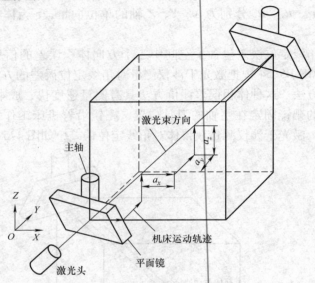

图 4-52　激光分步体对角线测量

分步体对角线测量法获得的测量数据是体对角线测量法的 3 倍，对 4 条体对角线进行分步测量，可以辨识出 3 个定位误差、6 个直线度误差和 3 个垂直度误差的误差数据。与传统的单个误差元素直接检测法相比，激光分步体对角线测量法可以减少很多测量时间，提高了测量效率，并且不需要价格高昂的仪器，经济性好。下面简要介绍激光分步体对角线测量法的误差辨识过程。

如图 4-53 所示，激光分步体对角线测量的 4 条体对角线分别定义为：

1）体对角线 PPP，X、Y、Z 轴分别沿其正方向运动。

2）体对角线 NPP，X 轴方向为负，Y、Z 轴方向为正。

3）体对角线 PNP，Y 轴方向为负，X、Z 轴方向为正。

4）体对角线 PPN，Z 轴方向为负，X、Y 轴方向为正。

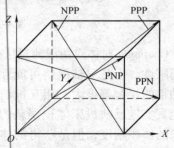

图 4-53　机床工作空间体对角线的命名

118

X 轴单独运动时，其位移量为（a_x，0，0），误差向量为 $\boldsymbol{e}_x = (e_{xx}, e_{yx}, e_{zx})^T$，$e_{xx}$、$e_{yx}$、$e_{zx}$ 分别为 X 轴移动引起的 X、Y、Z 方向上的误差。沿 4 条体对角线方向测量获得的体对角线定位误差为 $\Delta R_{x,\mathrm{PPP}}$、$\Delta R_{x,\mathrm{NPP}}$、$\Delta R_{x,\mathrm{PNP}}$、$\Delta R_{x,\mathrm{PPN}}$。

Y 轴单独运动时，其位移量为（0，a_y，0），误差向量为 $\boldsymbol{e}_y = (e_{xy}, e_{yy}, e_{zy})^T$，$e_{xy}$、$e_{yy}$、$e_{zy}$ 分别为 Y 轴移动引起的 X、Y、Z 方向上的误差。沿 4 条体对角线方向测量获得的体对角线定位误差为 $\Delta R_{y,\mathrm{PPP}}$、$\Delta R_{y,\mathrm{NPP}}$、$\Delta R_{y,\mathrm{PNP}}$、$\Delta R_{y,\mathrm{PPN}}$。

Z 轴单独运动时，其位移量为（0，0，a_z），误差向量为 $\boldsymbol{e}_z = (e_{xz}, e_{yz}, e_{zz})^T$，$e_{xz}$、$e_{yz}$、$e_{zz}$ 分别为 Z 轴移动引起的 X、Y、Z 方向的误差。沿 4 条体对角线方向测量获得的体对角线定位误差为 $\Delta R_{z,\mathrm{PPP}}$、$\Delta R_{z,\mathrm{NPP}}$、$\Delta R_{z,\mathrm{PNP}}$、$\Delta R_{z,\mathrm{PPN}}$。

4 条体对角线的单位向量分别为

$$\boldsymbol{r}_{\mathrm{PPP}} = (u_x, u_y, u_z) = \frac{1}{\sqrt{a_x^2 + a_y^2 + a_z^2}}(a_x, a_y, a_z)$$

$$\boldsymbol{r}_{\mathrm{NPP}} = (-u_x, u_y, u_z) = \frac{1}{\sqrt{a_x^2 + a_y^2 + a_z^2}}(-a_x, a_y, a_z)$$

$$\boldsymbol{r}_{\mathrm{PNP}} = (u_x, -u_y, u_z) = \frac{1}{\sqrt{a_x^2 + a_y^2 + a_z^2}}(a_x, -a_y, a_z) \tag{4-51}$$

$$\boldsymbol{r}_{\mathrm{PPN}} = (u_x, u_y, -u_z) = \frac{1}{\sqrt{a_x^2 + a_y^2 + a_z^2}}(a_x, a_y, -a_z)$$

由式（4-51）可得，体对角线 PPP 误差为

$$\begin{cases} \Delta R_{x,\mathrm{PPP}} = \boldsymbol{r}_{\mathrm{PPP}}\boldsymbol{e}_x = u_x e_{xx} + u_y e_{yx} + u_z e_{zx} \\ \Delta R_{y,\mathrm{PPP}} = \boldsymbol{r}_{\mathrm{PPP}}\boldsymbol{e}_y = u_x e_{xy} + u_y e_{yy} + u_z e_{zy} \\ \Delta R_{z,\mathrm{PPP}} = \boldsymbol{r}_{\mathrm{PPP}}\boldsymbol{e}_z = u_x e_{xz} + u_y e_{yz} + u_z e_{zz} \end{cases} \tag{4-52}$$

体对角线 NPP 误差为

$$\begin{cases} \Delta R_{x,\mathrm{NPP}} = \boldsymbol{r}_{\mathrm{NPP}}\boldsymbol{e}_x = -u_x e_{xx} + u_y e_{yx} + u_z e_{zx} \\ \Delta R_{y,\mathrm{NPP}} = \boldsymbol{r}_{\mathrm{NPP}}\boldsymbol{e}_y = -u_x e_{xy} + u_y e_{yy} + u_z e_{zy} \\ \Delta R_{z,\mathrm{NPP}} = \boldsymbol{r}_{\mathrm{NPP}}\boldsymbol{e}_z = -u_x e_{xz} + u_y e_{yz} + u_z e_{zz} \end{cases} \tag{4-53}$$

体对角线 PNP 误差为

$$\begin{cases} \Delta R_{x,\mathrm{PNP}} = \boldsymbol{r}_{\mathrm{PNP}}\boldsymbol{e}_x = u_x e_{xx} - u_y e_{yx} + u_z e_{zx} \\ \Delta R_{y,\mathrm{PNP}} = \boldsymbol{r}_{\mathrm{PNP}}\boldsymbol{e}_y = u_x e_{xy} - u_y e_{yy} + u_z e_{zy} \\ \Delta R_{z,\mathrm{PNP}} = \boldsymbol{r}_{\mathrm{PNP}}\boldsymbol{e}_z = u_x e_{xz} - u_y e_{yz} + u_z e_{zz} \end{cases} \tag{4-54}$$

体对角线 PPN 误差为

$$\begin{cases} \Delta R_{x,\mathrm{PPN}} = \boldsymbol{r}_{\mathrm{PPN}}\boldsymbol{e}_x = u_x e_{xx} + u_y e_{yx} - u_z e_{zx} \\ \Delta R_{y,\mathrm{PPN}} = \boldsymbol{r}_{\mathrm{PPN}}\boldsymbol{e}_y = u_x e_{xy} + u_y e_{yy} - u_z e_{zy} \\ \Delta R_{z,\mathrm{PPN}} = \boldsymbol{r}_{\mathrm{PPN}}\boldsymbol{e}_z = u_x e_{xz} + u_y e_{yz} - u_z e_{zz} \end{cases} \tag{4-55}$$

联立式（4-52）~式(4-55)，可以解得 X 轴运动产生的误差为

$$\begin{cases} e_{xx} = \dfrac{1}{2u_x}(\Delta \boldsymbol{R}_{x,\text{PPP}} - \Delta \boldsymbol{R}_{x,\text{NPP}}) \\[2mm] e_{yx} = \dfrac{1}{2u_y}(\Delta \boldsymbol{R}_{x,\text{PPP}} - \Delta \boldsymbol{R}_{x,\text{PNP}}) \\[2mm] e_{zx} = \dfrac{1}{2u_z}(\Delta \boldsymbol{R}_{x,\text{PPP}} - \Delta \boldsymbol{R}_{x,\text{PPN}}) \end{cases} \tag{4-56}$$

Y 轴运动产生的误差为

$$\begin{cases} e_{xy} = \dfrac{1}{2u_x}(\Delta \boldsymbol{R}_{y,\text{PPP}} - \Delta \boldsymbol{R}_{y,\text{NPP}}) \\[2mm] e_{yy} = \dfrac{1}{2u_y}(\Delta \boldsymbol{R}_{y,\text{PPP}} - \Delta \boldsymbol{R}_{y,\text{PNP}}) \\[2mm] e_{zy} = \dfrac{1}{2u_z}(\Delta \boldsymbol{R}_{y,\text{PPP}} - \Delta \boldsymbol{R}_{y,\text{PPN}}) \end{cases} \tag{4-57}$$

Z 轴运动产生的误差为

$$\begin{cases} e_{xz} = \dfrac{1}{2u_x}(\Delta \boldsymbol{R}_{z,\text{PPP}} - \Delta \boldsymbol{R}_{z,\text{NPP}}) \\[2mm] e_{yz} = \dfrac{1}{2u_y}(\Delta \boldsymbol{R}_{z,\text{PPP}} - \Delta \boldsymbol{R}_{z,\text{PNP}}) \\[2mm] e_{zz} = \dfrac{1}{2u_z}(\Delta \boldsymbol{R}_{z,\text{PPP}} - \Delta \boldsymbol{R}_{z,\text{PPN}}) \end{cases} \tag{4-58}$$

式（4-56）~式（4-58）是传统激光分步体对角线测量法辨识获得的 9 个误差。根据 Charles Wang 的分析，分步体对角线辨识的 9 个误差是机床误差综合模型中定义的误差元素共同作用的结果。

在对角线长度上，每米应至少选择 5 个均布的目标位置，并且在全长上至少应选择 5 个目标位置。按照标准检验循环对所有目标位置进行检验，每个目标位置在每个方向上检验 5 次。目标位置之间的进给速度应由供货商/制造商和用户间协商确定达成协议，其他参数的检验也一样。进给速度不应超过最大进给速度的 20%。

4.4.3 双向分步对角线法空间误差测量辨识

分步体对角线测量法可以辨识出 3 个定位误差、6 个直线度误差和 3 个垂直度误差的误差数据。忽略了角偏误差（3 个滚转误差、3 个俯仰误差、3 个偏摆误差）的影响。为了改善上述体对角线测量的不足，提出了激光双向分步体对角线测量法。正向测量时，三轴依次单独运动，运动顺序为先 X 轴运动（a_x, 0, 0），然后 Y 轴运动（0, a_y, 0），最后 Z 轴运动（0, 0, a_z）；反向测量时，

三轴依次单独运动，运动顺序为先 X 轴运动（ $-a_x$, 0, 0），然后 Y 轴运动（0, $-a_y$, 0），最后 Z 轴运动（0, 0, $-a_z$）。如图 4-54 所示，通过激光干涉仪和固定在主轴上运动的大面积平面镜完成沿体对角线方向的测量，每一个轴单独运动时，激光干涉仪记录此运动下体对角线方向的定位误差数据。

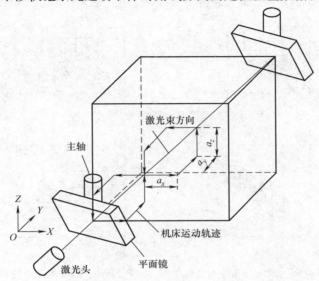

图 4-54 激光双向分步体对角线测量

双向分步体对角线测量法获得的测量数据是体对角线测量法的 6 倍，是分步体对角线测量法的 2 倍。通过对 4 条体对角线进行分步测量，可以辨识出 3 个定位误差、6 个直线度误差、3 个垂直度误差和全部影响空间误差的角偏误差的误差数据。在分步体对角线测量法效率高、经济性好的优势上，提高了误差辨识的精准度。

双向分步体对角线误差测量法的测量路径如图 4-55 所示。安装在工作台的激光头发射出激光，通过镜面调节，射向安装在主轴的平面反射镜上。以图 4-55a 中 PPP 方向的测量为例，在正向去程中：

1）X 轴移动 X_Δ，暂停采集数据。

2）Y 轴移动 Y_Δ，暂停采集数据。

3）Z 轴移动 Z_Δ，暂停采集数据。

4）重复 1）~3）至正向去程终点。

在反向回程中：

1）X 轴移动 $-X_\Delta$，暂停采集数据。

2）Y 轴移动 $-Y_\Delta$，暂停采集数据。

3）Z 轴移动 $-Z_\Delta$，暂停采集数据。

4）重复1）～3）至反向回程终点，即正向去程起点。

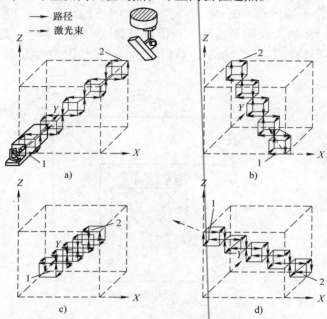

图4-55　双向分布体对角线 PPP、NPP、PNP、PPN 的测量路径

a）PPP　b）NPP　c）PNP　d）PPN

1—正向去程第一步　2—反向回程第一步

常量 X_Δ，Y_Δ 和 Z_Δ 取决于测量空间的大小和步骤4）中的重复次数，可通过式（4-59）计算。

$$\begin{cases} X_\Delta = \dfrac{X_0}{N} \\[2mm] Y_\Delta = \dfrac{Y_0}{N} \\[2mm] Z_\Delta = \dfrac{Z_0}{N} \end{cases} \tag{4-59}$$

式中，N 为各个方向的测量步数；X_0、Y_0、Z_0 分别为 X、Y、Z 轴的最大测量距离。体对角线的长度可以表示为式（4-60）。

$$R_0 = \sqrt{X_0^2 + Y_0^2 + Z_0^2} \tag{4-60}$$

各体对角线的测量误差是各误差在对角线方向上的投影，可表示为式（4-61）。

$$\begin{cases} \Delta R_{PPP}(x,y,z) = \dfrac{X_0}{R_0}\Delta x(x,y,z) + \dfrac{Y_0}{R_0}\Delta y(x,y,z) + \dfrac{Z_0}{R_0}\Delta z(x,y,z) \\[2mm] \Delta R_{NPP}(x,y,z) = -\dfrac{X_0}{R_0}\Delta x(x,y,z) + \dfrac{Y_0}{R_0}\Delta y(x,y,z) + \dfrac{Z_0}{R_0}\Delta z(x,y,z) \\[2mm] \Delta R_{PNP}(x,y,z) = \dfrac{X_0}{R_0}\Delta x(x,y,z) - \dfrac{Y_0}{R_0}\Delta y(x,y,z) + \dfrac{Z_0}{R_0}\Delta z(x,y,z) \\[2mm] \Delta R_{PPN}(x,y,z) = \dfrac{X_0}{R_0}\Delta x(x,y,z) + \dfrac{Y_0}{R_0}\Delta y(x,y,z) - \dfrac{Z_0}{R_0}\Delta z(x,y,z) \end{cases} \tag{4-61}$$

在每条对角线的测量中，起始点作为零点是没有误差值的。为了测量方便，$(0,0,0)$、$(X_0,0,0)$、$(0,Y_0,0)$、$(0,0,Z_0)$ 分别作为 PPP、NPP、PNP、PPN 四条对角线的测量起始点，那么测量误差可表示为式 (4-62)。

$$\begin{cases} \Delta R_{PPP}(x,y,z) = \Delta R_{PPP}(x,y,z) - \Delta R_{PPP}(0,0,0) \\[1mm] \Delta R_{NPP}(x,y,z) = \Delta R_{NPP}(x,y,z) - \Delta R_{NPP}(X_0,0,0) \\[1mm] \Delta R_{PNP}(x,y,z) = \Delta R_{PNP}(x,y,z) - \Delta R_{PNP}(0,Y_0,0) \\[1mm] \Delta R_{PPN}(x,y,z) = \Delta R_{PPN}(x,y,z) - \Delta R_{PPN}(0,0,Z_0) \end{cases} \tag{4-62}$$

联立方程组，有

$$\boldsymbol{T}n = \widetilde{\boldsymbol{T}}n - \boldsymbol{P}_0 = \boldsymbol{b} \tag{4-63}$$

式中，$\widetilde{\boldsymbol{T}}$ 为误差系数矩阵；$\boldsymbol{T}$ 为含有起点坐标值的误差系数矩阵；$\boldsymbol{P}_0$ 为起点坐标值的系数矩阵；$\boldsymbol{n}$ 为几何误差元素；$\boldsymbol{b}$ 为误差测量数据。具体分别如下：

$$\widetilde{\boldsymbol{T}} = \frac{1}{R_0}\begin{pmatrix} -X_0 & -X_0 & X_0 & -Y_0 & -Y_0 & Y_0 & -Z_0 & -Z_0 & Z_0 & zY_0 & +yZ_0 & zY_0 & +yZ_0 & zX_0 & +xZ_0 \\ zX_0 & -yX_0 & +xY_0 & -yX_0 & yX_0 & -zX_0 & -zY_0 & X_0 & X_0 & -X_0 & -Y_0 & -Y_0 & Y_0 & -Z_0 \\ -Z_0 & Z_0 & zY_0 & +yZ_0 & zY_0 & +yZ_0 & -zX_0 & +xZ_0 & -zX_0 & yX_0 & +xY_0 & yX_0 & -yX_0 & zX_0 \\ -zY_0 & -X_0 & -X_0 & X_0 & Y_0 & Y_0 & -Y_0 & -Z_0 & -Z_0 & Z_0 & -zY_0 & +yZ_0 & -zY_0 & +yZ_0 & zX_0 & +xZ_0 & zX_0 \\ -yX_0 & -xY_0 & -yX_0 & yX_0 & -zX_0 & zY_0 & -X_0 & -X_0 & X_0 & -Y_0 & -Y_0 & Y_0 & Z_0 & Z_0 & -Z_0 \\ zY_0 & -yZ_0 & zY_0 & -yZ_0 & zX_0 & -xZ_0 & zX_0 & -yX_0 & +xY_0 & -yX_0 & yX_0 & -zX_0 & -zY_0 \end{pmatrix}$$

$$\boldsymbol{n} = \big[\, \delta_{xx}(x)\ \delta_{xy}(y)\ \delta_{xz}(z)\ \delta_{yx}(x)\ \delta_{yy}(y)\ \delta_{yz}(z)\ \delta_{zx}(x)\ \delta_{zy}(y)\ \delta_{zz}(z)$$
$$\varepsilon_{xx}(x)\ \varepsilon_{xy}(y)\ \varepsilon_{yx}(x)\ \varepsilon_{yy}(y)\ \varepsilon_{zx}(x)\ \varepsilon_{zy}(y)\ S_{xy}\ S_{xz}\ S_{yz}\,\big]^{T}$$

$$\boldsymbol{T} = \begin{pmatrix} \Delta R_{PPP}(x,y,z) \\ \Delta R_{NPP}(x,y,z) \\ \Delta R_{PNP}(x,y,z) \\ \Delta R_{PPN}(x,y,z) \end{pmatrix},\ \boldsymbol{P}_0 = \begin{pmatrix} \Delta R_{PPP}(0,0,0) \\ \Delta R_{NPP}(X_0,0,0) \\ \Delta R_{PNP}(0,Y_0,0) \\ \Delta R_{PPN}(0,0,Z_0) \end{pmatrix},\ \boldsymbol{b} = \begin{pmatrix} \Delta \widetilde{R}_{PPP}(x,y,z) \\ \Delta \widetilde{R}_{NPP}(x,y,z) \\ \Delta \widetilde{R}_{PNP}(x,y,z) \\ \Delta \widetilde{R}_{PPN}(x,y,z) \end{pmatrix}$$

求解式 (4-63)，可得

$$n = (\widetilde{T}^T\widetilde{T})^{-1}\widetilde{T}^Tb \qquad\qquad (4\text{-}64)$$

通过解耦式（4-62）可辨识计算出各个几何误差，包括 3 个定位误差、6 个直线度误差、3 个垂直度误差和全部影响空间误差的角偏误差的误差数据，更加深入的细节请参考文献［179］。

在对角线长度上，每米应至少选择 5 个均布的目标位置，并且在全长上至少应选择 5 个目标位置。按照标准检验循环对所有目标位置进行检验，每个目标位置在每个方向上检验 5 次。目标位置之间的进给速度应由供货商/制造商和用户间协商确定达成协议，其他参数的检验也一样。进给速度不应超过最大进给速度的 20%。

4.5　其他误差的检测

机床其他误差包括机床主轴径向误差、控制器的轴系伺服匹配误差、数控插补算法误差、反向间隙、机床振动、刀具磨损等。以上误差的检测方法均由相关文献做专门讨论，限于篇幅，仅对其中较复杂的主轴径向误差做简要介绍。

主轴回转误差是衡量机床性能的重要指标，是影响加工精度的主要因素。尤其是在精加工时，切削用量很小，受力变形也小，因此决定工件圆度的主要因素常是机床主轴的回转运动。传统的回转精度测量方法主要有打表测量法、单向测量法（又称单传感器测量法）、双向测量法（又称双传感器测量法）。打表测量法简单易行，但会引入锥孔的偏心误差，不能把性质不同的误差区分开，而且不能反映主轴在工作转速下的回转误差，更不能应用于高速、高精度的主轴回转精度测量；单向测量法同样不可避免地会混入主轴或者标准球的形状误差，只有在机床主轴回转精度不太高时能较好地用于机床加工精度及加工质量的评价；传统的双向测量法同样忽略了主轴或者标准球的形状误差，而且还会混入偏心误差，从而影响测量结果的精确性。在亚微米、纳米级的主轴回转误差测量中，混入的圆度误差、安装误差不能忽略，必须采取有效的办法从采集的数据中把它们准确地分离出去，才能得到精确的主轴回转精度值。

误差分离是指从所测信号中分离并除去由测试系统引入的影响测量精度的信号分量，从而得到所要测量的准确信号。误差分离技术（EST，Error Separation Technique）最初应用于圆度误差的测量，常见的圆度误差分离技术有圆度三点法、混合三点法、时域三点法等。随着高精度圆度测量技术的研究，误差分离技术也得到了不断发展，并引入到主轴回转精度的测量中。主轴回转误差测量中常用的误差分离技术主要有反向法、多点法和多步法。其中，反向法能够完全地、准确地将形状误差与主轴回转误差分离。相对而言，多步法和多点法并不是完全的误差分离技术，在某些情况下它们并不能将混合的形状误差与主轴回转误差准确分离。

三点法误差分离技术由青木保雄等于 1966 年首次提出并用于检测回转轴的径向运动误差和圆度误差。现对该经典方法的测量原理进行介绍。首先在主轴上装夹一个在该数控机床上加工出的圆形工件，在工件的外表面布置 0、1、2 三个位移传感器，如图 4-56 所示。于是，三个传感器的输出分别为

$$\begin{cases} z_0\theta = h(\theta + \varphi_0) + \delta_x(\theta)\cos(\varphi_0) + \delta_y(\theta)\sin\varphi_0 \\ z_1\theta = h(\theta + \varphi_1) + \delta_x(\theta)\cos(\varphi_1) + \delta_y(\theta)\sin\varphi_1 \\ z_2\theta = h(\theta + \varphi_2) + \delta_x(\theta)\cos(\varphi_2) + \delta_y(\theta)\sin\varphi_2 \end{cases} \quad (4\text{-}65)$$

式中，θ 为角度变量，即各采样点的位置；$h(\theta + \varphi)$ 为工件的圆度误差；$\delta_x(\theta)$ 为主轴回转误差运动在 X 方向上的分量；$\delta_y(\theta)$ 为主轴回转误差运动在 Y 方向上的分量；φ_i 为位移传感器与 X 轴的夹角，$i = 0,\ 1,\ 2$。

取 $\varphi_0 = 0$，将式（4-65）离散化，并以矩阵形式表示，则为

$$\begin{pmatrix} z_0(n) \\ z_1(n) \\ z_2(n) \end{pmatrix} = \begin{pmatrix} 1 & 0 & 0 \\ 0 & 1 & 0 \\ 0 & 0 & 1 \end{pmatrix} \begin{pmatrix} h(n) \\ h(n+p_1) \\ h(n+p_2) \end{pmatrix} + \begin{pmatrix} 1 & 0 \\ \cos\varphi_1 & \sin\varphi_1 \\ \cos\varphi_2 & \sin\varphi_2 \end{pmatrix} \begin{pmatrix} \delta_x(n) \\ \delta_y(n) \end{pmatrix} \quad (4\text{-}66)$$

式中，n 为采样点位置，$n = 0,\ 1,\ 2,\ \cdots,\ N-1$；$N$ 为工件转一整圈时的数据采样点数；

$$p_i = N\varphi_i/2\pi \quad (i = 0,\ 1,\ 2)$$

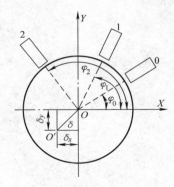

图 4-56 三点法主轴回转误差测量法

对式（4-66）左乘行向量 $[c_0\ c_1\ c_2]$ 得

$$c_0 z_0(n) + c_1 z_1(n) + c_2 z_2(n) = c_0 h(n) + c_1 h(n+p_1) + c_2 h(n+p_2)$$
$$= [c_0 + c_1\cos\varphi_1 + c_2\cos\varphi_2]\delta_x(n) + [c_1\sin\varphi_1 + c_2\sin\varphi_2]\delta_y(n)$$

$$(4\text{-}67)$$

为了把工件的形状误差和主轴回转的误差运动分离开来，令

$$c_0 + c_1\cos\varphi_1 + c_2\cos\varphi_2 = 0 \,; c_1\sin\varphi_1 + c_2\sin\varphi_2 = 0$$

可得

$$c_0 = 1 \,, c_1 = \sin(p_2\Delta\theta)\sin\left[(p_1-p_2)\Delta\theta\right] \,, c_2 = -\sin(p_1\Delta\theta)\sin\left[(p_1-p_2)\Delta\theta\right]$$

式中，$\Delta\theta = 2\pi/N$。

取 $z_3(n) = c_0 z_0(n) + c_1 z_1(n) + c_2 z_2(n)$，则式（4-66）化简为

$$z_3(n) = h(n) + c_1 h(n+p_1) + c_2 h(n+p_2) \tag{4-68}$$

对式（4-68）两边作离散 Fourier 变换可得

$$z_3(k) = (1 + c_1\exp(\mathrm{j}2\pi p_1 k/N) + c_2\exp(\mathrm{j}2\pi p_2 k/N))H(k) \tag{4-69}$$

式中，$z_3(k)$，$H(k)$ 为 $z_3(n)$ 和 $h(n)$ 的离散 Fourier 变换表达式，$k = 0$，1，2，$\cdots$，$N-1$。

工件的圆度误差可通过 Fourier 反变换求得

$$h(n) = F^{-1}\left[z_3(k)/G(k)\right] \tag{4-70}$$

于是，主轴回转误差运动是

$$\delta_x(n) = \{[z_0(n) - h(n)]\sin(2\pi p_2/N) - [z_2(n) - h(n+p_2)]\sin(2\pi p_0/N)\}/[\sin(2\pi(p_2-p_1))] \tag{4-71}$$

$$\delta_y(n) = \{[z_2(n) - h(n+p_2)] - \delta_x(n)\cos(2\pi p_2/N)\}/\sin(2\pi p_2/N) \tag{4-72}$$

其他常见的主轴回转误差和圆度误差的分离技术方法，如混合三点法、时域三点法等，请参见相关文献。

第 5 章　数控机床误差元素建模技术

5.1　仅与机床位置坐标有关的几何误差元素建模

5.1.1　几何误差元素建模原理

仅与机床位置坐标有关的误差元素称为几何误差元素。对于几何误差元素，如机床标准温度或冷态/常温下的机床上每根运动轴的移动误差（定位误差、直线度误差）和转动误差（倾斜误差、俯仰误差、偏摆误差）等，可表达为机床位置坐标的多项式函数，即依据刚体假设，可使用机床运动轴位置坐标的多项式模型对某些几何误差元素进行拟合：

$$E_g(p) = f\{x, y, z\} \tag{5-1}$$

具体到机床的某坐标轴，机床几何误差元素可表达为

$$E_g(p) = a_0 + a_1 p + a_2 p^2 + a_3 p^3 + \cdots + a_n p^n \tag{5-2}$$

式中，p 为 p 轴的位置坐标；p 是 x、y 或 z；a_0 为常数；a_1，a_2，a_3，$\cdots$，a_n 为系数。

由于机床几何误差元素取决于设计、装配、制造等诸多因素，而且机床几何误差还呈现非线性分布，所以仅用理论分析来精确建立几何误差元素数学模型是相当困难的。

最为常用的几何误差元素建模方法为试验建模法，对于式（5-1）的计算，通常是将几何误差元素的检测数据带入式（5-2），得到一组方程，应用最小二乘理论或回归理论可得常数 a_0 及系数 a_1、a_2、a_3、$\cdots$、a_n，将常数 a_0 及系数 a_1、a_2、a_3、$\cdots$、a_n 回代到式（5-2）可得几何误差元素的数学模型。在实际建模中，通常假设几何误差元素是位置坐标（x，y，z）的三次函数或四次函数，如果建模精度不够，可增加高次项。

最小二乘理论及回归理论建模方法的研究较为成熟，但以上建模方法需要预估模型的形式，可能会引入模型预设误差。为避免引入预设误差，可采用正交多项式方法建模。下面以一台 XYTZ 型加工中心的 X、Y、Z 三根运动轴的移动误差为例，说明几何误差元素建模方法。

5.1.2 几何误差元素建模举例

1. 误差检测及分析

根据机床几何误差检测原理，对一台 XYTZ 型加工中心进行三个移动轴 X、Y、Z 的几何误差检测，表 5-1 为这台 XYTZ 型加工中心的几何误差元素测量结果数据表。

图 5-1 为几何误差元素分布，由机床几何误差元素分布可知，X 轴的定位误差 δ_{xx} 偏离原点正方向最大，达到 $16\mu m$，而且整个误差走向趋势和坐标轴位置基本呈线性关系；其次是 Y 向直线度误差 δ_{yx} 偏离原点负方向最大，达到 $-8\mu m$，误差走向和坐标轴位置呈非线性关系；而 Z 向直线度误差 δ_{zx} 则较小，在 $-4 \sim 1\mu m$ 之间做窄幅振荡，误差走向与坐标轴位置基本呈线性关系。

Y 轴的 Z 向直线度误差 δ_{zy} 偏离原点正方向最大，达到 $46\mu m$，而且整个误差走向趋势和坐标轴位置基本呈线性关系；其次是定位误差 δ_{yy} 比较大，最大为 $8\mu m$，误差走向趋势和坐标轴位置呈非线性关系；而 X 向直线度误差 δ_{xy} 最小，为 $7\mu m$，整个误差走向趋势和坐标轴位置呈非线性关系。

Z 轴的 X 向直线度误差 δ_{xz} 偏离原点负方向最大，达到 $-34\mu m$，而且整个误差走向趋势和坐标轴位置呈非线性关系；其次是定位误差 δ_{zz} 比较大，为 $8\mu m$，误差走向趋势和坐标轴位置基本呈线性关系；而 Y 向直线度误差 δ_{yz} 最小，在 $-3 \sim 1\mu m$ 之间窄幅振荡，整个误差走向趋势和坐标轴位置呈明显线性关系。

2. 建模过程

根据试验数据选择相应的正交多项式表，根据每组测量误差元素有 21 个试验数据，选择 $N = 21$ 的正交多项式表，见表 5-2 所示。表 5-2 中左上部分及 S_i 摘自正交多项式表，ϕ_i 为正交函数族，$B_i = \sum \phi_i(x_i)\delta_i$，$p_i = \beta_i B_i$。下面以 X 轴定位误差 δ_{xx} 为例具体说明正交多项式建模方法。

1）将实测数据 δ_{xx} 按顺序放入 δ_{xx} 列，并计算出相应数据的平方并按顺序放入 δ_{xx}^2 列，见表 5-2。

2）进行计算，分别将 $B_i = \sum \phi_i(x_i)\delta_i$、$\beta_i = B_i/S_i$、$p_i = B_i^2/S_i$、$\beta_0 = \dfrac{1}{N}\sum \delta_{xxi}$、$\sum \delta_{xxi}$、$\sum \delta_{xxi}^2$ 的计算结果放入表 5-2 的相应位置。

3）计算总偏差：

$$l_{yy} = \sum \delta_{xxi}^2 - \frac{1}{21}\left(\sum \delta_{xxi}\right)^2 = 1870.7\mu m^2 - 1309\mu m^2 = 561.7\mu m^2 \qquad (5-3)$$

4）做方差分析表，见表 5-3。

表 5-1 几何误差检测结果数据表

X 轴移动引起的误差

x/mm	0	40	80	120	160	200	240	280	320	360	400	440	480	520	560	600	640	680	720	760	800
δ_{xx}/μm	0	0.8	1.2	2.1	2.9	3.8	4.4	4.9	6	6.8	5.9	7.8	9.3	10.9	11.7	12.6	13.5	15.5	15.8	14.8	15.1
δ_{yx}/μm	0	-1.1	-0.9	-2.9	-4.4	-5.3	-6.6	-8.1	-8.1	-7.8	-7.9	-7.8	-7.3	-5.2	-7.2	-6.9	-6.8	-6.4	-5.9	-2.7	-2.5
δ_{zx}/μm	-1	-2	-2.6	-3.1	-2	-1	0.5	-2.1	-2.5	-2	-1.5	-1	-1.8	-3.9	-1.8	-0.1	0.5	-1	-0.3	-1.9	-0.5

Y 轴移动引起的误差

y/mm	0	25	50	75	100	125	150	175	200	225	250	275	300	325	350	375	400	425	450	475	500
δ_{yy}/μm	0.2	1.4	1.7	1.8	0.8	0.1	0.4	0.6	4.1	4.2	4.3	4.6	4	3.9	4.1	4.9	5.2	7.8	7.5	7	6.6
δ_{xy}/μm	0.3	1.6	2.6	2.8	1.3	2.6	3.8	4.9	4.9	6.7	6.6	6.5	6	4.8	5.2	4.8	2.5	1.4	0.5	-1.3	-1.6
δ_{zy}/μm	0.3	1.6	2.6	3.2	5.5	9.8	10.2	11.5	13.8	17.2	18	18.8	21.6	24	26.2	29	30.5	33.5	38	44	46

Z 轴移动引起的误差

z/mm	0	25	50	75	100	125	150	175	200	225	250	275	300	325	350	375	400	425	450	475	500
δ_{zz}/μm	0	5	4.2	4.6	4.7	4.9	5.7	5.9	6.5	6.1	6.1	6	6	6.1	6.6	6.5	7.1	7.4	7.9	8	8.1
δ_{xz}/μm	0	-2.5	-3.7	-5.6	-6.1	-7.6	-9.2	-12	-13.8	-15.4	-16	-17	-17.5	-18.8	-20	-21.1	-23	-26.6	-29.5	-32.2	-33.4
δ_{yz}/μm	-1	-0.8	-1	-1.2	-1.5	-2	-2.1	-2.2	-2.3	-2.5	-2.7	-3	-2.7	-3	-3	-3.1	-3	-3	-2.9	-2.8	

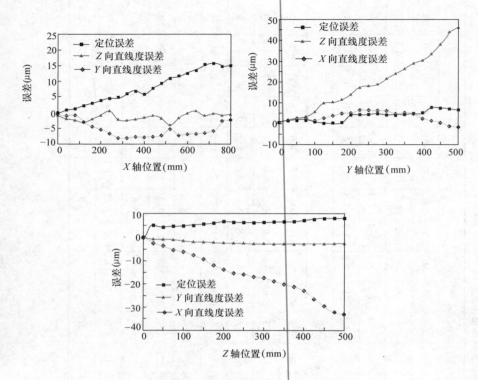

图 5-1　几何误差曲线分布

表 5-2　一元正交多项式计算表

N	ϕ_1	$3\phi_2$	$\frac{5}{6}\phi_3$	$\frac{7}{12}\phi_4$	$\delta_{xx}/\mu m$	$\delta_{xx}^2/\mu m^2$
1	-10	190	-285	969	0	0
2	-9	133	-114	0	0.8	0.64
3	-8	82	12	-510	1.2	1.44
4	-7	37	98	-680	2.1	4.41
5	-6	-2	149	-615	2.9	8.41
6	-5	-35	170	-406	3.8	14.44
7	-4	-62	166	-130	4.4	19.36
8	-3	-83	142	150	4.9	24.01
9	-2	-98	103	385	6	36
10	-1	-107	54	540	6.8	46.24

（续）

N	ϕ_1	$3\phi_2$	$\dfrac{5}{6}\phi_3$	$\dfrac{7}{12}\phi_4$	$\delta_{xx}/\mu m$	$\delta_{xx}^2/\mu m^2$
11	0	−110	0	594	5.9	34.81
12	1	−107	−54	540	7.8	60.84
13	2	−98	−103	385	9.3	86.49
14	3	−83	−142	150	10.9	118.81
15	4	−62	−166	−130	11.7	136.89
16	5	−35	−170	−406	12.6	158.76
17	6	−2	−149	−615	13.5	182.25
18	7	37	−98	−680	15.5	240.25
19	8	82	−12	−510	15.8	249.64
20	9	133	114	0	14.8	219.04
21	10	190	285	969	15.1	228.01
B_i	650	362	−1122	−519.4	$\sum\delta_{xx}=165.8$	$\sum\delta_{xx}^2=1870.7$
S_i	770	201894	432630	5720330		
$\beta_i=B_i/S_i$	0.8442	0.0018	−0.0026	−0.000908	$\beta_0=7.9$	
$p_i=B_i^2/S_i$	548.7	0.65	2.91	4.72		

表 5-3 正交多项式方差分析表

变差来源		平方和		自由度		方差	F 值	分析
回归	一次 $\phi_1(x)$		548.7		1	548.7	$F_1=1860$	显著
	二次 $\phi_2(x)$	556.98	0.65	4	1	0.65	$F_2=2.2$	
	三次 $\phi_3(x)$		2.91		1	2.91	$F_3=9.86$	显著
	四次 $\phi_4(x)$		4.72		1	4.72	$F_4=16$	显著
剩余		4.72		16		0.295		
总计		561.7		$N-1$				

5）F 检验。对于 $F_{0.1}(1,16)=3.05$，$F_{0.05}(1,16)=4.49$，$F_{0.01}(1,16)=8.53$，由表 5-3 可知一次项、三次项和四次项显著，因此建立如下回归方程：

$$\delta_{xx}=7.9+0.8442\phi_1(x)-0.0026\times5\phi_3(x)/6-0.000908\times7\phi_4(x)/12$$

(5-4)

6）正交函数回代。

$$\begin{cases} \phi_1(x) = x - \bar{x} \\ \phi_2(x) = (x - \bar{x})^2 - \dfrac{N^2 - 1}{12} \\ \phi_3(x) = (x - \bar{x})^3 - \dfrac{3N^2 - 7}{20}(x - \bar{x}) \\ \phi_4(x) = (x - \bar{x})^4 - \dfrac{3N^2 - 13}{14}(x - \bar{x})^2 + \dfrac{3(N^2 - 1)(N^2 - 9)}{500} \\ \phi_5(x) = (x - \bar{x})^5 - \dfrac{5(N^2 - 7)}{18}(x - \bar{x})^3 + \dfrac{15N^4 - 230N^2 + 407}{1008}(x - \bar{x}) \\ \vdots \\ \phi_{p+1}(x) = \phi_1(x)\phi_p(x) - \dfrac{p^2(N^2 - p^2)}{4(4p^2 - 1)}\phi_{p-1}(x) \end{cases} \tag{5-5}$$

将 $\phi_1(x)$、$\phi_3(x)$、$\phi_4(x)$ 代入式（5-4）整理得

$$\delta_{xx} = 7.9 + 0.8442(x - 11) - 0.0026 \times [(x - 11)^3 - 65.8(x - 11)] \times 5/6 -$$

$$0.000908 \times [(x - 11)^4 - 95.57(x - 11)^2 + 1140.5] \times 7/12 \tag{5-6}$$

7）函数变换。由于正交函数族中的变量为自然数，因此做函数变换 $x = (X + 40)/40$，其中 X 为 X 轴的位置坐标，将变换函数代入式（5-6）得 X 轴移动时的定位误差模型：

$$\delta_{xx} = -0.75 + 0.037x - 0.00013x^2 + 3.04 \times 10^{-7}x^3 - 2.1 \times 10^{-10}x^4 \tag{5-7}$$

同理，可得 X 轴移动时的 Y 向直线度误差模型和 Z 向直线度误差模型：

$$\begin{cases} \delta_{yx} = 0.52 - 0.038x + 0.00004x^2 \\ \delta_{zx} = -2.1 + 0.0015x \end{cases} \tag{5-8}$$

图 5-2 为 X 轴移动时定位误差 δ_{xx}、Y 向直线度误差 δ_{yx} 和 Z 向直线度 δ_{zx} 的拟合结果及拟合残差，可见，拟合精度为 $-3 \sim 3\mu m$，故建模精度较高。

采用同样的建模方法，可得 Y 轴移动时的定位误差 δ_{yy}、X 向直线度误差 δ_{xy}、Z 向直线度误差 δ_{zy} 的数学模型：

$$\begin{cases} \delta_{yy} = -0.31 + 0.014y \\ \delta_{xy} = 1.3 - 0.015y + 0.0004y^2 - 1.4 \times 10^{-6}y^3 + 1.2 \times 10^{-9}y^4 \\ \delta_{zy} = 0.25 + 0.035y + 0.00035y^2 - 1.2 \times 10^{-6}y^3 + 1.5 \times 10^{-9}y^4 \end{cases} \tag{5-9}$$

图 5-3 为 Y 轴移动时几何误差的拟合结果及拟合残差。

同理，可得 Z 轴移动时的定位误差 δ_{zz}、X 向直线度误差 δ_{xz}、Y 向直线度误差 δ_{yz} 的数学模型：

$$\begin{cases} \delta_{zz} = 1.28 + 0.07z - 4.1 \times 10^{-4}z^2 + 10^{-6}z^3 - 8.09 \times 10^{-10}z^4 \\ \delta_{xz} = -0.37 - 0.06z - 1.2 \times 10^{-4}z^2 + 7 \times 10^{-7}z^3 - 10^{-9}z^4 \\ \delta_{yz} = -0.84 - 0.0035z - 5 \times 10^{-5}z^2 + 1.7 \times 10^{-7}z^3 - 1.5 \times 10^{-10}z^4 \end{cases} \tag{5-10}$$

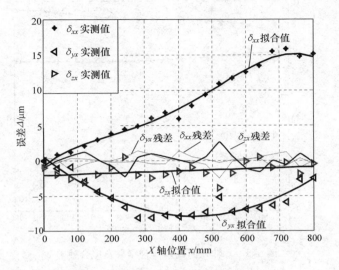

图 5-2　X 轴几何误差拟合结果及拟合残差

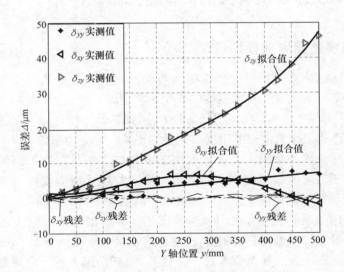

图 5-3　Y 轴几何误差拟合结果及拟合残差

图 5-4 为 Z 轴移动时几何误差的拟合结果及拟合残差。

由图 5-3 及图 5-4 可以看出，建模精度较高，Y 向建模残差为 $-1.5 \sim 2\mu m$，Z 向建模残差为 $-1 \sim 1.5\mu m$。

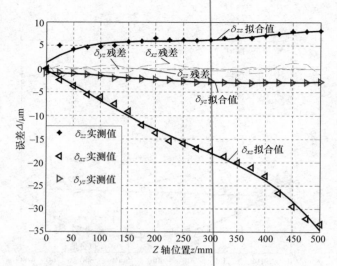

图 5-4 Z 轴几何误差拟合结果及拟合残差

5.2 仅与机床温度有关的热误差元素建模

5.2.1 热误差元素建模原理

仅与机床温度有关的误差元素称为热误差元素。对于热误差元素，如主轴热漂移误差等，可表达为机床温度的多元函数，即

$$E_T = a_0 + \sum b_i \Delta T_i + \sum C_{ij} \Delta T_i \Delta T_j + \cdots \tag{5-11}$$

式中，T_i、T_j 为机床测温点的温度；a_0 为常数；b_i、C_{ij} 为系数。

由于机床热误差在很大程度上取决于诸如加工条件、加工周期、切削液的使用以及周围环境等诸多因素，而且机床热误差还呈现非线性及交互作用，所以仅用理论分析来精确建立热误差元素数学模型是相当困难的。

最为常用的误差建模方法为试验建模法，即根据统计理论对误差数据做相关分析，用最小二乘及回归原理进行拟合建模。对于式（5-11）的计算，通常是将热误差元素的检测数据带入式（5-11），得到一组方程，应用最小二乘理论或回归理论可得常数 a_0 及系数 b_i、C_{ij}，将常数 a_0 及系数 b_i、C_{ij} 回代到式（5-11）可得热误差元素的数学模型。

近年来，神经网络理论、模糊系统理论等也已运用到误差建模中。但用这些方法建立起来的误差数学模型的鲁棒性显然不够，一般随着季节的变化难以长期正确地预报误差。为了提高所得到模型（为使用方便，一般是线性数学模型）的鲁棒性（能长期有效地使用）和通用性（一个数学模型可在许多台类型相同的机床上有效地使用），又提出了许多新的热误差元素建模方法，如综合最小二乘建模法、正交试验设计建模法、递推建模法、灰色理论建模法、遗传理论建模法等。下面以 XYTZ 型加工中心主轴热漂移误差为例具体说明机床热误差的建模方法。

5.2.2 主轴热漂移误差的建模

1. 主轴热漂移误差检测及分析

主轴转速 $n = 2000\text{r/min}$，主轴连续旋转 4h，温度传感器布置在主轴一侧及主轴箱，用于测量主轴及主轴箱温度，由电涡流传感器检测主轴热漂移误差，图 5-5 为温度传感器实际布置图。

图 5-5　温度传感器布置

图 5-6 为主轴热漂移误差实际检测结果。由图 5-6 可以看出，X、Z 向热漂移误差达平衡时间为 2h，而 Y 向热漂移误差在初始 1h 误差增量大，之后热漂移误差增量逐渐减小，这是由于 Y 向与机床立柱连接，机床导热速度大于对流速度，而机床立柱的储热大，所以 Y 向热漂移达平衡时间较长。

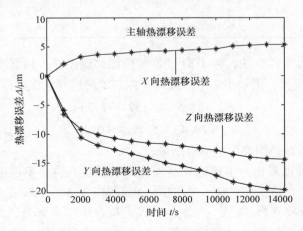

图 5-6　主轴热漂移误差实测结果

2. 主轴热漂移误差建模

表5-4为实测主轴热漂移误差及温度统计。设主轴热漂移误差是主轴温度 T_7 和主轴箱温度 T_8 的二元一次函数，由式（5-11）可设主轴热漂移误差模型为

$$\delta_{uS}^T = b_0 + b_1 T_7 + b_2 T_8 \tag{5-12}$$

以 X 向主轴热漂移误差为例建模，将 X 向主轴热漂移误差、主轴温度 T_7 和主轴箱温度 T_8 代入式（5-12），由最小二乘法可得 X 向主轴热漂移误差模型：

$$\delta_{xS}^T = -10.86 + 0.42 T_7 + 0.122 T_8 \tag{5-13}$$

表 5-4　主轴热漂移误差及温度统计

时间 /s	主轴温度 $T_7/℃$	主轴箱温度 $T_8/℃$	X 向热漂移 /μm	Y 向热漂移 /μm	Z 向热漂移 /μm
0	20	20	0	0	0
1000	24.5	20.9	2.1	-5.8	-6.6
2000	26.9	22.3	3.2	-10.6	-9.1
3000	27.7	22.6	3.6	-11.9	-10.1
4000	28.2	22.8	3.8	-12.7	-10.7
5000	28.6	23	4	-13.4	-11.2
6000	28.9	23.2	4.2	-14.1	-11.5
7000	29.2	23.5	4.2	-15	-11.7
8000	29.4	23.7	4.3	-15.5	-12
9000	29.7	23.9	4.5	-16.2	-12.4
10000	30	24.1	4.6	-17.2	-12.8
11000	30.3	24.3	5.1	-18.2	-13.5
12000	30.7	24.5	5.2	-18.8	-14
13000	31	24.7	5.3	-19.3	-14.1
14000	31.3	24.8	5.3	-19.6	-14.3

采用同样的建模方法，将 Y 向和 Z 向热漂移误差、主轴温度 T_7 和主轴箱温度 T_8 代入回归模型，由最小二乘法可得 Y 向、Z 向热漂移误差模型：

$$\delta_{yS}^T = 61.5 - 0.75 T_7 - 2.33 T_8 \tag{5-14}$$

$$\delta_{zS}^T = 20.45 - 1.45 T_7 + 0.42 T_8 \tag{5-15}$$

图5-7为主轴热漂移误差拟合结果。

由图5-7可以看出，主轴热漂移误差拟合精度较高，X 向拟合残差为 0 ~ 0.5μm，误差拟合精度为90%；Y 向拟合残差为 -0.5 ~1μm，误差拟合精度为95%；Z 向拟合残差为 -0.5 ~0.5μm，误差拟合精度为96%；X、Y、Z 三个方向的主轴热漂移误差拟合结果非常好，完全可以满足机床主轴热漂移误差的补偿要求，如果主轴热漂移误差拟合精度不够，可增加高次项和建模数据进行

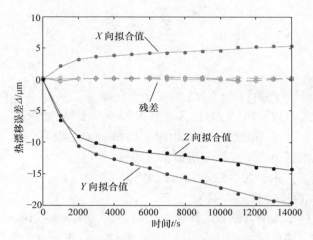

图 5-7 主轴热漂移误差拟合结果

拟合。

5.2.3 基于 RBF 神经网络的数控车床热误差智能建模研究

对于数控车床而言，热误差是其最大的误差源，可达机床总误差的 70%。要提高加工精度，就必须采取有效的措施减小热误差。误差补偿法就是其中最常用的一种提高加工精度的方法。

热误差补偿中最困难的是热误差建模，要求尽可能准确地建立机床热误差和温度之间的关系，从而在实时补偿过程中用机床温度值来预报热误差。然而机床热误差受加工条件、切削液的使用以及周围环境等多种因素的影响，呈现非线性及交互作用。神经网络理论是利用工程技术手段模拟人脑神经网络结构和功能的一种非线性动力学系统。近年来，以神经网络为代表的智能补偿技术已广泛运用到热误差建模中。现有常见的 ANN 方法一般采用反向传播（Back Propagation，BP）算法的前传多层感知器网络，由于感知器网络权重初始化的随机性，难以根据热误差的实际情况确定一组较好的初始值，并且 BP 算法学习收敛速度较慢，容易陷于局部极小点，从而极大地限制了其在热误差建模中的实际应用。近年来，径向基函数（Radial Basis Function，RBF）理论[3] 提供了一种新颖而有效的手段。RBF 网络具有良好的推广能力，而且比通常的 BP 方法学习起来快得多，具有广阔的应用前景。本书采用 RBF 神经网络对机床热误差智能建模应用进行了研究。

1. RBF 网络简介

RBF 网络通常是一种两层前传网络，某一维输出的 RBF 网络的输入输出关系可以利用一组归一化的径向基函数构造的映射 f_r 来表示：

$$f_r = \frac{\sum_{i=1}^{N_r} \lambda_i R_i(X)}{\sum_{i=1}^{N_r} R_i(X)} \tag{5-16}$$

式中，N_r 为隐层节点数；$R_i(X)$ 为隐层节点的基函数；λ_i 为网络的输出层节点同隐层节点的连接权。$R_i(X)$ 对输入激励 X 产生一个局部的响应，即仅当输入落在输入空间中一个很小的指定区域中时，隐单元才做出有意义的非零响应，输出层节点实现隐层节点非线性基函数输出的线性组合。

从理论上说，和一般多层感知器（MLP）网络一样，RBF 网络能以任意精度逼近任意非线性映射。

本文中隐层节点的基函数采用了高斯条函数（Gaussian Bar），它是将每个输入维的高斯响应加权求和：

$$R_i(X) = \sum_{j=1}^{M} \omega_{ij} \exp\left[-\frac{1}{2}\left(\frac{x_j - c_{ij}}{\sigma_{ij}}\right)^2 \right] \tag{5-17}$$

式中，i 表示第 i 个高斯条单元（即隐层节点 i）；j 表示输入维；M 为其维数；x_j 和 c_{ij}、σ_{ij}、ω_{ij} 分别是输入向量 X 和第 i 个高斯条函数的中心 C_i、宽度 σ_i 以及权向量 ω_i 的第 j 项。

2. RBF 网络参数的初始化及学习

RBF 网络应用的关键是隐层节点基函数中心的选取。在实践中，可以采用适当方法将中心取为样本数据的某个子集。中心确定以后，可以根据中心同样本数据的某种函数关系得到相应的宽度。这样 RBF 网络中隐层基函数的中心和宽度在网络初始化时就可基本确定，在网络学习中只需做很小的修正，比起所有初始参数都是随机确定的多层感知器网络来说，RBF 网络的学习收敛速度当然快得多。并且隐层基函数中心的选取，可以根据要解决问题的不同而采用不同的策略，选取最有利于问题解决的基函数中心。

对采用式（5-17）高斯条函数的隐层节点初始化时需要确定 3 种参数：第 i 个隐单元基函数的中心 C_i、宽度 σ_i 以及权向量 ω_i。首先，利用 N（$N-1 > N_r$）个样本输入向量 X 来计算 N_r 个 C_i，目的是使 C_i 尽可能均匀地对输入数据抽样，使 C_i 能够反映输入向量在输入空间中的分布情况，在输入向量集中的地方选中的 C_i 也多，因此对隐层节点基函数中心的初始化过程就是对样本输入特性认识和分类的过程。对 C_i 初始化可采用 k 均值聚类算法[3]，将样本输入数据分为 N_r 类，每一类的聚类中心就作为相应隐单元基函数的中心。基函数中心 C_i 找到以后，就可以求得其宽度 σ_i，它们表示与每个中心相联系的数据散布的一种测度。可令它们等于聚类中心与训练样本之间的平均距离，即

$$\sigma_{ij}^2 = \frac{1}{n_i} \sum_{X \in S_i} (x_j - c_{ij})^2, \quad j = 1, 2, \cdots, M \tag{5-18}$$

式中，S_i 是所有属于第 i 类的样本输入向量 $\boldsymbol{X}$ 的集合；n_i 为 S_i 中样本的个数。权向量 $\boldsymbol{\omega}_i$ 的每一分量 ω_{ij} 初始化时可取 1。输出层节点同隐层节点的连接权 λ_i 初始化时可取一较小的随机数。

RBF 网络中的大部分参数可以根据实际问题在初始化时给出较好的初始值，从而为快速训练奠定基础。实际中，有许多快速学习算法，这里就不再赘述。本书中 RBF 网络的学习过程可分为以下三个步骤：

1）前向过程：固定每个隐单元高斯函数的中心 C_i、宽度 σ_i 和权向量 $\boldsymbol{\omega}_i$ 不变，对每一个样本输入，计算隐单元的输出。遍历所有的样本，求出隐单元到输出层的连接权。

2）后向过程：固定前向过程中求出的隐单元到输出层的连接权不变，对每一个样本输入，求出其相应的网络实际输出，根据实际输出和期望输出的差值，用负梯度的方法，修正隐单元中的参数（高斯条函数的中心、宽度和权向量）。

3）循环上述两过程，直到误差达到要求或循环次数达到一定值。

3. 基于 RBF 网络的热误差建模

本书使用的实验数据是在一台数控车削中心上获得的。如图 5-8 所示，在数控车削中心上安装了 16 个温度传感器。依其在数控车削中心上的位置可分为 5 组：① 2 个传感器（编号 0 和 1）用于测量主轴箱的温度；② 4 个传感器（2～5）用于测量丝杠螺母的温度；③ 2 个传感器（6、7）用于测量切削液的温度；④ 1 个传感器（8）用于测量室温；⑤ 7 个传感器（9～15）用于测量床身温度。

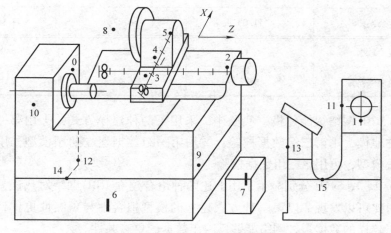

图 5-8　车削中心示意及温度传感器实验布置

通过热误差模态的分析可知[8]，16 个温度传感器中有 4 个很关键，用它们可以简便且高精度地估计机床的热误差。它们是：

1）温度传感器 6：测量切削液的温度。

2）温度传感器 15：测量床身上部的温度。

3）温度传感器 4：测量 X 轴螺母的温度。

4）温度传感器 1：测量主轴（箱）的温度。

在应用分析中，采用了六组数据用于神经网络的建模方法研究和检验。

（1）经典最小二乘法建模的应用　在对数控车削中心进行误差补偿研究时，其热误差数学模型表达式为

$$\Delta = C_0 + C_c T_c + C_n T_n + C_s T_s + C_b T_b$$

式中，Δ 为机床径向热误差，实际使用中为随机床温度变化而变化的工件径向尺寸误差；T_c 为切削液的温度；T_n 为螺母的温度；T_s 为主轴的温度；T_b 为床身的温度；C_c、C_n、C_s、C_b 为相应的温度系数；C_0 为常数。

按照上述原理，利用第一、二组数据，得到最小二乘法预测热误差的数学模型：

$$\Delta = 54.58 - 7.28 T_c + 3.90 T_n - 5.45 T_s + 7.20 T_b$$

结果显示补偿后热误差明显减小。表 5-5 为经典 LMS 法进行热误差补偿前后的性能指标值。

表 5-5　经典最小二乘法建模性能指标

检验项目	偏差带宽/μm	最大绝对偏差/μm	均方差/μm
建模数据	32	32	7.65
残余误差	11.03	6.07	1.96
检验数据	24	23	6.96
残余误差	10.9	6.23	2.30

（2）RBF 网络智能建模　实验中，采用了两种建模方式：①用第一、二组数据合并建模，用第三组数据检验；②用第一组数据建立初始模型，用第二组数据修改模型，再用第三组数据检验。

图 5-9、图 5-10 分别显示了用上述两种组合建立 RBF 网络对热误差的补偿情况。对比可以发现，以第一种方式建立的模型拟合性与预测性更优，因为它同时用于建模的数据多，网络能够反映出数据的更多共性。

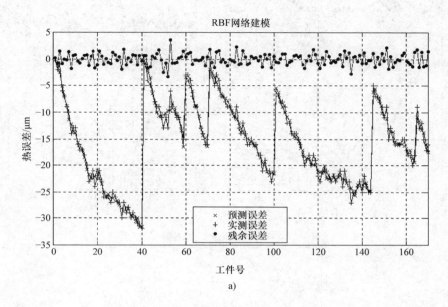

a)

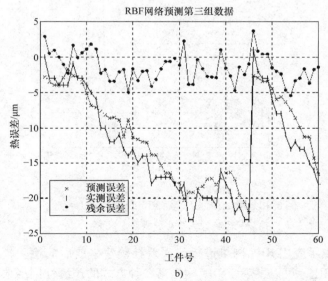

b)

图 5-9 第一种方式建立 RBF 网络模型并检验

a) 建立 RBF 网络模型　b) 对 RBF 网络的检验

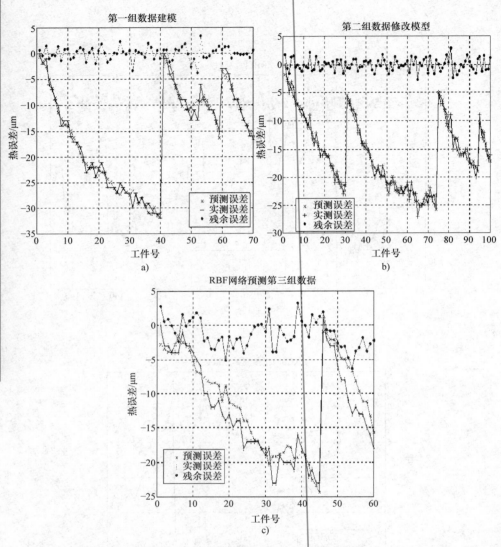

图 5-10 第二种方式建立 RBF 网络模型并检验

a) 建模 b) 修正模型 c) 检验

表 5-6 列出了应用 RBF 网络进行热误差补偿建模前后的检验指标值。将表 5-6 同表 5-5 相比,可以发现,RBF 网络第一种方式的预测性同经典最小二乘法建模相比,偏差带宽减少了约 16%,最大绝对值偏差减少了 12%,建模均方差减少 44%。结果显示各项指标均优于传统最小二乘方法。

(3)建模鲁棒性分析 温度传感器布置是否恰当,是否有温度传感器失效,将直接影响模型对热误差的预测,实验中假定某一传感器失效时,依靠其他三个传感器建模预测热误差（另一温度值的输入为估计值）。通过实验检验可知，神经网络建模对温度传感器布置的鲁棒性优于经典最小二乘法建模。

表 5-6 RBF 网络建模的性能指标

检验项目		偏差带宽/μm	最大绝对偏差/μm	均方差/μm
建模数据	1、2 组	32	32	7.65
残余误差		6.92	3.61	1.08
检验数据	3 组	24	23	6.96
残余误差		9.13	5.48	2.02

综合以上分析可以得出：机床热误差的建模，实质是比较哪种模型包含系统的特征信息更多，最小二乘法以系数的形式表现，神经网络以权值、阈值矩阵的形式表现。对于机床热误差的补偿，RBF 网络具有模型拟合性能好、补偿能力强、建模时间短的特点。同时，建模方法对温度传感器布置具有一定的鲁棒性。

5.3 与机床温度和位置坐标都有关的复合误差建模

5.3.1 复合误差建模原理

与机床温度和位置坐标都有关的误差元素称为复合误差元素，如考虑机床各种温度下的每根运动轴的移动误差和转动误差等。复合误差元素建模过程比较复杂，先要进行几何误差和热误差的分离，然后进行几何误差和热误差的各自建模，最后再合成。

几何误差和热误差的分离示意如图 5-11 所示。其中，几何误差是在机床冷态时（或第 1 次）测得，用位置 p 的多项式拟合；热误差与机床上某些点温度有关，各数值为各误差曲线一次拟合线的斜率，每一次测得的一组误差数据可进行直线拟合得一斜率。

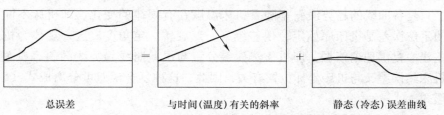

总误差　　　　　　　与时间(温度)有关的斜率　　　　　静态(冷态)误差曲线

图 5-11 几何误差和热误差的分离示意

与机床温度和位置坐标都有关的复合误差元素可表达为

$$\delta_{pp}(p,T) = \delta_{ppG}(p) + \delta_{ppT}(T)p \qquad (5-19)$$

式中，p 为坐标轴 x 或 y 或 z；$\delta_{ppG}(p)$ 为 p 轴误差元素的几何部分，它只与位置 p 有关；$\delta_{ppT}(T)$ 为 p 轴误差元素的热部分，它只与机床的温度 T 有关。

下面以 XYTZ 型加工中心为例说明与机床温度和位置坐标都有关的复合误差元素的建模方法。

5.3.2　机床几何与热复合误差建模举例

1. 机床几何与热复合误差检测及分析

XYTZ 型加工中心的 X、Y、Z 轴行程分别为 850mm、560mm、650mm。温度传感器分别布置在 X、Y、Z 轴的丝杠螺母及导轨上，分别测量 X、Y、Z 轴丝杠螺母的温度及导轨的温度。图 5-12 为温度传感器实际布置。其中 T_1、T_3、T_5 分别用于测量机床 X、Y、Z 轴丝杠螺母温度，T_2、T_4、T_6 分别用于测量机床 X、Y、Z 轴导轨温度。

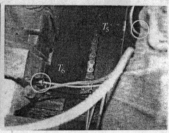

X 轴　　　　　　　　　　Y 轴　　　　　　　　　　Z 轴

图 5-12　温度传感器实际布置

机床空运行，X、Y、Z 轴以一定的进给速度运行，使机床温度不断升高，每隔一段时间测量一次机床温度和机床定位误差，图 5-13 为机床不同检测时间（不同温度）下的定位误差。由图 5-13 可以看出，机床不同温度下的定位误差随着机床温度和坐标位置的增加而增大，而且各条误差曲线的形状基本保持不变，只是各曲线的趋势线斜率随着机床温度在有规律的变化，即机床不同温度下的定位误差是机床原始定位误差绕某一点旋转一定角度。这一规律为机床热误差建模提供理论依据，即机床热误差分量与误差曲线趋势线的斜率有关，同时机床热误差又与机床坐标位置有关，因此，这种复合误差可分离成式（5-19）的形式。

2. 几何误差分量建模

由上节分析可知，机床热误差与误差曲线的趋势线斜率和坐标位置有关。以 X 向热误差为例，几何与热复合误差建模时首先将常温下的几何误差旋转至

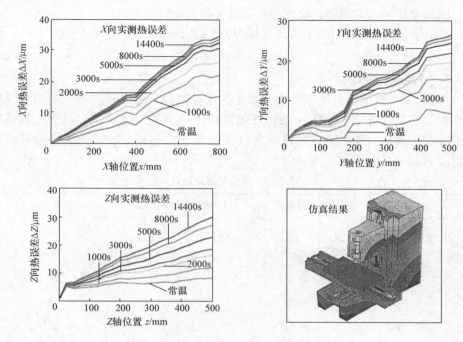

图5-13 机床不同温度下的定位误差

水平位置（图5-14），并对旋转后的误差曲线进行建模。

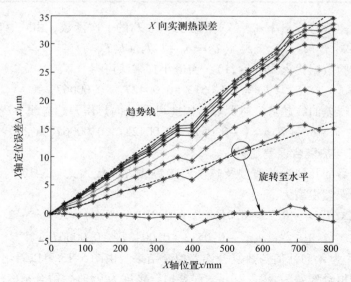

图5-14 机床不同温度下X轴定位误差建模

由正交多项式的误差建模方法可得旋转后的几何模型：

$$\delta_{ppG}(p) = -0.75 + 0.0163x - 0.00013x^2 + 3.04 \times 10^{-7}x^3 - 2.1 \times 10^{-10}x^4$$

$$(5-20)$$

3. 热误差分量建模

对图 5-14 所示所有误差曲线进行一次线性拟合，可得各测温点的趋势线斜率。根据相关性分析，机床 X 轴丝杠螺母和 X 导轨的温度对 X 向热误差影响较大，因此，取这两处测温点的温度进行 X 向热误差建模。表 5-7 为各测量时刻所对应的斜率与温度。

表 5-7　斜率与温度统计

测量时间 t/s	斜率 k	丝杠螺母温度 T_1/℃	导轨温度 T_2/℃
0	0.02	19.9	20
1000	0.034	22.1	20.5
2000	0.038	23.5	21.1
3000	0.04	24.9	21.5
5000	0.043	25.5	22.1
8000	0.045	25.9	22.8
14400	0.048	26.2	22.9

设热误差趋势线斜率 $\delta_{ppT}(T)$ 是温度 T_1、T_2 的一次函数，由式（5-19）可得

$$\delta_{ppT}(T) = b_0 + b_1 T_1 + b_2 T_2 \tag{5-21}$$

将表 5-7 实验数据代入式（5-21），由最小二乘法可得

$$\delta_{ppT}(T) = -0.0513 + 0.0042 T_1 - 0.0006 T_2 \tag{5-22}$$

由于各误差曲线趋势线过原点，因此可得 X 向热误差趋势线方程：

$$\delta_{ppT}(T)p = (-0.0513 + 0.0042 T_1 - 0.0006 T_2)x \tag{5-23}$$

4. 几何与热复合误差建模

将旋转后的几何误差模型及热误差趋势线方程代入式（5-19）可得 X 向几何与热复合误差模型为

$$\delta_{xx}(x,T) = -0.75 + 0.0163x - 0.00013x^2 + 3.04 \times 10^{-7}x^3 - 2.1 \times$$
$$10^{-10}x^4 + x(-0.0513 + 0.0042 T_1 - 0.0006 T_2)$$

图 5-15 为 X 向几何与热复合误差拟合结果。由图 5-15 可以看出，几何与热复合误差的拟合残差为 $-2 \sim 2\mu m$，误差拟合精度为 95%，拟合精度较高。

采用同样的建模方法，可以得到 Y 向和 Z 向的几何与热复合误差模型。表 5-8 为 Y、Z 向热误差趋势线斜率和温度统计。

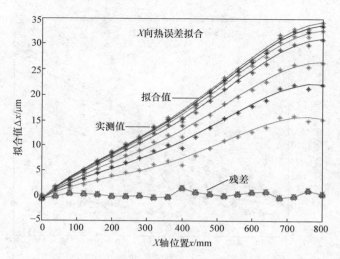

图5-15 机床不同温度下 X 向几何与热复合误差拟合结果

表5-8 Y、Z 向热误差趋势线斜率与温度统计

时间 t/s	Y 斜率 k	Y 丝杠温度 $T_3/\text{℃}$	Y 导轨温度 $T_4/\text{℃}$	Z 斜率 k	Z 丝杠温度 $T_3/\text{℃}$	Z 导轨温度 $T_4/\text{℃}$
0	0.013	19.9	19.9	0.016	20	19.9
1000	0.033	23.2	20.6	0.028	22.5	20.5
2000	0.039	24.6	21.2	0.034	23.4	21.1
3000	0.043	25.2	21.8	0.038	25.1	21.4
5000	0.047	25.9	22.4	0.044	25.6	22
8000	0.051	26.1	22.4	0.054	26	22.6
14400	0.055	26.3	23.1	0.064	26.4	23

采用同样的建模方法可得 Y、Z 向的几何与热复合误差模型为

$$\delta_{yy}(y,T) = -0.31 - 0.0008y + (-0.1392 + 0.0049T_3 + 0.0028T_4)y \tag{5-24}$$

$$\delta_{zz}(z,T) = 1.28 + 0.051z - 4.1 \times 10^{-4}z^2 + 10^{-6}z^3 - 8.09 \times$$
$$10^{-10}z^4 + (-0.273 + 0.0001T_5 + 0.0145T_6)z \tag{5-25}$$

图5-16 为 Y 向几何与热复合误差拟合结果。由图5-16 可以看出，Y 向拟合残差为 $-3 \sim 1\mu m$，拟合精度为 94%，误差拟合精度较高。

图5-17 为 Z 向几何与热复合误差拟合结果。由图5-17 可以看出，Z 向拟合残差为 $-2 \sim 1\mu m$，拟合精度为 97%，误差拟合精度较高。

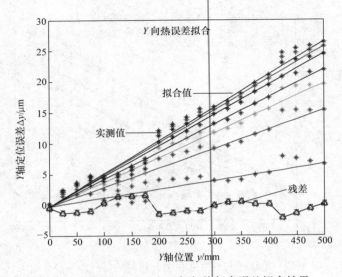

图 5-16　不同温度下 Y 向几何与热复合误差拟合结果

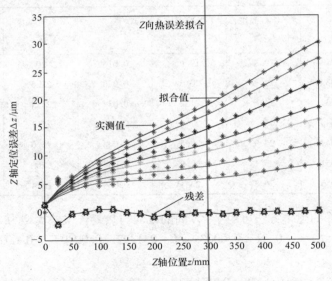

图 5-17　不同温度下 Z 向几何与热复合误差拟合结果

第6章 数控机床误差实时补偿控制及其系统

6.1 误差补偿方式及实施策略

6.1.1 误差补偿方式

误差补偿是移动刀具或工件，使刀具和工件之间在机床误差的逆方向上产生一个大小与误差接近的相对运动而实现的。机床误差补偿方式一般可分为三种：闭环反馈补偿控制、开环前馈补偿控制和半闭环前馈补偿控制。

1. 闭环反馈补偿控制

闭环反馈补偿控制系统如图6-1所示，在加工过程中直接补偿实际测量值和理论值之间的误差。由于反馈信息来自最后检测的工件尺寸，所以可消除各种误差，但是这种方法需要有像激光测微仪等高精度尺寸检测装置。然而，这种装置通常是非常昂贵的，而且其又很难在加工过程中

图6-1 闭环反馈补偿控制系统

对有复杂外形或有内部结构的工件进行实时检测，因此难以应用于工厂实际生产。

2. 开环前馈补偿控制

开环前馈补偿控制系统如图6-2所示，利用预先求得的加工误差数学模型预测误差而进行补偿。这种补偿方式要求必须有一个符合工程要求和实用的误差模型进行预测，而且要求系统不受外界因素干扰，否则不能正确地预测加工误差。而且，开环前馈补偿控制系统很难做到系统不受外界因素干扰，故这种控制方式也难以应用于生产。

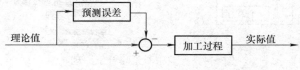

图6-2 开环前馈补偿控制系统

3. 半闭环前馈补偿控制

半闭环前馈补偿控制系统如图 6-3 所示，选择几个比较容易检测，又能表征系统状态、环境条件的参量作为误差数学模型的变量，建立加工误差和这些参量的关系式并反映其分布规律。作为半闭环前馈补偿，选择正确、合理、实用的参量是建立补偿模型重要的一步，因此误差补偿控制系统的关键在于保证加工误差估计模型的高度准确性。

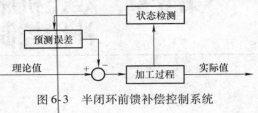

图 6-3　半闭环前馈补偿控制系统

比较以上三种补偿控制系统，闭环反馈补偿控制系统的优点是补偿精度最高，缺点是系统制造成本也最高；开环前馈补偿控制系统的优点是系统制造成本最低，而补偿精度也最低；半闭环前馈补偿控制系统的性价比最佳，故根据我国的具体情况，从经济、技术、实用和精度等方面综合考虑，选用半闭环前馈补偿控制系统是相对最优的选择。

6.1.2　误差补偿实施策略

在早期的误差补偿研究中，误差是通过离线修改数控代码来实现的，该方法相当耗时，且假定离线辨识的误差在实际加工中保持相同。近年来，开发了两种不同的策略来实施误差补偿：反馈中断策略（反馈干涉策略）和原点平移策略。

1. 反馈中断策略

反馈中断策略是将相位信号插入伺服系统的反馈环中而实现的。如图 6-4 所示，补偿用计算机获取编码器的反馈信号，同时该计算机还根据误差运动综合数学模型计算机床的空间误差，且将等同于空间误差的脉冲信号与编码器信号相加减。伺服系统据此实时调节机床工作台的位置。

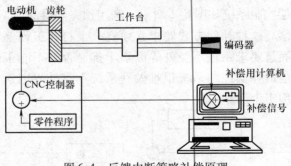

图 6-4　反馈中断策略补偿原理

反馈中断补偿策略的优点是无须改变 CNC 控制软件，可用于任何 CNC 机床，包括一些具有机床运动副位置反馈装置的老型号 CNC 机床。然而，该技术需要特殊的电子装置将相位信号插入反馈环中。这种插入有时是非常复杂的，需要特别小心，以免插入信号与机床本身的反馈信号发生干涉。

　　反馈中断策略的补偿控制系统主要由微处理器 MCU（分析、计算、补偿单元）结合机床控制器构成。首先，通过布置在机床上的热传感器实时采集机床的温度信号（和热误差有关）并通过 A/D 转换器和输入/输出接口把它送入微处理器，同时通过机床编码器实时采集机床工作台的运动位置信号（和几何误差有关）并通过输入/输出接口把它送入微处理器，根据综合误差数学模型算出瞬时综合误差值；然后，把补偿值（误差值的相反数）跟机床编码器信号叠加后送入机床控制器，机床控制器据此实施对机床下一步运动的控制。这样，通过修正编码器输出信号（加入补偿信号），而无须改变数控机床控制器内部原先的数控程序，使得数控机床在加工过程中实现系统补偿。该过程在某种程度上是一种对编码器功能的扩展改良（相当于带补偿功能的编码器），可以适用于绝大多数类型的数控系统。其具体原理如图 6-5 所示。

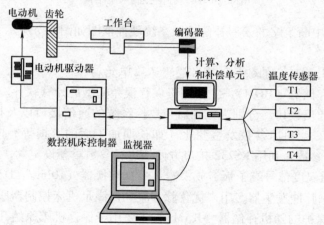

图 6-5　反馈中断策略补偿具体原理

　　基于反馈中断策略的误差补偿控制系统结构如图 6-6 所示。

　　温度信号通过 A/D 转换器和输入/输出接口等进入补偿控制系统的分析、计算、补偿单元，同时机床运动位置信号（相对位置信号）和原点位置信号经位置信号检测器转换成绝对位置信号后也进入补偿控制系统的分析、计算、补偿单元。在这里，根据误差元素的不同性质用不同的软件建立温度或者绝对位置的函数模型，再根据综合误差数学模型算出瞬时综合误差值。然后，把补偿值（误差值的相反数）跟机床编码器信号相叠加后送入机床控制系。机床控制器据此实施对机床下一步运动的控制。

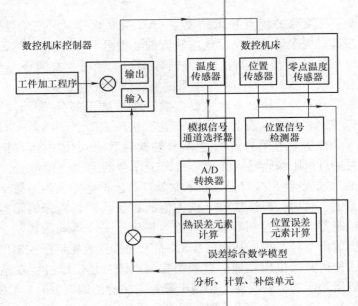

图 6-6　误差补偿控制系统结构

基于反馈中断策略的误差补偿控制系统硬件框图如图 6-7 所示，其主要组成单元如下：

1）以 CPU 为核心的数学计算和逻辑运算单元。

2）程序存储器（ROM），主要用于保存误差模型的计算软件。

3）外部通信接口，分别为控制器与数控系统的通信接口以及控制器与监控机的通信接口。当机床参数发生变化（如长期加工后的磨损等）时，可通过监控机调整机床参数，利用 RS232 接口方便地进行参数重新设定。

4）8 通道温度信号端子板、放大器、A/D 转换器（10bit）、D/A 接口等。

5）可变频脉冲发生器，用来优化脉冲叠加及满足机床控制器所需的频率。

6）掉电保护的随机存储器（RAM），主要用于保存机床原始几何误差参数、机床绝对坐标值、刀具长度值以及空间误差计算软件计算过程所需的必要外部存储空间和误差计算结果。

7）其他辅助功能及硬件，如电路驱动、复位、显示和后备电池等。

2. 原点平移策略

原点平移策略补偿原理如图 6-8 所示。补偿用计算机计算机床的空间误差，将这些误差量作为补偿信号送至 CNC 控制器，通过 I/O 接口平移控制系统的参考原点，并加到伺服环的控制信号中以实现误差量的补偿。这种补偿既不影响坐标值，也不影响 CNC 控制器上执行的工件程序。因而，对操作者而言，该方法是不可见的。原点平移策略不用改变 CNC 机床的任何硬件，但需要改变 CNC

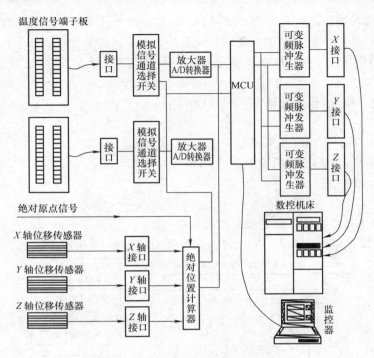

图 6-7 误差补偿控制系统硬件框图

控制器中机床的可编程序控制器（PMC）单元，以便在 CNC 端可以接收补偿值。

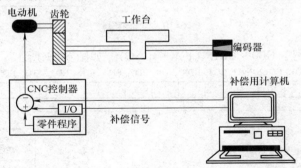

图 6-8 原点平移策略补偿原理

原点平移补偿策略需要数控系统提供外部机床坐标系偏移功能，利用该功能可将机床误差通过外部机床坐标系的偏置（原点平移）加到位置控制信号中而实现机床误差的实时补偿。该方法不需要修改数控指令及数控系统的软硬件，仅需在 PMC 的原有梯形程序后添加少许程序，对原有系统不产生任何影响。下面以 FANUC 系统为例说明原点平移补偿策略。

（1）外部坐标系原点偏移的实现　对于 FANUC 第 1 代数控系统，外部机床坐标系偏移功能是通过其内置 PMC 与 CNC 控制单元及 MT（机床一侧，也就是外部信号）间的信息交换来实现的，如图 6-9 所示。各地址说明如下：

X：由机床至 PMC 的输入信号（MT → PMC）。

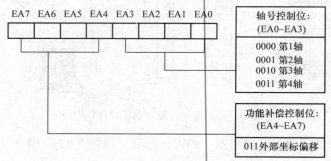

图 6-9　实施偏移功能的信息交换图

Y：由 PMC 至机床的输出信号（PMC → MT）。

F：由 CNC 至 PMC 的输入信号（CNC → PMC）。

G：由 PMC 至 CNC 的输出信号（PMC → CNC）。

R：内部继电器。

D：非易失性存储器。

（2）FANUC 系统外部坐标系原点偏移功能

1）功能控制：EA0 ~ EA7（PMC→CNC）。如图 6-10 所示。

| EA7 | EA6 | EA5 | EA4 | EA3 | EA2 | EA1 | EA0 |

轴号控制位：
(EA0~EA3)

0000 第1轴
0001 第2轴
0010 第3轴
0011 第4轴

功能补偿控制位：
(EA4~EA7)

011外部坐标偏移

图 6-10　功能控制

2）数据信号：ED0 ~ ED15（PMC→CNC）。如图 6-11 所示。

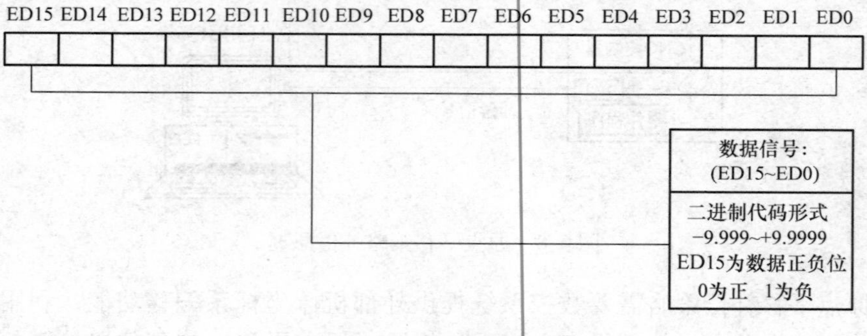

| ED15 | ED14 | ED13 | ED12 | ED11 | ED10 | ED9 | ED8 | ED7 | ED6 | ED5 | ED4 | ED3 | ED2 | ED1 | ED0 |

数据信号：
(ED15~ED0)

二进制代码形式
−9.999~+9.9999
ED15为数据正负位
0为正　1为负

图 6-11　数控信号

3）控制信号：ESTB（PMC→CNC）和 EREND（CNC→PMC）。如图 6-12 所示。

4）PMC、CNC、MT 中地址的对应关系。如图 6-13 所示。

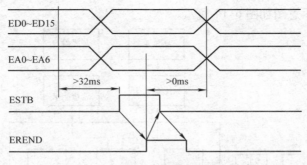

图 6-12   控制信号

MT → PMC	PMC → CNC	CNC → PMC	对应信号
X10.0~X10.6	G003.0~G003.6		EA0~EA6
X10.7	G003.7		ESTB
X12.0~X12.7	G000.0~G000.7		ED0~ED7
X14.0~X14.7	G001.0~G001.7		ED8~ED15
		F060.0	EREND

图 6-13   PMC、CNC、MT 中地址的对应关系

6.2   基于原点偏移的误差实时补偿系统

由 6.1.2 节误差补偿实施策略可知，原点平移策略是一种经济有效的误差补偿方式，该补偿策略只需在 PMC 的原有梯形程序后添加少许程序，对原有系统不产生任何影响。为实现原点平移补偿策略，需开发一误差实时补偿系统。实时补偿系统的基本功能是从数控系统中采集机床位置坐标信号、从布置在机床上的温度传感器及力传感器中采集温度信号及切削力信号，通过在补偿系统内的数据处理单元或模块中的误差模型计算获得各轴误差值或补偿值，并将补偿值通过数控系统输入/输出接口送入数控系统，最后通过数控系统中的坐标偏置功能进行各轴位置的实时补偿或修正，以达到提高机床加工精度的目的。实时补偿系统由硬件执行平台、软件平台以及上位机操作、建模和分析软件组成。

6.2.1   补偿系统的硬件执行平台

补偿系统硬件执行平台采用的是基于多单片机的并行处理结构，其主要功能部件包括主板、LCD 显示卡、液晶显示器、扫描式键盘功能卡、薄膜键盘、变送器卡与 A/D 转换器、热电阻式温度传感器或数字式温度传感器、机床运动轴绝对坐标输入功能卡、机床运动轴补偿量输出功能卡以及指示灯功能卡。硬件的主体结构示意图如图 6-14 所示。

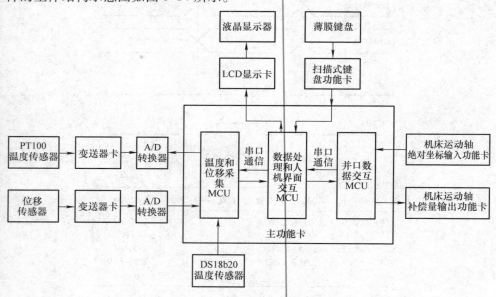

图 6-14   补偿系统硬件主体结构示意图

主板上各处理器之间通过串口通信方式交互数据；LCD 显示卡与液晶显示器通过数据电缆连接，并通过 PCI 插槽口与主功能卡连接，操作人员可通过液晶显示器读取各种信息；扫描式键盘功能卡与薄膜键盘通过数据电缆连接，操作人员可通过薄膜键盘选择各种功能项目或者设置各种参数；变送器卡和 A/D 转换器中，变送器部分可连接 8 路 PT100 型热电阻温度传感器，能够实时地对热电阻信号进行滤波、调理和放大，将由温度变化引起的热电阻阻值变化转变成 0 ~ 5V 的电压变化；A/D 转换器则通过 PCI 插槽口与主功能卡连接，在温度采集回路中与变送器卡连接，将变送器卡输出的电压信号连接到其模拟量输入通道端，将电压信号转换成数字量信号；在位移采集回路中，变送器卡可连接位移传感器；热电阻式温度传感器用于检测机床上温度布置点的实时温度，数字式温度传感器为另一种可选择的温度传感器模式，其无须变送器卡和 A/D 转换器的转换处理，通过单总线协议可直接与 MCU 进行数据交互，可省去变送器卡和 A/D 转换器的相关占用空间；机床运动轴绝对坐标输入功能卡通过 PCI 插槽口与主功能卡连接，各控制轴的坐标采用并口方式输入到板卡上的 CPLD 中，并通过自定义的数据交互协议将相应各个运动轴的实时绝对坐标数值传送到数据交互 MCU，该功能卡能够同时读取 6 个轴（包括直线运动轴和旋转轴）的实时绝对坐标值；机床运动轴补偿量输出功能卡通过 PCI 插槽口与主功能卡连接，可通过 CPLD 将数据交互 MCU 输出的各轴补偿量以并口方式输送到 PMC，该功能卡能够同时对

6 个轴实施补偿，并且可以对 CNC 的补偿功能进行控制和选择。

6.2.2　补偿系统的软件平台

　　补偿系统的软件平台采用了并行线程的处理模式，单片机补偿系统的软件构架示意图如图 6-15 所示，其运行模式的 3 个线程为：① 线程 1，用于实时温度和位移数据采集；②线程 2，用于数学模型选择和转载、综合数据处理、补偿量计算以及人机界面交互处理；③线程 3，专门用于与 PMC 之间的实时并口数据交互。

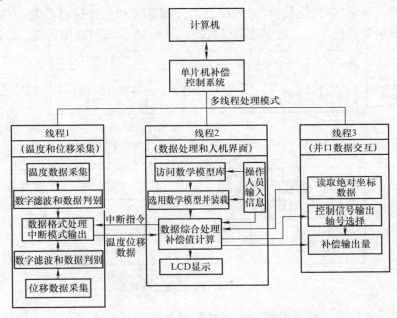

图 6-15　单片机补偿系统的软件构架示意图

　　3 个线程独立运行，同时相互之间又具有主从关系，线程 2 是最高级运行线程，只能在人机交互时由外部中断模式暂停程序运行；线程 1 和线程 3 是从机级运行线程，线程 2 可以通过外部中断模式调用温度和位移数据采集线程的中断处理程序，并通过串口通信从线程 1 中接收相应的温度或位移数据；线程 2 可以通过串口中断模式与并口数据交互线程 3 进行实时的数据交互，从线程 3 中提取机床各运动轴的绝对位置坐标数据，同时将当前计算出的各轴的补偿量数据实时输出到线程 3。上位计算机可通过与补偿系统的串口通信实现程序下载和数据监控操作，操作人员可通过操作键盘面板实现补偿信息输入或读取相关的信息。

　　上位机操作软件平台是自行编制的配合补偿系统使用的综合性软件，采用美国 NI 公司的 LabVIEW 软件，用模块化编程方式分别完成了补偿操作功能模块、实时建模功能模块以及测试数据分析功能模块。

6.2.3 实时补偿系统工作过程

首先通过布置在机床上的温度传感器实时采集机床的温度信号（和热误差有关），同时通过机床控制器实时采集机床各运动轴的位置信号（和几何误差有关），并通过 A/D 转换器和输入/输出接口把这两种信号送入补偿系统，根据综合误差数学模型，算出实时误差值。然后，把补偿值（误差值的相反数）送入机床控制系统，机床控制系统再根据补偿值对相关运动轴进行附加进给运动来修正误差、完成实时补偿。此系统结合激光测量仪和位移传感器及一些接口电路则构成机床几何误差、热误差测量系统。图 6-16 为实时补偿系统工作过程。

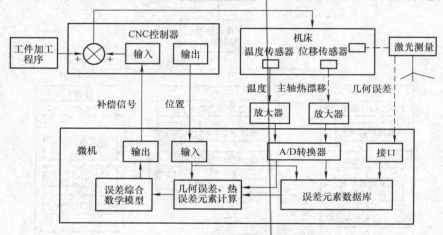

图 6-16　实时补偿系统工作过程

值得注意的是，现在大部分主流数控系统均支持更方便的基于网络接口的补偿技术，我们将在下一节重点介绍。本节中所研发的软硬件平台适用于较老的数控系统，在此仅介绍了整体框架，感兴趣的读者可根据参考文献 [173，174] 自行查阅具体细节。

6.3　基于网络接口的误差实时补偿系统

为了顺应误差补偿的趋势，各大数控系统厂商相继开放了多种误差补偿功能，如 Heidenhain 数控系统的直线轴补偿功能、Siemens 数控系统的温度补偿功能、FANUC 数控系统的外部机械原点偏移功能（External Machine Zero Point Offset）。用户可以通过数控系统的通信协议方便地设置误差补偿功能。目前，主流数控系统厂家均开放了基于网络接口的数控系统通信协议，如 FANUC 的 FOCAS

（FANUC Open CNC API Specifications）协议、Siemens 与 Heidenhain 支持的 OPC/UA（OLE for Process Control/Unified Architecture）协议。通过网络接口，外部设备可以方便快速地与数控系统通信，实现误差实时补偿功能。基于网络接口的误差实时补偿一方面能够大幅降低硬件开销和研发成本，另一方面能够通过网络交换对多台机床同时进行误差补偿，提高补偿效率。

以 FANUC 数控系统为例，通过 FOCAS 协议和外部机械原点偏移功能可实现在线补偿，实时修改补偿值，数据交互周期可控制在 8ms 以内，其最小补偿单位为 1μm，可满足大型数控机床误差补偿的要求。本节将详细阐述通过"外部机械原点偏移"功能实现补偿的原理及其实施流程，并应用此功能开发大型数控机床综合误差实时补偿系统，同时对该系统的软件架构及硬件架构做详细说明，以及介绍该系统实时误差补偿的工作流程。

6.3.1 网络接口下单机补偿架构分析

针对有网络接口的 FANUC 数控系统的数控机床，应用 FOCAS 动态链接库函数，通过网络接口实现数据间的传输，并调用外部机械原点偏移功能，建立基于网络的误差实时补偿系统的硬件和软件架构。

1. 外部机械原点偏移功能

外部机械原点偏移功能是指在数控程序段执行之前或者执行过程中，实时改变加工坐标系原点和机床参考坐标系原点的相对距离，使接下来的数控程序在新的加工坐标系中执行，无须改变原有数控程序，数控系统自动调用输入的误差补偿值修正原点偏移距离，使工件和刀具的相对位置发生变化，从而实现误差补偿。以图 6-17 为例进行说明：假设加工坐标系为 $OXYZ$，原点位于点 O，数控程序中某点的理论位置位于点 P，其在 $OXYZ$ 坐标系中的坐标为（x，y，z），由于受到机床误差的影响，该点的实际位置位于 P'，其在 $OXYZ$ 坐标系中的坐标为（x'，y'，z'），两者之间的误差向量表达为

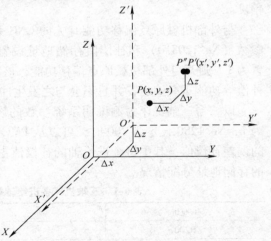

图 6-17 基于外部机械原点偏移功能的误差补偿原理

（Δx，Δy，Δz）。为了对这一误差进行补偿，可以将加工坐标系的原点从点 O 偏移向量（Δx，Δy，Δz）到点 O'，从而形成新的加工坐标系 $O'X'Y'Z'$。机床依然

按照原有数控程序指令进行运动，则点 P 会被修正到点 P''，由于 P'' 在加工坐标系 $O'X'Y'Z'$ 中的坐标仍为 (x, y, z)，所以就实现了在不改变数控程序的前提下对原有误差进行补偿的目的。

CNC 系统为用户输入的数控程序代码生成的相关坐标值开辟了专门的数据存储地址，而通过 PMC 传输过来的误差补偿值（即补偿系统输出的外部机械原点的偏移量）则存放在另一栈地址当中。在外部机械原点偏移功能没有开启时，CNC 系统仅根据原有数控程序代码生成的坐标值列表，采用设定的插补算法来计算各个进给轴的脉冲分配输出；而当外部机械原点偏移功能开启后，CNC 系统将会对程序代码生成的坐标值和存储在 PMC 内 R 地址当中的误差补偿值进行向量运算，得到新的坐标位置值并存放在指定的数据存储地址中，此时 CNC 将会按照新的坐标数据进行插补运算并分配脉冲输出。数控机床操作界面上显示的依然是原有数控程序生成的坐标位置，不会对用户造成影响。

这里值得注意的是，一般的偏移功能无法实现机床多个进给轴同时补偿，一次只能补偿一个进给轴，如需对多轴补偿，则需按照一定时序，分时输入补偿数据。这种方法影响了误差补偿的实时性，更重要的是，由于无法实现多轴联动补偿，容易形成加工工件的轮廓误差。而本节提到的外部机械原点偏移功能有效弥补了上述缺憾，在对有关系统参数进行正确设置的基础上，配合机床空间误差补偿模型，完全可以实现多轴同时联动补偿，从而提高机床空间运动精度。

与外部机械原点偏移功能有关的 CNC 系统参数主要有两个：补偿功能开启参数（No. 1203#0）和补偿值存储地址设置参数（No. 1280）。将 No. 1203#0 设置为 1，则开启外部机械原点偏移功能，该功能将与螺距误差补偿、直线度误差补偿等功能重叠输出，并且不会与之发生冲突。

以一台三轴机床为例说明系统参数的设置方法及作用。当 No. 1203#0 设定为 1，No. 1280 设定为 200 时，可以从 PMC 的 R200 开始依次存储 X、Y 和 Z 轴的误差补偿值，其中每个进给轴的补偿值占 2B。表 6-1 所示为各进给轴补偿值的存储地址分配情况。

表 6-1　三轴机床各进给轴补偿值存储地址分配

R 地址	存储数据
R200	X 轴补偿值（低 8 位）
R201	X 轴补偿值（高 8 位）
R202	Y 轴补偿值（低 8 位）
R203	Y 轴补偿值（高 8 位）
R204	Z 轴补偿值（低 8 位）
R205	Z 轴补偿值（高 8 位）

由上述分析可知，外部机械原点偏移功能属于 FANUC 数控系统 PMC 控制器的一部分，通过和 CNC 以及误差补偿系统进行双向数据交互来实现误差补偿功能。图 6-18 所示为基于外部机械原点偏移功能的误差补偿实施基本原理。误差补偿系统将通过机床误差模型计算得到的补偿值依次存放在 PMC 的 R 地址当中，经过 CNC 和 PMC 之间的数据扫描交互，将补偿值输入伺服控制器，从而完成误差补偿步骤。该误差补偿实施方法不改变机床坐标值，也不影响原有数控程序代码，因此对于机床使用者来说是不可见的。该方法也无须对机床硬件和伺服控制系统做任何改动，相比于其他误差补偿实施方法，具有更大的灵活性和实时性，便于使用者根据具体的误差模型完成补偿步骤。

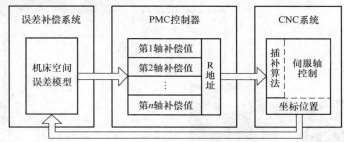

图 6-18　基于外部机械原点偏移功能的误差补偿实施基本原理

2. 基于网络接口的误差实时补偿系统的硬件架构

基于网络接口的误差实时补偿系统的硬件平台主要有三部分，分别是误差补偿温度采集单元、主运算及接口单元和可视化界面单元。各硬件连接图如图 6-19 所示。温度采集单元负责采集布置在机床各位置的温度传感器数据，通过温度采集卡转换成数字信息，再通过工业 485 通信协议传输到主运算单元；接口单元通过 TCP/IP 协议，与数控系统之间实现位置坐标的传输，主运算单元依据获得的位置数据和温度信息，对机床误差进行运算，并通过网络接口输出补偿值至数控系统；可视化界面单元负责呈现补偿系统界面、实时补偿过程中的相关数据信息。下面将对各硬件单元做详细阐述。

（1）温度采集单元　温度采集单元由数字式温度传感器和温度采集卡组成，其中，数字式温度传感器采用瑞士进口温度芯片 Tsic506F，其测量分辨率可以达到 ±0.1℃，测量范围为 −10~60℃，因其传输信号是数字信号，故其有很强的抗干扰性和信号稳定性。温度采集卡主要负责将温度信号转换成可被读取的数字信号，并实现多路温度信号的打包，然后通过 485 通信协议集中传输。

（2）主运算及接口单元　主运算及接口单元是一台小型工业计算机，其配备有 485 接口和网络接口，能够和其他单元进行数据交互。本单元依据从温度采集单元获得的温度信息、从数控系统获得的位置信息，对机床的误差进行实时计算，故要求其有较优越的运行速度和运行稳定性。

（3）可视化界面单元　为了方便监控补偿运行状态，补偿系统为用户提供了可视化的监控及操作界面单元，对补偿过程中的各项信息进行实时显示。该单元为工业触摸显示屏，为了在工业环境中稳定运行，要求其有较强的抗干扰性。

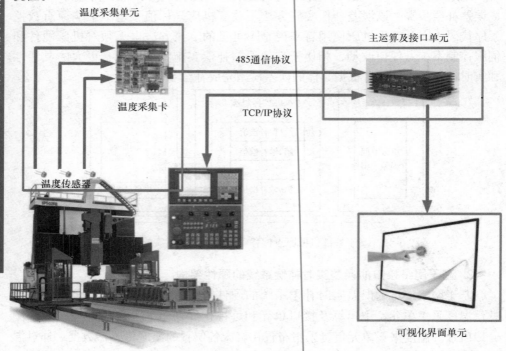

图 6-19　基于网络接口的误差实时补偿系统硬件连接图

3. 基于网络接口的误差实时补偿系统的软件架构

基于网络接口的误差实时补偿系统软件平台采用模块化编程，先进行各模块内部功能运算，再进行模块间运算结果调用。功能模块可分为数据通信模块、误差数据读取模块、温度采集模块、误差建模模块、人机界面模块等几个部分。本节对各个软件模块进行具体阐述。

（1）数据通信模块　数据通信模块主要负责补偿系统与 CNC 之间的数据交换和信息共享，本书涉及的数据信息主要有三个轴的机械坐标位置信息、三个轴的进给速度信息及三个轴的补偿数据信息等。针对有网络接口的数控系统，可应用其 FOCAS 功能，实现补偿系统和 CNC 之间的数据交互。

（2）误差数据读取模块　在误差测量环节，使用激光干涉仪对数控机床的各项误差进行测量，然后在建模环节中对这些误差进行数据调用。如直线度误差建模过程中，需要调用原始直线度误差，对其进行 B 样条拟合才能得到直线度误差模型。

（3）温度采集模块 在几何与热复合的定位误差建模环节，温度数据的采集至关重要。温度传感器经由温度采集卡使多个传感器数据通过 485 通信协议集中传输到主运算单元。主运算单元配备温度采集软件模块，使用串口读取程序，对 485 信号进行读取，并提取出所需要的温度数据。

（4）误差建模模块 利用第 3 章建立的误差综合数学模型，根据温度采集模块获得的实时温度信息、误差数据读取模块获得的误差数据、数据通信模块获得的各个轴的实时位置信息和运动轴进给速度信息，对数控机床的误差量进行实时计算，并分配到各个运动轴方向上。

（5）人机界面模块 为了方便用户监控补偿状态，误差实时补偿系统为用户配备了人机界面。该界面实时呈现误差补偿的各个相关数据，如各运动轴的机械坐标值、进给速度、环境温度、预测定位误差、预测直线度误差及综合误差补偿量等信息。

基于网络接口的误差实时补偿系统软件架构如图 6-20 所示。各软件模块独立运算，并实时共享运算结果，误差建模模块获取其运算结果，继而进行误差建模运算，实时运算出误差量，并输出补偿值，实现误差补偿任务。

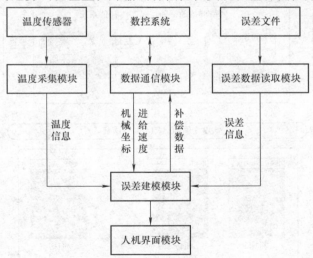

图 6-20 基于网络接口的误差实时补偿系统软件架构

6.3.2 网络接口下网络群控补偿架构分析

通常情况下，一个车间或者一条生产线上会有多台机床同时工作，以满足不同类型的加工需求。如果需要对每台机床进行误差补偿，按照传统的做法则

163

需根据不同的机床结构和数控系统的类型，为每台机床单独配备误差补偿器，通过和机床 PMC 之间的数据交互来完成误差补偿任务。这种方案可以实现误差补偿的目的，但是因其没有充分利用 PMC 的内部存储空间和数据运算能力，所以带来了较大的额外硬件开销。

为了改善以上缺陷，本节提出了基于网络群控的机床误差实时补偿方案。如图 6-21 所示，该方案以空间误差补偿系统计算机为主控中心，各机床为主控对象，通过以太网通信协议及 FANUC 提供的 FOCAS 动态链接函数与分布在生产线上的多台数控机床进行数据交互。采用温度传感器和数据采集卡构成温度采集单元，可以实时测量环境温度和各机床关键测点的温度变化，并通过以太网通信方式将所有温度数据提交给主控中心。主控中心结合已有的误差模型分别计算各台机床的空间误差补偿数据，并将其分时传输到各机床 PMC 的 D 地址存储单元中。每台机床的 PMC 根据各自运动过程中的实时坐标位置，通过预先编写好的查表程序来调用存储在 D 地址当中分配给各进给轴的误差补偿值，并将其放到与各轴补偿值相关联的 R 地址当中，CNC 系统便可调用外部机械原点偏移功能来完成整个补偿步骤。该方案不仅解决了与主控中心连接的所有机床同时补偿的问题，而且因其充分利用了 PMC 内置的存储空间和运算资源，所以具有高度的实时性。

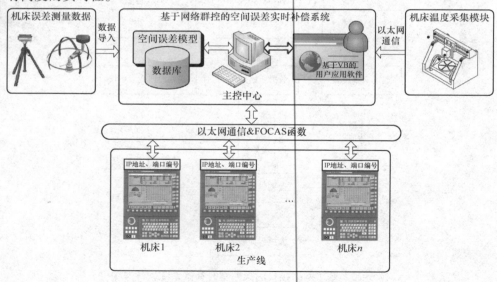

图 6-21　基于网络群控的机床误差实时补偿方案

通过以上描述不难发现，基于网络群控的机床误差实时补偿系统具有如下特点：

1）充分利用机床 PMC 的数据存储空间和实时计算能力，因此只需一台 PC

作为主控中心即可实现对生产线上所有机床的误差补偿，实现集中控制功能，提高补偿效率，节约硬件成本。

2）各台数控机床的误差测量数据和误差模型都保存在主控中心的数据库中，便于误差数据和误差模型的管理和更新。

3）误差实时补偿系统各模块计算任务明确：温度采集模块负责温度信号的采集和 A/D 转换，并将其传输给主控中心；主控中心负责调用已有的误差数据和实时采集的温度数据，建立空间误差补偿模型，计算出各机床的误差补偿值，并将其分时送给各机床，这部分计算涉及复杂的空间误差模型，计算量较大，但对实时性要求不高；机床 PMC 负责根据运动过程中的实时坐标位置调用各进给轴的误差补偿值，计算较为简单，但对实时性要求很高。

4）误差实时补偿系统各模块（包括主控中心、数控机床和温度采集模块）之间的数据交互全部采用以太网数据传输模式，具有传输速度快、稳定性高、易于连接和扩展的特点。

6.3.3 误差实时补偿系统硬件构成与软件设计

1. 误差实时补偿系统需求分析

误差实时补偿系统作为改善机床加工精度的辅助设备，和机床同时使用，需要与数控系统进行必要的双向数据交互，比如监控机床当前工作状态、获取机床坐标位置和关键测点温度数据、输出误差补偿值等。因此，误差实时补偿系统只有满足以下需求，才能实现对生产线上所有机床进行实时补偿的功能。

（1）误差补偿的实时性　对各台机床进行误差补偿的首要需求就是实时性。机床误差和各进给轴所处的坐标位置密切相关，因此必须实时获取机床的坐标位置，从而调用所对应的误差补偿值。由于对这部分计算工作的实时性要求很高，需要放在机床 PMC 中，由相关 PMC 程序完成。

（2）强大的数据存储能力和模型计算能力　主控中心 PC 需要存储和调用各机床测量的误差数据及关键测点的温度数据，建立空间误差补偿模型，计算出各机床不同进给轴的误差补偿值。这部分计算复杂、工作量大，需要由 PC 来完成。

（3）补偿系统各模块之间数据交互的可靠性　主控中心从温度采集模块获取温度数据，机床 PMC 从主控中心获取补偿值，都需要在复杂的生产环境中保证数据传输的可靠性，如果数据传输有误，不但无法提高加工精度，而且有可能酿成生产事故。因此，本系统采用成熟的以太网通信方式。

（4）数控机床工作状态监控及机床数据文件管理　在实际生产过程中，可能面临各种突发情况，因此有必要对机床进行状态监控。如果机床发出报警信息，需要实时在主控中心 PC 中有所显示，以便用户做出相应的维修措施。在机床的日常使用过程中，会产生大量的数据文件，如螺距误差补偿数据、刀补数据、数控程序代码等，因此需要由主控中心对所有机床的数据文件进行有效管理，以保证机床的正常使用。

为了满足误差补偿系统的上述基本需求，要在硬件构成和软件设计方面进行研究，下面将分别就此进行讨论。

2. 误差实时补偿系统硬件构成

误差实时补偿系统的硬件构成主要可分为三个基本模块：以 PC 为核心的主控中心模块、温度采集模块和数控系统补偿功能接口模块。图 6-22 所示为基于网络群控的误差实时补偿系统硬件连接图。

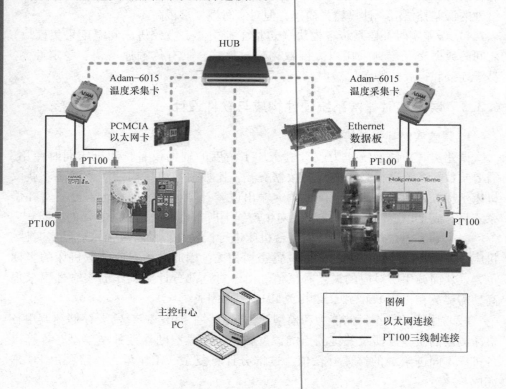

图 6-22　基于网络群控的误差实时补偿系统硬件连接图

以 PC 为主要构成的主控中心模块是整个补偿系统的核心部分，其具有较大的存储空间和较高的运算速度，可以存储各机床测量的误差值、空间误差模型、关键测点的温度数据，可以较快地计算各机床的空间误差补偿值，并通过以太网传输给机床 PMC。

温度采集模块主要由布置在机床各关键测点的温度传感器和温度采集卡构

成。常用的温度传感器有热电阻式温度传感器、热电偶式温度传感器、数字式温度传感器以及集成式温度传感器等多种。其中，热电阻式温度传感器的测量精度高、性能稳定、使用方便、测量范围广，在高精度、常温测量中占有重要地位。而且机床在运转时会产生较强的电磁干扰，不适宜采用数字式温度传感器或其他集成式温度传感器。本误差实时补偿系统采用铂热电阻 PT100 作为温度传感器，测量范围为 0 ~ 100℃，测量分辨率可达到 ± 0.1℃，从硬件电路和软件算法设计上完全可以满足机床温度测量和热误差的补偿精度。温度采集卡选用研华公司生产的 Adam – 6015 型数据采集卡，具有 7 路差分式温度采集通道，有效分辨率可达 16 位，采样速率最高可达 10 采样点/s，支持 PT100 两线制或三线制的连接方式，支持以太网数据传输协议。因此，无论从采样精度、采样速率还是数据传输方式方面，该温度采集卡均满足本补偿系统的需求。

FANUC 数控系统是高度开放的数控系统，其很多系列型号都具有 CNC/PMC 数据窗口功能。利用该功能，用户可以通过高速光纤串行总线（High Speed Serial Bus，HSSB）或者以太网方便地在 PC 和数控系统间交换数据和信息。因此，利用数控系统的数据窗口功能，采用以太网通信的方式，实现补偿系统和数控系统之间的数据交互，在不添加过多的硬件设备和简单的接线方式即可完成误差实时补偿系统该有的功能，方便整机安装与调试。在硬件要求方面，需要 PC 配备以太网接口，若是单控补偿模式（即一台 PC 连接一台机床），则直接用网线将 PC 和机床的以太网端口连接即可；若是群控补偿模式（即一台 PC 连接多台机床），则需通过路由器作为中转设备，再与机床连接。FANUC 中高端数控系统（如 FANUC 0i – D、18i、31i 等系列）通常配有内置式以太网端口，而一些经济型数控系统（如 FANUC 0i mate– D）则需通过额外配备 PCMCIA 以太网卡进行数据通信。

3. 误差实时补偿系统软件设计

误差实时补偿系统的软件设计主要包含两个部分：主控中心的人机交互软件和机床 PMC 的梯形图程序。

人机交互软件调用 FOCAS 动态链接函数实现与数控系统的数据交互工作。FOCAS 函数是 FANUC 公司向用户开放的二次开发程序库，通过调用 FOCAS 提供的动态链接函数即可对数控系统的相关参数进行读写操作。如图 6-23 所示，使用 Visual Basic 编写的人机交互软件在与 FANUC 数控系统的窗口功能进行双向数据交互时，需要分别经由 Fwlib32. dll 和 Fwlib32. vb 两个环节。其中，Fwlib32. dll 是包含与数控系统所有界面功能相关的 FOCAS 动态链接函数库，Fwlib32. vb 是在对 Fwlib32. dll 进行封装处理后的便于 VB 主程序调用的各类功能函数，在其中对一些函数的数据类型、数据长度以及返回值等信息做了相关定义和处理。可以将其理解为 VB 程序与 FOCAS 动态链接库之间的沟通桥梁。

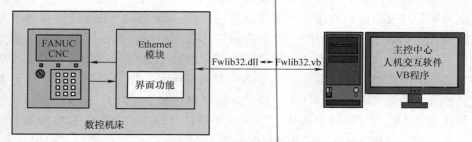

图 6-23　基于 FOCAS 的数据交互示意图

当人机交互软件在实现某个具体功能需要对动态链接函数进行调用时，可以按照图 6-24 所示的流程进行操作。

首先需要获取目标机床的句柄，通过该句柄可以访问机床数控系统的相关信息。获取成功后，通过该句柄来调用 Fwlib32.vb 中的功能函数。如果函数返回值正常，则说明已经完成软件和机床之间的数据交互并实现相关功能；如果返回值报错，则提示用户根据错误列表做出修改。

本次所开发的人机交互软件主要对数控系统的以下参数进行读写操作。

1）读写机床进给轴、主轴的相关数据。数据包括进给轴绝对坐标、相对坐标、机械坐标、剩

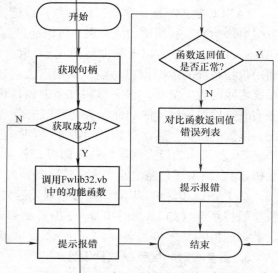

图 6-24　FOCAS 功能函数调用流程图

余移动量、进给速度、主轴转速等。不同机床坐标位置下的误差补偿值各不相同，因此需要通过实时读取各进给轴的坐标来确定所需的误差补偿值。

2）读写 CNC 文件数据。CNC 文件数据包括刀具偏移值、工件参考点偏移值、参数设置、用户宏变量以及螺距误差补偿数据等。在调用外部机械原点偏移功能时，需要对相关 CNC 系统参数进行设置。

3）读写与 PMC 相关的数据。可以读写的数据包括机床 PMC 中 G、F、X、Y、A、R、T、C 和 D 地址数据及扩展存储器数据等。在误差补偿相关功能的执行过程中，会对 R 地址和 D 地址的相关数据进行读写操作。

4）读写历史数据。这类数据包括操作历史数据和报警历史数据。当在误差

补偿过程中，数控机床或者补偿系统发出报警信息时，可以通过读写该类数据对用户进行提示。

结合以上所述补偿系统的需求分析和硬件构成，可将基于网络群控的空间误差补偿系统软件分为 8 个功能模块：温度采集模块、误差建模及计算模块、数据的导入和导出模块、机床状态监控模块、系统参数设置模块、系统信息查询模块、PMC 各类型地址分配模块以及实时调用各轴补偿值模块。其中，前 6 个功能模块放置在主控中心中，可以充分利用 PC 运算速度快、存储量大的优点，完成计算量大（如空间误差模型计算）、实时性要求不高（如温度采集）的功能；后 2 个功能模块放置在各机床的 PMC 中，主要任务是存储与该机床相关的空间误差补偿表格和根据实时坐标位置调用相应的误差补偿数据。具体的功能模块划分可参照表 6-2。

表 6-2　基于网络群控的空间误差补偿系统软件功能模块

位置	功能模块	具体功能
主控中心	温度采集模块	温度采集通道选择
		温度数据实时显示
		温度数据保存
	误差建模及计算模块	建立机床误差模型
		计算各机床误差补偿值
		保存误差模型及补偿值
	数据的导入和导出模块	测量文件导入、导出
		误差模型导入、导出
		补偿数据导入、导出
		机床数据文件管理与导入、导出
	机床状态监控模块	补偿状态监控
		机床报警信息监控
	系统参数设置模块	各机床补偿轴数设置
		各机床补偿功能开启与关闭
		温度采样频率设置
		通信参数设置
	系统信息查询模块	连接机床数量查询
		机床工作状态信息查询
各机床 PMC	PMC 各类型地址分配模块	PMC 中 D 地址、R 地址分配
		各进给轴补偿值表格存储位置分配
	实时调用各轴补偿值模块	利用数据窗口功能实时查询各进给轴坐标位置
		根据坐标位置查表调用补偿值

1）温度采集模块。计算各机床在不同温度条件下误差补偿值的首要前提是

获得所处加工环境及机床各关键测点的温度数据。通过 PT100 温度传感器和 Adam－6015温度采集卡获得所有测点的温度数据，这些数据可以通过以太网通信模式传输到主控中心，用来计算各机床的误差补偿值。由于不同的误差元素对应于不同的温度测点，因此在温度采集模块中，需要能够根据误差模型的需求，获取不同温度采集通道的数据，并且能够图形化显示机床的温度变化情况。

2）误差建模及计算模块。数控机床运动拓扑结构不同，其空间误差模型也不相同。由第 5 章介绍的各种建模技术，可得到各进给轴的补偿量，此处不再赘述。主控中心保存了与其相连的各机床的空间误差模型，可以根据不同的温度条件计算出误差补偿值，最后通过以太网通信方式将其分时、依次送到各机床 PMC 中，以便机床在运动过程中实时调用各进给轴补偿值。

3）数据的导入和导出模块。基于网络群控的空间误差补偿系统需要根据已有的测量数据建立空间误差补偿模型。这些测量数据是由激光干涉仪、球杆仪等测量设备检测得到的，不同的测量仪器输出的测量文件不尽相同。因此，误差补偿系统软件需要设计一定的数据导入接口，用来自动识别各种测量文件，从而建立误差补偿模型。不仅如此，软件还支持直接导入已有的误差模型，或者将建立好的误差模型导出，进行备份工作。

4）机床状态监控模块。监控的机床状态信息主要包括各机床的补偿状态和报警信息等。监控的目的是了解各机床的实际工作状态，如果发生意外或产生报警信息可以及时提示用户，以便做出相应的维护措施。这些信息都可以通过调用 FOCAS 的相关功能函数得到。图 6-25 所示为对一台处于工作状态的机床进行状态监控的界面。左上部显示进给轴相关状态信息，左中部显示主轴相关状态信息，左下部为报警信息、机床操作模式等状态信息，右上部为该机床关键

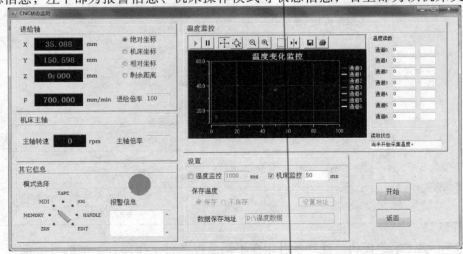

图 6-25　机床工作状态监控界面

温度测点的温度曲线显示框，右下部是一些辅助功能设置选项。

5）系统参数设置模块。不同结构机床的空间误差模型不尽相同，不同数控系统的以太网通信参数设置也不相同。因此，系统参数设置模块负责根据机床结构的不同，选择所需补偿的轴数、机床的工作行程范围等。同时还负责设置补偿功能开启与关闭、采样频率、IP 地址、补偿值存储 R 地址等信息。为了保证以太网的正常通信，在机床一端也需做相应的网络参数设置。下面介绍机床端相关参数设置方法和步骤。

在数控系统中，进入内置以太网设定界面。在公共界面（图 6-26 左图）中设定 IP 地址、子网掩码、路由器地址等；在 FOCAS 界面（图 6-26 右图）中设定端口编号 TCP、端口编号 UDP 和时间间隔。在本应用中，TCP 端口编号为8193（输入范围为 5001~65535），UDP 端口编号和时间间隔均设置为 0。

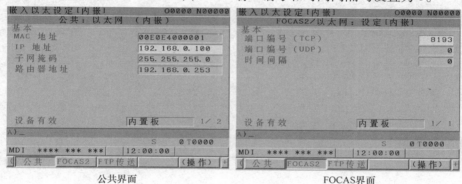

图 6-26　机床网络参数设置

在主控中心的 PC 上，IP 地址应和机床数控系统的 IP 地址在同一网段内，并且设置子网掩码和机床端的子网掩码相同。在补偿软件中，通过指明不同机床的 IP 地址和端口编号来建立其与目标机床之间的通信。如图 6-21 所示，所有的 FO-CAS 函数均是通过相应 IP 地址的句柄来调用不同机床的功能函数的。表 6-3 展示了一个具体的基于网络群控的机床误差补偿系统的网络连接参数设定实例。

表 6-3　基于网络群控的机床误差补偿系统网络连接参数设定实例

硬件	主控中心 PC	机床 1	机床 2		机床 n
IP 地址	192.168.0.200	192.168.0.100	192.168.0.101		192.168.1.××
子网掩码	255.255.255.0	255.255.255.0	255.255.255.0		255.255.255.0
路由器地址	N/A	192.168.0.253	192.168.0.253	……	192.168.0.253
TCP 端口编号	N/A	8193	8193		8193
UDP 端口编号	N/A	0	0		0
时间间隔	N/A	0	0		0

6）系统信息查询模块。通过系统信息查询模块可以查看与主控中心相连接的机床的相关信息，如所连接机床的数量、机床数控系统的版本号、机床的进给轴数、机床的主轴数等信息。图 6-27 所示为与主控中心相连接的数控机床的相关信息。

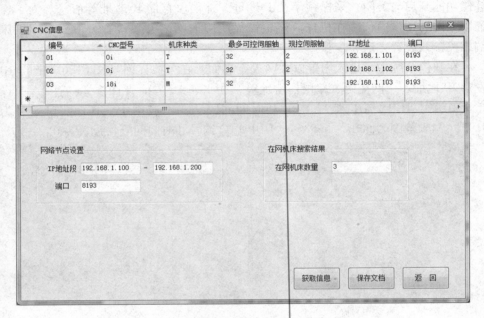

图 6-27　联网数控机床相关信息

7）PMC 各类型地址分配模块。这部分内容和每台机床的配置有关，需要在各机床的 PMC 中完成。这里所采用的误差补偿实施方式是通过 FANUC 提供的外部机械原点偏移功能接口来完成的，而外部机械原点偏移功能属于 PMC 控制功能的一部分，因此需要对与该功能相关的地址位进行分配才可正常使用。

8）实时调用各轴补偿值模块。机床空间误差和机床坐标位置密切相关，在实际加工过程中，各进给轴的坐标位置不断发生变化，因此必须在 PMC 中查询各轴的实时坐标位置，再通过查表的方法实时调用相对应的误差补偿值，从而完成整个补偿步骤。其中，为了获取机床各进给轴的坐标位置，可通过 PMC 的界面功能实现，然后根据不同的坐标位置查询存储在 D 地址表格中的误差补偿值，并将其送给对应的 R 地址。图 6-28 所示为 PMC 界面功能的 WINDR 指令（读 CNC 数据）和 WINDW 指令（写 CNC 数据）的使用格式。图 6-29 所示为机床 PMC 根据各轴实时坐标位置查表确定相应误差补偿值的工作流程。

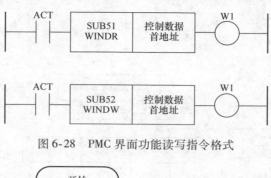

图 6-28　PMC 界面功能读写指令格式

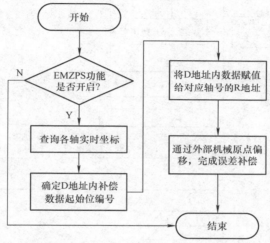

图 6-29　机床 PMC 根据各轴实时坐标位置查表确定相应误差补偿值的工作流程

6.3.4　网络接口下单机补偿/网络群控补偿系统工作流程

首先用激光干涉仪和球杆仪等测量仪器对机床的所有误差元素进行测量和辨识，选出其中对加工精度影响较大的误差元素，根据误差特点和变化规律建立误差元素模型；其次采用 HTM 方法建立机床空间误差模型，结合实时采集到的关键测点温度数据分别计算出在不同温度条件下的空间姿态误差补偿值和空间位置误差补偿值。按照上述步骤，主控中心可以得到与之连接的所有机床的误差补偿值，然后将这些补偿值按照 FOCAS 数据交互协议，通过以太网分时、依次传输给每台机床，并将其保存在各机床 PMC 的 D 地址存储单元中。每台机床需要根据自己的系统配置（如进给轴数量、行程范围等）编写不同的 PMC 程序。通过 PMC 界面功能获取各进给轴的坐标位置，进而通过 PMC 查表程序得到当前位置所需的误差补偿值，并将其存储在相应的 R 地址当中。机床外部机械原点偏移功能通过调用 R 地址中的数值来最终完成误差补偿功能。图 6-30 所示为机床误差测量、建模及补偿的工作流程。图 6-31 所示为基于网络群控的误差

173

补偿系统工作流程。

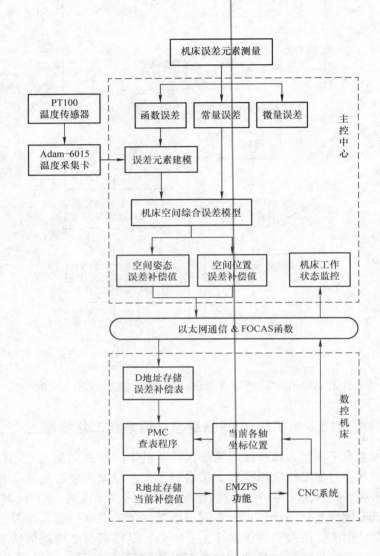

图 6-30　机床误差测量、建模及补偿工作流程

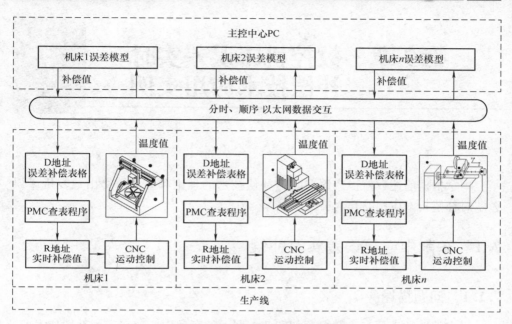

图 6-31　基于网络群控的误差补偿系统工作流程

第7章 数控机床误差实时补偿技术应用实例

本章根据前述数控机床误差实时补偿技术的理论和方法，给出数控机床误差实时补偿技术应用的 6 个实例。

7.1 车削中心热误差实时补偿

7.1.1 问题描述

提出问题的工厂有 150 多台如图 7-1 所示的车削中心，在应用补偿技术前，工件尺寸误差如图 7-2 所示。由图 7-2 可见，随着加工进行工件尺寸误差逐渐变大，停机后再开机工件尺寸变化很大。这是非常典型的机床热变形产生热误差情况，即随着加工进行，机床温度升高，机床各部件产生热变形，由此使得刀具与工件的相对位置变化而造成工件尺寸的变化。

图 7-1　车削中心外观照片

由于机床热变形而产生以下 3 个主要问题：

1）随着加工的进行，工件直径越来越小，每加工大约 10 个工件需调整机

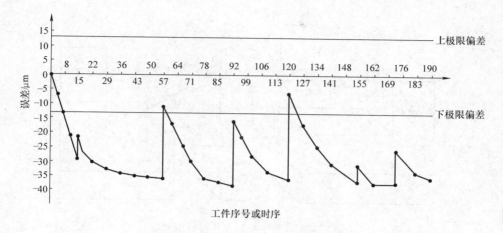

图 7-2　补偿前工件误差

床一次，特别在加工初期工件尺寸变化得更快，使得操作工劳动强度增大，且一旦有疏忽就会造成废品。

2）每次停机后加工的第一个工件尺寸有跳跃，非常有可能成为废品。

3）每班在机床切削加工前需预热空转，包括主轴运转、工作台运动、切削液流动等 0.5h 以上，使其越过机床加工初期的剧烈热变形阶段，这样既浪费电力、损耗机床，又降低了机床的利用率。

以 150 多台车削中心计算，由机床热变形造成的损失是相当大的。故很有必要开发能满足工厂实际生产要求的高精度、低成本热误差补偿系统来修正主轴（或工件）与切削刀具之间的热漂移误差，以提高机床加工精度，降低废品率，提高生产效率和经济效益。

7.1.2　机床温度场及热误差的检测与分析

1. 温度及位移传感器布置方案

为了检测机床的温度场，按图 7-3 所示的位置在车削中心上安装了 16 个温度传感器。依其在车削中心上的位置划分为 5 个组：

1）2 个传感器（编号 0 和 1）用于测量主轴的温度。

2）4 个传感器（2~5）用于测量丝杠螺母的温度。

3）2 个传感器（6、7）用于测量切削液的温度。

4）1 个传感器（8）用于测量室温。

5）7 个传感器（9~15）用于测量床身包括主轴箱的温度。

图 7-4 所示为热误差测量示意图。固定在刀架上的 2 个位移传感器用来测量 X 向（#17）和 Z 向（#16）的主轴相对于刀架的热漂移误差。由于工件较短，

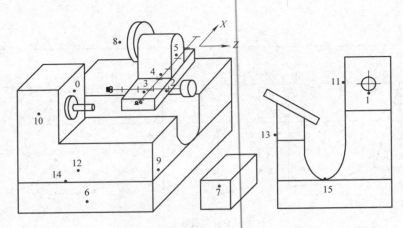

图7-3　车削中心温度传感器布置

忽略偏角误差。

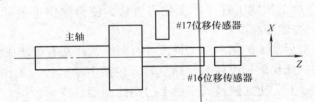

图7-4　热误差测量示意图

2. 热误差测量

首先进行模拟切削加工循环过程的试验，但只是机床主轴旋转、工作台移动和切削液流动而无切削加工，亦即空切削。机床先运行3.25h，接着模拟中午休息停机1h，然后再运行3.5h后停机1h。机床热误差和温度变化如图7-5所示。

观察试验数据在一般意义下很难解释图中热误差曲线的一些变化过程。当机床温度升高时，主轴和位移传感器之间的间隙在减小。3.25h后，当机床停机冷却时，一般认为间隙应作相反的变化，但误差曲线显示间隙仍以相当大的速度减小。午休后，开机使机床温度再次升高，一般认为间隙应像开始时一样减小，但曲线却以很快的速度向正方向变动。这种现象同样发生在3.5h后的第二次冷却中。因此，很有必要对机床热源进行更深入的分析和研究。

3. 影响热误差的单因素试验

根据机床结构及工作情况分析可知，该车削中心的热误差主要受3个因素的影响：切削液温度变化、主轴旋转发热和工作台运动造成丝杠和螺母发热。单因素试验研究是为了了解各单个因素对机床热误差的不同影响。为此，进行了以下3个试验：

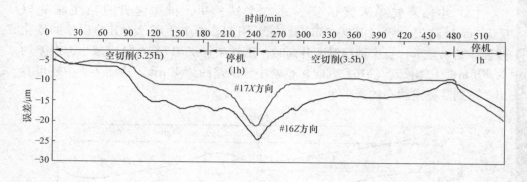

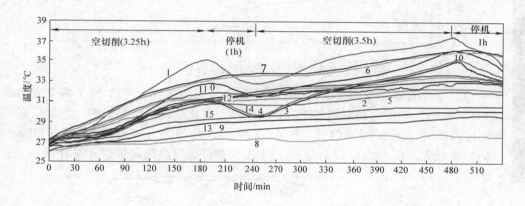

图 7-5　机床热误差和温度变化

（1）切削液流动单因素试验　在这个试验里，机床温升只由切削液流动引起。图 7-6 所示为热误差的变化过程。结果显示，当切削液温度升高时，工件半径（#17X 方向）减小，误差约为 21μm；工件长度（#16Z 方向）也减小，误差约为 15μm。从图 7-6 中还可看出，达到热稳定状态约需 2h。

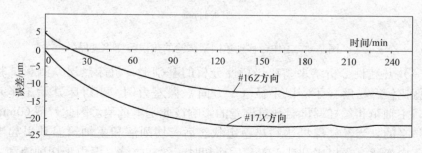

图 7-6　切削液流动单因素试验的热误差变化过程

（2）主轴旋转单因素试验　在这个试验里，机床温升只由主轴先以 600r/min 旋转 2h，再以 1800r/min 旋转 2h 引起。图 7-7 所示为其热误差的变化过程。结果显示，当主轴箱温度升高时，工件半径（#17X 方向）减小，误差约为 20μm；工件长度（#16Z 方向）也减小，误差约为 40μm。从图 7-7 中还可看出，达到热稳定状态约需 3.5h。

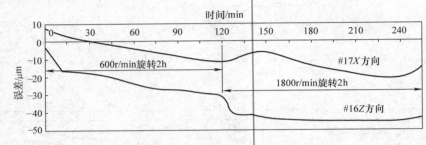

图 7-7　主轴旋转单因素试验的热误差变化过程

（3）工作台移动单因素试验　图 7-8 给出了只由工作台在 Z 和 X 两个方向以 3m/min 进给速度运动引起机床温升的热误差变化过程。结果表明，当丝杠螺母温度升高时，工件半径（#17X 方向）增大，误差约为 7μm；工件长度（#16Z 方向）也增大，误差约为 12μm，达到 X 方向丝杠螺母热稳定状态只需 1h。

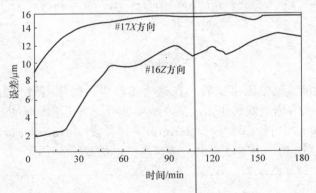

图 7-8　工作台移动单因素试验的热误差变化过程

（4）热特性分析结果　在热特性分析的基础上，机床热误差测量试验图的曲线就比较容易解释了。以半径（X 方向）误差为例，当机床开始工作时，切削液、主轴箱和丝杠螺母温升对误差的影响彼此基本抵消。因此，前 60min 曲线几乎是平的。当丝杠螺母达到热稳定状态后，切削液和主轴箱温升引起半径误差朝负向变化。当机床开动 3.25h 后冷却时，丝杠收缩，但由于切削液和主轴箱的热容量较大，故其温度变化不大，因此半径误差继续朝负向变化。当机床温度重新升高时，丝杠螺母膨胀导致半径误差朝正向变化达到稳定状态。因此，热源分析很好地解释了这些热现象。

7.1.3 热误差模态分析

机床热误差（变形）可以看作是具有相应形状和时间常数的一系列热误差模态的叠加。这个概念与强迫振动相似，它可以看作具有不同质量的振动模态的叠加，不同的是振动是谐波运动。因此，用加速度传感器测量在不同位置的加速度（位移的二次微分），可以很容易地进行模态分析。而热变形是缓慢单调的过程，它只能用相对位移传感器来检测。问题是传感器不易安置。因此，热误差模态分析更多地依赖于热源分析、工程判断和试验数据。

尽管主要只有两种基本形式的热误差模态，但由于机床有很多结构元素，有时特殊的热误差元素对热误差模态的影响情况很复杂，故要找到具体某台机床的主要的热误差模态也不是那么容易的。经过对工厂的该车削中心的机械结构、工作情况、热源及热变形的研究和分析，找出了影响被加工工件径向尺寸（X 轴方向）的 4 个方面的主要热变形误差模态。

1. 基座弯曲模态

由于机床基座被用作切削液储存箱，故切削液温度变化将直接造成机床床身上下温度不均匀变化，从而引起床身弯曲变形。当机床工作时，床身温度（包括切削液温度）升高，床身上下温度差值增大且测得上部温度低于下部温度，所以产生图 7-9 所示的向上热弯曲模态，使得刀具和被加工工件的径向距离减小，最终导致被加工工件的径向尺寸变小。这个现象和试验数据相吻合。从切削液流动单因素试验的热误差图中可得到热误差模态的时间常数（此时间常数定义为达到稳定热误差 63.2% 的时间）大约为 40min。根据床身上部温度（测床身温度的温度传感器#15）和下部温度（测切削液温度的温度传感器#6）的差值，可有效地估计这一基座弯曲模态。

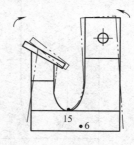

图 7-9　基座弯曲变形

2. 基座膨胀模态

由于热传递的作用，在机床工作后床身上部温度和下部温度会一起逐渐地提高而使基座（床身）膨胀，其基座横向膨胀模态如图 7-10 所示。床身横向膨胀使被加工工件径向尺寸变大。基座膨胀模态的时间常数和弯曲模态的时间常数基本相同。根据床身上部温度（温度传感器#15）和

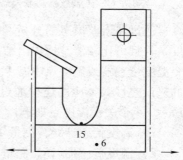

图 7-10　基座横向膨胀模态

下部温度（温度传感器#6）的平均值可有效地估计这一基座膨胀模态。

3. X轴丝杠膨胀模态

由于X轴工作台移动，使得X轴丝杠螺母的温度上升而使丝杠产生热伸长。如图7-11所示，因为推力轴承安装在丝杠的前（右）端，故丝杠热伸长时推动螺母往后（左）移动使得刀具和被加工工件的径向距离变大，最终导致被加工工件的径向尺寸也变大。从工作台移动单因素试验的热误差图中可得热误差模态的时间常数大约为20min。由于螺母上容易安装温度传感器，故可用螺母（温度传感器#4）代替丝杠温度来估计这一热误差。这里仅以X轴丝杠为例，Z轴丝杠可同理处理。

4. 主轴箱体膨胀模态

如图7-12所示，来自主轴旋转的热将引起主轴箱体朝着垂直向上的方向膨胀。因为刀架工作台的导轨面是倾斜的（角度为θ），故主轴箱体膨胀量ΔL将会造成被加工工件径向尺寸误差$\Delta r = \Delta L \sin\theta$（$\theta$为40°）。从主轴旋转单因素试验的热误差图中可得主轴箱体膨胀模态的时间常数大约为40min。对于这一热误差模态，最好的温度传感器安置点是主轴箱体上接近主轴点，如图7-12中的温度传感器#1。

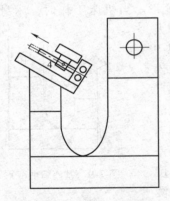

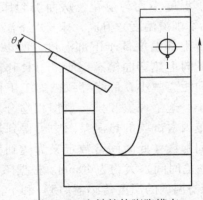

图7-11　X轴丝杠膨胀模态　　　　　图7-12　主轴箱体膨胀模态

通过热误差模态的分析，更进一步认识了机床热变形对加工精度的影响程度，并且可比较清楚地得出结论：对于径向热误差（即X轴方向），在原先的16个温度传感器或温度点中有4个温度点很关键，用它们可精确地估计所研究机床的热误差（具体应用还得通过温度传感器布置策略来论证和选用）。如图7-13所示，4个关键温度点如下：

1）温度传感器#6，测量切削液温度（床身下部温度）。

2）温度传感器#15，测量床身温度（床身上部温度）。

3）温度传感器#4，测量X轴螺母温度。

4）温度传感器#1，测量主轴（箱）温度。

以上通过热误差模态分析获得的 4 个关键温度点，与通过相关分析（即各温度点温度与热误差做相关，相关性强的为关键温度点）得到的关键温度点是吻合的。

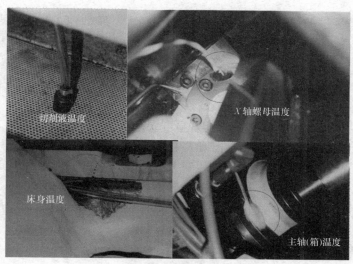

切削液温度

X 轴螺母温度

床身温度

主轴(箱)温度

图 7-13 温度传感器在机床上的布置

7.1.4 误差建模

1. 车削中心的误差综合数学模型

（1）坐标系的设定 机床结构简图及所设坐标系如图 7-14 所示。所设坐标系描述如下：

1）坐标系 r 设在机床上，为参考坐标系（固定坐标系）。

2）坐标系 s 设在主轴上，随主轴热变形而移动。

3）坐标系 c 设在工作台上，随工作台沿 Z 轴运动（包括工作台热变形产生的运动）而移动。

4）坐标系 t 设在刀架上，随工作台沿 X 轴运动（包括刀架热变形产生的运动）而移动。

（2）误差元素分析 本机床为平面误差，所有误差产生在 ZX 平面，影响机床

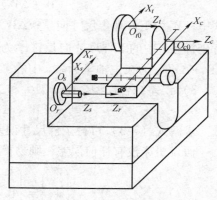

图 7-14 车削中心结构简图及所设坐标系

精度的主要误差元素有如下 14 个：

1）有关 Z 轴的误差，包括定位误差 δ_{zz}、直线度误差 δ_{xz}、转角误差 $\varepsilon_{\beta z}$，以及工作台坐标系 c 原点相对于参考坐标系 r 沿 X、Z 方向的热漂移误差 Δ_{rcx} 和 Δ_{rcz}。

2）有关 X 轴的误差，包括定位误差 δ_{xx}、直线度误差 δ_{zx}、转角误差 $\varepsilon_{\beta x}$，以及刀架坐标系 t 原点相对于工作台坐标系 c 沿 X、Z 方向的热漂移误差 Δ_{ctx} 和 Δ_{ctz}。

3）有关主轴的误差，包括主轴沿 Z、X 方向的热漂移误差（主轴热变形）Δ_{rsx} 和 Δ_{rsz}，以及主轴和 Z 轴的平行度误差 η_{sz}。

4）其他误差，如 Z 轴和 X 轴的垂直度误差 η_{zx}。

（3）误差运动综合模型　先把刀尖坐标表达在其所在坐标系（刀架坐标系）中，再根据齐次坐标转化原理转化到参考坐标系。然后，把工件上正在被切削点的坐标表达在其所在坐标系（主轴坐标系）中，同理转化到参考坐标系。根据刀尖和工件上正被切削点位于空间同一点，得这两部分的等式。最后，求解等式可得几何和热误差综合数学模型。

1）有关刀尖位置的数学模型：

$$\boldsymbol{T}_r(t) = \boldsymbol{\tau}_r^c \boldsymbol{\tau}_c^t \, \boldsymbol{T}_t(t) \tag{7-1}$$

式中，$\boldsymbol{T}_r(t)$ 为在参考坐标系 r 的刀尖位置向量；$\boldsymbol{\tau}_c^t$ 为从刀架坐标系 t 到工作台坐标系 c 的转化矩阵；$\boldsymbol{\tau}_r^c$ 为从工作台坐标系 c 到参考坐标系 r 的转化矩阵；$\boldsymbol{T}_t(t)$ 为在刀架坐标系 t 的刀尖位置向量。

2）有关工件位置的数学模型：

$$(\boldsymbol{W} + \Delta \boldsymbol{W})_r = \boldsymbol{\tau}_r^s (\boldsymbol{W} + \Delta \boldsymbol{W})_s \tag{7-2}$$

式中，$\boldsymbol{W}$ 为工件理想尺寸向量；$\Delta \boldsymbol{W}$ 为工件尺寸误差向量；$(\boldsymbol{W} + \Delta \boldsymbol{W})_r$ 为在参考坐标系 r 中的工件尺寸向量；$\boldsymbol{\tau}_r^s$ 为主轴坐标系 s 到参考坐标系 r 的转化矩阵；$(\boldsymbol{W} + \Delta \boldsymbol{W})_s$ 为在主轴坐标系 s 中的工件尺寸向量（工件实际尺寸向量）。

3）误差综合模型。由于刀尖和工件上正被切削点在同一点位置，所以有

$$\boldsymbol{\tau}_r^s (\boldsymbol{W} + \Delta \boldsymbol{W})_s = \boldsymbol{\tau}_r^c \boldsymbol{\tau}_c^t \boldsymbol{T}_t(t) \tag{7-3}$$

求解式（7-3）可得工件尺寸误差（或误差运动）向量 $\Delta \boldsymbol{W}$。

假设机床没有任何误差，则易得

$$\boldsymbol{W}_s = \begin{Bmatrix} W_z \\ W_x \\ 1 \end{Bmatrix} = \begin{pmatrix} 1 & 0 & z + M_{rcz} + M_{ctz} \\ 0 & 1 & x + M_{rcx} + M_{ctx} \\ 0 & 0 & 1 \end{pmatrix} \begin{Bmatrix} T_z \\ T_x \\ 1 \end{Bmatrix} \tag{7-4}$$

式中，W_z、W_x 为工件轴向、径向的理想尺寸；z、x 为工作台 Z 轴方向、刀架 X 轴方向的运动行程；M_{rcz}、M_{rcx} 为参考坐标系与工作台坐标系原点之间 Z 向、X

向的距离；M_{ctz}、M_{ctx} 为工作台坐标系与刀架坐标系原点之间 Z 向、X 向的距离；T_z、T_x 为刀尖在刀架坐标系中的位置。

根据齐次坐标变化基本原理，可得

$$\boldsymbol{\tau}_r^s = \begin{pmatrix} 1 & -\eta_{rs} & \Delta_{rsz} \\ \eta_{rs} & 1 & \Delta_{rsx} \\ 0 & 0 & 1 \end{pmatrix} \tag{7-5}$$

式中，η_{rs} 为主轴相对于参考坐标轴 Z_r 的平行度误差。

$$\boldsymbol{\tau}_r^c = \begin{pmatrix} 1 & -\varepsilon_{\beta z} & \delta_{zz} + z + \Delta_{rcz} + M_{rcz} \\ \varepsilon_{\beta z} & 1 & \delta_{xz} + z\eta_{rz} + \Delta_{rcx} + M_{rcx} \\ 0 & 0 & 1 \end{pmatrix} \tag{7-6}$$

式中，η_{rz} 为 Z 运动轴相对于参考坐标轴 Z_r 的平行度误差，$\eta_{sz} = \eta_{rz} - \eta_{rs}$。

$$\boldsymbol{\tau}_c^t = \begin{pmatrix} 1 & -\varepsilon_{\beta x} & \delta_{zx} - x\eta_{rx} + \Delta_{ctz} + M_{ctz} \\ \varepsilon_{\beta z} & 1 & \delta_{xx} + x + \Delta_{ctx} + M_{ctx} \\ 0 & 0 & 1 \end{pmatrix} \tag{7-7}$$

式中，η_{rx} 为 X 运动轴相对于参考坐标轴 Z_r 的垂直度误差，$\eta_{sx} = \eta_{rx} - \eta_{rs}$。

整理式(7-1) ~ 式(7-4) 可得

$$\begin{pmatrix} 1 & -\eta_{rs} & \Delta_{rsz} \\ \eta_{rs} & 1 & \Delta_{rsx} \\ 0 & 0 & 1 \end{pmatrix} \begin{Bmatrix} W_z + \Delta W_z \\ W_x + \Delta W_x \\ 1 \end{Bmatrix}$$

$$= \begin{pmatrix} 1 & -\varepsilon_{\beta z} & \delta_{zz} + z + \Delta_{rcz} + M_{rcx} \\ \varepsilon_{\beta z} & 1 & \delta_{xz} + z\eta_{rz} + \Delta_{rcx} + M_{rcx} \\ 0 & 0 & 1 \end{pmatrix} \begin{pmatrix} 1 & -\varepsilon_{\beta x} & \delta_{zx} - x\eta_{rx} + \Delta_{ctz} + M_{ctz} \\ \varepsilon_{\beta z} & 1 & \delta_{xx} + x + \Delta_{ctx} + M_{ctx} \\ 0 & 0 & 1 \end{pmatrix} \begin{Bmatrix} T_z \\ T_x \\ 1 \end{Bmatrix} \tag{7-8}$$

整理上式并忽略高阶量，有

$$\Delta W_z = \delta_{zx} + \delta_{zz} - (\eta_{sx} + \varepsilon_{\beta z})x - (\varepsilon_{\beta z} + \varepsilon_{\beta x} - \eta_{rs})T_x - (\varepsilon_{\beta z} - \eta_{rs})M_{ctx} + M_{rcx}\eta_{rs} + \Delta_{stz} \tag{7-9}$$

$$\Delta W_x = \delta_{xx} + \delta_{xz} - \eta_{sz}z + (\varepsilon_{\beta z} + \varepsilon_{\beta x} - \eta_{rs})T_z - (\varepsilon_{\beta z} - \eta_{rs})M_{ctz} + M_{rcz}\eta_{rs} + \Delta_{stx} \tag{7-10}$$

式中，$\Delta_{stz} = \Delta_{rcz} + \Delta_{ctz} - \Delta_{rsz}$，$\Delta_{stx} = \Delta_{rcx} + \Delta_{ctx} - \Delta_{rsx}$。

Δ_{st} 是由机床热变形引起的刀具相对于主轴或工件的位移误差，直接反映了加工精度或工件尺寸的变化。在试验中，Δ_{st} 可通过把位移传感器基座固定在刀架上测主轴而获得。

图 7-15 所示为机床几何误差和热误差运动向量关系。

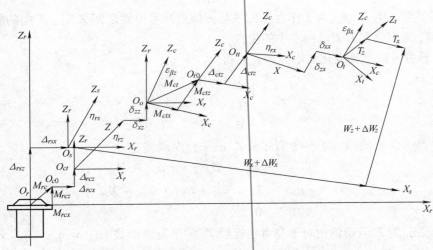

图 7-15　机床几何误差和热误差运动向量关系

2. 车削中心热误差模型

经检测和分析，对所研究的车削中心，与机床运动位置有关的几何误差不大于 $10\mu m$，而与机床温度有关的热误差（大约 $40\mu m$）占了总误差的 75%，故这里只考虑热误差元素的建模和补偿。

热误差最主要应为机床温度分布的函数，故机床的类型、大小、结构，加工工件的材料、形状、大小，刀具的材料、形状等因素都间接通过机床温度分布来影响机床热变形。故热误差数学模型的一般形式（热误差数学模型的形式可以有许多，这里仅以较简单明了的一般形式为例）可为

$$\Delta_T = c_0 + \sum_{i=1}^{n} c_i \Delta T_i + \sum_{i=1}^{n} \sum_{j=1}^{i} c_{ij} \Delta T_i \Delta T_j + \cdots \qquad (7\text{-}11)$$

式中，Δ_T 为热误差；c_0、c_i、c_{ij} 为模型的温度系数；ΔT_i、ΔT_j 为温度变量。

（1）热误差建模的一般过程　热误差建模的一般过程如下：

1）采集机床各关键点温度数据和相应时间的热误差数据。

2）选择热误差数学模型的阶数或其他数学模型形式。

3）使用最小二乘拟合法或其他方法确定参数。

4）计算拟合残差，如果精度不够，提高模型阶数重新拟合直至符合要求。

考虑到工厂实际使用的方便性，这里的热误差模型估计式设定为线性模型。另外，为使建模条件接近实际加工条件及在建模过程中不影响工厂生产，实际加工后的工件尺寸误差作为热误差被用为建模数据。

在机床关键温度点的优化选择中，根据优化布置策略，先后使用了主因素策略、互不相关策略、最近线性策略、最少布点策略等，获得了与上节所述的热变形模态分析中得出一致的在车削中心上的 4 个关键温度点，并将其用于热误差建模。最终从 16 个温度传感器减少到仅使用 4 个。图 7-16 所示为机床四个关

键点温度变化。

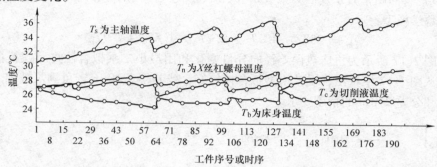

19～20 停机 20min　　99～100 停机 20min　　146～147 停机 5min
61～62 停机 70min　　122～123 停机 70min　　175～176 停机 10min

图 7-16　机床 4 个关键点温度变化

这里的热误差具体是指由于机床温度变化造成机床各部件热变形而产生的刀具与工件之间的相对位置误差。热误差的数值可通过位移传感器测量获得，也可通过直接测量被加工工件的尺寸误差获得。

（2）热误差建模的具体步骤　热误差具体建模步骤如下：

1）选择数学模型形式。为实际应用方便，设热误差是温度的多元线性回归函数，则其回归函数可表示为

$$\Delta_r = a + b_1 T_c + b_2 T_n + b_3 T_s + b_4 T_b \tag{7-12}$$

式中，Δ_r 为热误差径向分量；a 为回归常数；b_1、b_2、b_3、b_4 为回归系数。

2）将建模试验数据（每组四个关键点温度值和对应的热误差值）分别代入回归函数并写成矩阵形式：

$$\begin{pmatrix} \Delta_{r1} \\ \Delta_{r2} \\ \vdots \\ \Delta_{rm} \end{pmatrix} = \begin{pmatrix} 1 & T_{c1} & T_{n1} & T_{s1} & T_{b1} \\ 1 & T_{c2} & T_{n2} & T_{s2} & T_{b2} \\ \vdots & \vdots & \vdots & \vdots & \vdots \\ 1 & T_{cm} & T_{nm} & T_{sm} & T_{bm} \end{pmatrix} \begin{pmatrix} a \\ b_1 \\ b_2 \\ b_3 \\ b_4 \end{pmatrix} \tag{7-13}$$

根据以上方程组可得正规方程组：

$$\begin{pmatrix} 1 & T_{c1} & T_{n1} & T_{s1} & T_{b1} \\ 1 & T_{c2} & T_{n2} & T_{s2} & T_{b2} \\ \vdots & \vdots & \vdots & \vdots & \vdots \\ 1 & T_{cm} & T_{nm} & T_{sm} & T_{bm} \end{pmatrix}^T \begin{pmatrix} \Delta_{r1} \\ \Delta_{r2} \\ \vdots \\ \Delta_{rm} \end{pmatrix} = \begin{pmatrix} 1 & T_{c1} & T_{n1} & T_{s1} & T_{b1} \\ 1 & T_{c2} & T_{n2} & T_{s2} & T_{b2} \\ \vdots & \vdots & \vdots & \vdots & \vdots \\ 1 & T_{cm} & T_{nm} & T_{sm} & T_{bm} \end{pmatrix}^T \begin{pmatrix} 1 & T_{c1} & T_{n1} & T_{s1} & T_{b1} \\ 1 & T_{c2} & T_{n2} & T_{s2} & T_{b2} \\ \vdots & \vdots & \vdots & \vdots & \vdots \\ 1 & T_{cm} & T_{nm} & T_{sm} & T_{bm} \end{pmatrix} \begin{pmatrix} a \\ b_1 \\ b_2 \\ b_3 \\ b_4 \end{pmatrix}$$

$$\tag{7-14}$$

3）解正规方程组可得

$$a = 28.2, b_1 = -4.2, b_2 = -2.7, b_3 = -1.5, b_4 = 7.9$$

4）将回归常数 a 及回归系数 b_1、b_2、b_3、b_4 代入回归函数，可得热误差径向分量的数学模型：

$$\Delta_r = 28.2 - 4.2T_c - 2.7T_n - 1.5T_s + 7.9T_b \tag{7-15}$$

图 7-17 所示为机床热误差径向分量变化和用最小二乘拟合法进行建模的分析。从图 7-17 中看出，误差模型拟合得较好，残差小于 $10\mu m$，可满足被加工工件尺寸公差 $24\mu m$ 的精度要求。

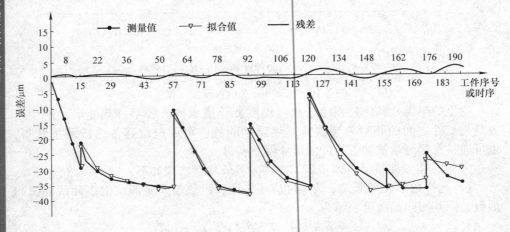

图 7-17 机床热误差径向分量变化及用最小二乘拟合法进行建模分析

由于机床几何误差占总误差的分量较小（忽略几何误差的影响），由误差综合数学模型：

$$\Delta W_x = \delta_{xx} + \delta_{xz} - \eta_{sz}z + (\varepsilon_{\beta z} + \varepsilon_{\beta x} - \eta_{rs})T_z - (\varepsilon_{\beta z} - \eta_{rs})M_{ctz} + M_{rcz}\eta_{rs} + \Delta_{stx}$$

$$\tag{7-16}$$

可知综合模型中的热误差元素为 Δ_{stx}，故仅考虑机床热误差元素，误差数学模型可为

$$\Delta W_x = \Delta_{stx} = \Delta_r = 28.2 - 4.2T_c - 2.7T_n - 1.5T_s + 7.9T_b \tag{7-17}$$

7.1.5 实时补偿控制系统及补偿效果检验

1. 热误差补偿系统

本书的补偿系统使用原点平移法，这种补偿控制方式既不影响坐标值，也不影响 CNC 控制器上执行的工作程序。补偿控制系统由微机或补偿器结合机床数控系统构成，流程框图如图 7-18 所示，图中的位移传感器在实际生产补偿加工过程中不必使用，仅用于在建模中检测机床热误差。

误差补偿功能实施过程如下：首先通过布置在机床上的温度传感器实时采集机床温度信号；然后采集到的机床温度信号经放大等预处理后再通过 A/D 转

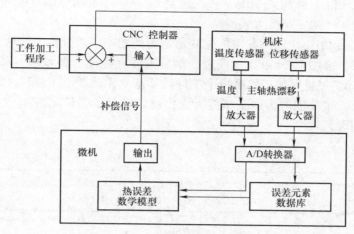

图 7-18 热误差补偿系统流程框图

换器进入微机或补偿器，由预先建立的热误差数学模型根据温度信号计算出补偿值，并把补偿值送入机床数控系统；数控系统再利用外部坐标原点偏移功能，根据补偿值大小实时控制刀具或工作台的附加进给运动来修正误差，以提高机床加工精度。

2. 补偿效果检验

这里先使用位移传感器测量主轴热漂移误差，然后再进行实际切削检验。

（1）主轴热漂移检测 采用与前述主轴热误差检测一样的设置，检验补偿效果的主轴热漂移测量是在空切削中，使用位移传感器测量主轴和刀具之间的热漂移误差来实现的。图 7-19 所示为主轴热漂移测量结果。由图 7-19 可看出，经补偿后，径向热漂移从 25μm 以上降低到约 7μm，热误差降低 72%；轴向热

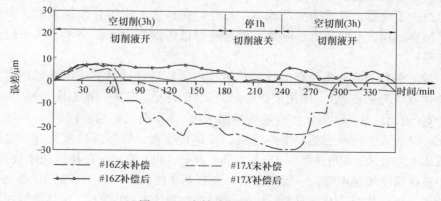

图 7-19 主轴热漂移测量结果

漂移从 36μm 以上降低到 8μm，热误差降低 78%。主轴热漂移测量结果表明，经补偿后机床的加工精度大大提高。

（2）实际切削加工结果　图 7-20 所示为使用本误差补偿系统所得的实际切削补偿结果。由图 7-20 可见，经过补偿后工件直径尺寸误差从 >35μm 以上降低到 <12μm。停机后加工的第一个工件尺寸基本无跳跃。工件尺寸误差完全控制在尺寸公差带范围内，加工精度大大提高，满足了工厂实际生产需要。补偿效果非常明显。

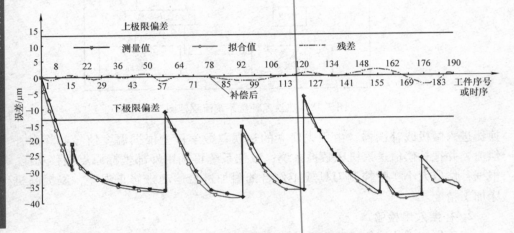

图 7-20　误差补偿系统实际补偿结果

3. 厂家生产实际补偿应用结果

（1）应用情况及效果　图 7-21 所示为工厂实际生产中不同机床不同季节获取的工件外径尺寸数据补偿效果。采用补偿功能的 150 多台车削中心在一年四季各种环境温度的使用中所加工出来工件的尺寸精度完全符合图样设计要求，大大地减少了废品，降低了生产成本。另外，在机床上应用补偿技术后，由于去除了预热过程，不但节省了电费，而且使得机床的利用率提高了，从而提高了生产率。

（2）补偿技术实施所获的效益分析　由工厂自己计算的应用补偿技术后所获的效益情况见表 7-1。应用成本每台为 2590 美元，其中包括温度传感器 4 个，每个 60 美元，共 240 美元；A/D 转换器一块，800 美元；信号调整板一块，150 美元；安装人工时（包括温度传感器、A/D 转换器、信号调整板及有关电线等在机床上的安装）40h，费用 35 美元/h，共计 1400 美元。在补偿技术应用前，由于机床精度控制不好，一般每班至少会有两个废品，以每个废品 10 美元及每天两班一年工作日 240 天计算，共计废品损失费为 9600 美元；预热机床所需电费，一年共计 1106 美元。仅此两项（还不计机床折旧率等）合计，每台机床就

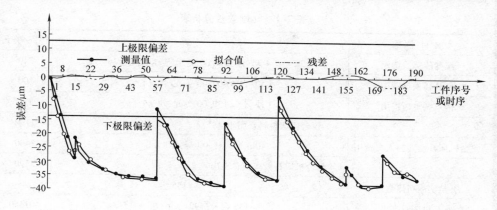

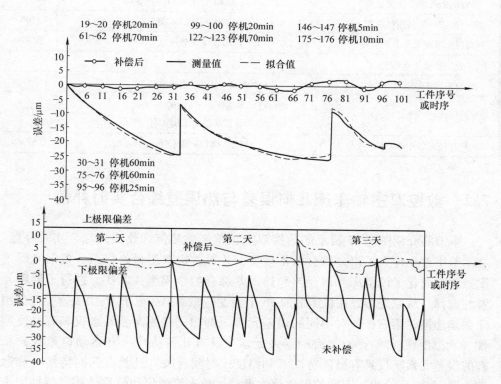

图 7-21 实际补偿结果

节省 10706 美元。去掉补偿成本，每台 2590 美元，则每台净获利 8116 美元。该
厂家计划在 155 台车削中心上使用补偿技术，每年从中可净获利 1257968 美元。
效益十分可观。

191

表7-1 补偿效益分析表

项 目 名 称	计　算	耗资/美元
温度传感器费用	4 套/台×60.00 美元/套×1 台	240
A/D 转换器费用	1 块/台×800.00 美元/块×1 台	800
信号调整板费用	1 块/台×150.00 美元/块×1 台	150
每台机床材料费用小计		1190
每台机床补偿实施人工费用	40h/台×35.00 美元/h×1 台	1400
每台机床补偿实施总支出		2590
补偿实施机床数量	155 台	
所有机床总支出	155 台×2590 美元/台	401450
每台机床每年工件废品费	2 件×2 班×240 天×10.00 美元/件	9600
每台机床每年预热耗电费	15.36kW×1h/天×240 天×0.06 美元/（kW·h）	1106
每台机床平均每年节约费用	工件废品费＋预热耗电费	10706
补偿实施机床数量	155 台	
所有机床平均每年节约	155 台×10706 美元/台	1659418
每台机床每年净节约费用	每台机床平均每年节约 10706 美元－每台机床补偿实施总支出 2590 美元	8116
所有机床每年净节约	155 台×8116 美元/台	1257968

7.2 数控双主轴车床几何误差与热误差综合实时补偿

本节将介绍图 7-22 所示的数控双主轴车床的几何和热误差综合实时补偿。在本节中首先建立了误差综合数学模型，并通过选取测量坐标系，根据实际工况条件，简化了该机床几何误差和热误差综合数学模型；其次，进行了温度元素的选择，从原先布置在机床上的 36 个温度传感器中选取了 16 个关键温度点用于误差建模；第三，针对不同的误差元素，例如，有的误差元素仅具有温度特性（和温度或时间有关）、有的误差元素仅具有几何特性（和运动位置有关）、有的误差元素不仅具有温度特性（和温度或时间有关）还具有几何特性（和运动位置有关），给出了不同的误差数学模型；激光检测仪和位移传感器等被用于检测机床的各种误差；通过误差的不同特性，分离了几何误差和热误差，并各自建模后进行了合成；第四，建立了补偿控制系统，补偿控制系统主要由补偿器或微机结合机床数控系统组成；最后进行了实时补偿，在实时补偿过程中，将机床的温度信号和工作台运动位置信号通过 A/D 转换器送入补偿器，由预先建立并存放在补偿器里的综合误差数学模型算出瞬时综合误差值，然后将补偿值送入机床数控系统，对刀具或工作台进行附加进给运动以完成实时补偿。从大量补偿应用加工中，工件加工精度大幅度提高，证明了实时补偿的有效性。

图 7-22　数控双主轴车床照片

7.2.1　数控双主轴车床运动部件结构简介及其误差元素

1. 结构简介

如图 7-23 所示，该数控双主轴车床有左、右两根主轴和分别称为 X 轴、Z 轴、U 轴和 W 轴的 4 根运动轴。Z 轴移动大工作台做上下运动，其移动距离为 175mm；X 轴移动中工作台做左右运动，其移动距离为 70mm；U 轴移动左小工作台（左轴切削刀架基座）做左右运动，其移动距离为 25mm；W 轴移动右小工

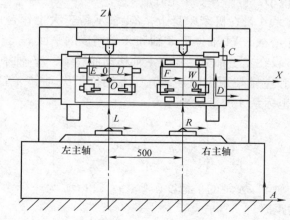

图 7-23　双主轴数控车床结构简图

作台（右轴切削刀架基座）做上下运动，其移动距离为25mm。其中，左、右两小工作台叠在中工作台上做移动，中工作台叠在大工作台上做移动。从结构中还可知左、右两主轴合用大、中工作台。本机床有左、右两根主轴，需推导左、右两个误差综合数学模型。

2. 误差元素

影响这台机床精度的主要误差元素有以下23个：

1）有关主轴的误差元素。左、右主轴（L、R坐标系）相对于参考系（A坐标系）在X方向和Z方向的热漂移Δ_{rslx}、Δ_{rslz}和Δ_{rsrx}、Δ_{rsrz}。

2）有关Z轴的误差元素。线性位移误差δ_{zz}、直线度误差δ_{xz}、转角误差ε_{yz}，原点（C坐标系）热漂移Δ_{rzx}和Δ_{rzz}。

3）有关X轴的误差元素。线性位移误差δ_{xx}、直线度误差δ_{zx}、转角误差ε_{yx}、原点（D坐标系）热漂移Δ_{zxx}和Δ_{zxz}。

4）有关U轴的误差元素。线性位移误差δ_{xu}、原点（E坐标系）热漂移Δ_{xux}和Δ_{xuz}。

5）有关W轴的误差元素。线性位移误差δ_{zw}、原点（F坐标系）热漂移Δ_{xwx}和Δ_{xwz}。

6）其他误差元素，如X和Z轴垂直度误差S_{xz}，以及左、右主轴和Z轴平行度误差P_{zsl}、P_{zsr}。

7.2.2　误差综合数学模型

1. 设立坐标系和变换矩阵

所设转化坐标系如图7-23所示。根据空间平面坐标系变化公式，考虑到机床角度误差变化很小，得出各变化矩阵。

1）参考坐标系A设在机床床身上，ZA轴平行于大工作台运动轨迹（直线度误差δ_{xz}）的中心线，XA轴位于Z轴和X轴组成的平面上。

2）坐标系L设在左主轴上，随左主轴移动而移动，ZL轴平行于左工件中心线（左主轴顶尖和左尾架顶尖的连线），XL轴位于Z轴和X轴组成的平面上，故从坐标系L到坐标系A的变换矩阵为

$$\tau_A^L = \begin{pmatrix} 1 & P_{zsl} & O_{alx} + \Delta_{rslx} \\ -P_{zsl} & 1 & O_{alz} + \Delta_{rslz} \\ 0 & 0 & 1 \end{pmatrix} \tag{7-18}$$

式中，P_{zsl}为左主轴和ZA轴的平行度误差；O_{alx}和O_{alz}为坐标系A和坐标系L之间X向和Z向的距离。

3）坐标系R设在右主轴上，随右主轴移动而移动，ZR轴平行于右工件中心线（右主轴顶尖和右尾架顶尖的连线），XR轴位于Z轴和X轴组成的平面上，

故从坐标系 R 到坐标系 A 的变换矩阵为

$$\boldsymbol{\tau}_A^R = \begin{pmatrix} 1 & P_{zsr} & O_{arx} + \Delta_{rsrx} \\ -P_{zsr} & 1 & O_{arz} + \Delta_{rsrz} \\ 0 & 0 & 1 \end{pmatrix} \tag{7-19}$$

式中，P_{zsr} 为右主轴和 ZA 轴的平行度误差；O_{arx} 和 O_{arz} 为坐标系 A 和坐标系 R 之间 X 向和 Z 向的距离。

4) 坐标系 C 设在大工作台（Z 轴工作台）上，随大工作台移动而移动，从坐标系 C 到坐标系 A 的变换矩阵为

$$\boldsymbol{\tau}_A^C = \begin{pmatrix} 1 & \varepsilon_{yz} & O_{acx} + \Delta_{rzx} + \delta_{xz} \\ -\varepsilon_{yz} & 1 & O_{acz} + \Delta_{rzz} + \delta_{zz} + z \\ 0 & 0 & 1 \end{pmatrix} \tag{7-20}$$

式中，z 为大工作台（Z 轴工作台）的名义位置；O_{acx} 和 O_{acz} 为坐标系 A 和坐标系 C 之间 X 向和 Z 向的距离；ε_{yz} 为转角误差；δ_{xz} 为直线度误差；δ_{zz} 为大工作台的线性位移误差。

5) 坐标系 D 设在中工作台（X 轴工作台）上，随中工作台移动而移动，从坐标系 D 到坐标系 C 的变换矩阵为

$$\boldsymbol{\tau}_C^D = \begin{pmatrix} 1 & \varepsilon_{yx} & O_{cdx} + \Delta_{zxx} + \delta_{xx} + x \\ -\varepsilon_{yx} & 1 & O_{cdz} + \Delta_{zxz} + \delta_{zx} - \theta_1 x \\ 0 & 0 & 1 \end{pmatrix} \tag{7-21}$$

式中，x 为中工作台（X 轴工作台）的名义位置；O_{cdx} 和 O_{cdz} 为坐标系 C 和坐标系 D 之间 X 向和 Z 向的距离；θ_1 为中工作台直线度误差 δ_{zx} 的中心线和 XC 轴（坐标系 C 的 X 轴）角度误差。

由于 δ_{xz} 的中心线平行于 ZA 轴，于是当 $Z = 0$ 时有 δ_{zx} 的中心线和 ZC 轴（坐标系 C 的 Z 轴）之间的角度等于 $-\varepsilon_{yz}(0)$。又由于垂直度误差 S_{xz} 定义为二直线度误差 δ_{zx}、δ_{xz} 的两根中心线之间夹角和直角的差，因此有

$$S_{xz} = \theta_1 + \varepsilon_{yz}(0) \; ; \theta_1 = S_{xz} - \varepsilon_{yz}(0) \tag{7-22}$$

6) 坐标系 E 设在左小工作台（U 轴工作台）上，随左小工作台移动而移动，从坐标系 E 到坐标系 D 的变换矩阵为

$$\boldsymbol{\tau}_D^E = \begin{pmatrix} 1 & 0 & O_{dex} + \Delta_{xux} + \delta_{xu} + u \\ 0 & 1 & O_{dez} + \Delta_{zxz} + \delta_{zx} - \theta_1 x \\ 0 & 0 & 1 \end{pmatrix} \tag{7-23}$$

式中，u 为左小工作台（U 轴工作台）的名义位置；O_{dex} 和 O_{dez} 为坐标系 D 和坐标系 E 之间 X 向和 Z 向的距离。

因为 U 轴的行程比较短（为 25mm），故转角误差、直线度误差和平行度误

差可忽略。

7）坐标系 F 设在右小工作台（W 轴工作台）上，随右小工作台移动而移动，从坐标系 F 到坐标系 D 的变换矩阵为

$$\boldsymbol{\tau}_D^F = \begin{pmatrix} 1 & 0 & O_{dfx} + \Delta_{xwx} \\ 0 & 1 & O_{dfz} + \Delta_{xwz} + \delta_{zw} + w \\ 0 & 0 & 1 \end{pmatrix} \tag{7-24}$$

式中，w 为左小工作台（W 轴工作台）的名义位置；O_{dfx} 和 O_{dfz} 为坐标系 D 和坐标系 F 之间 X 向和 Z 向的距离。

因为 W 轴的行程比较短（为 25mm），故转角误差、直线度误差和平行度误差可忽略。

8）设相对于坐标系 E、F（为左右二刀架基座）的左、右二边刀尖的位置分别为

$$\boldsymbol{\tau}_E^l = \begin{pmatrix} T_x^l \\ T_z^l \\ 1 \end{pmatrix}; \quad \boldsymbol{\tau}_F^r = \begin{pmatrix} T_x^r \\ T_z^r \\ 1 \end{pmatrix} \tag{7-25}$$

则相对于参考坐标系 A 的左、右二边刀尖位置为

$$\boldsymbol{T}_A^l = \boldsymbol{\tau}_A^C \boldsymbol{\tau}_C^D \boldsymbol{\tau}_D^E \boldsymbol{T}_E^l; \quad \boldsymbol{T}_A^r = \boldsymbol{\tau}_A^C \boldsymbol{\tau}_C^D \boldsymbol{\tau}_D^E \boldsymbol{T}_F^r; \tag{7-26}$$

2. 误差综合数学模型

通过把左右两刀尖坐标位置从刀架基座坐标系（E、F）变换到工件坐标系（L、R）并设定所有误差为零，则可得左右两刀尖相对于工件的理想坐标位置为

$$W_L = \boldsymbol{\tau}_L^A \boldsymbol{\tau}_A^C \boldsymbol{\tau}_C^D \boldsymbol{T}_E^l \text{ 所有误差} = 0，其中，\boldsymbol{\tau}_L^A = \text{inv}\left(\boldsymbol{\tau}_A^l\right) \tag{7-27}$$
$$W_R = \boldsymbol{\tau}_R^A \boldsymbol{\tau}_A^C \boldsymbol{\tau}_C^D \boldsymbol{\tau}_D^E \boldsymbol{T}_E^l \text{ 所有误差} = 0，其中，\boldsymbol{\tau}_R^A = \text{inv}\left(\boldsymbol{\tau}_A^R\right)$$

因此可得

$$W_L = \begin{pmatrix} O_{acx} - O_{alx} + O_{cdx} + O_{dex} + T_x^l + x + u \\ O_{acz} - O_{alz} + O_{cdz} + O_{dez} + T_z^l + z \\ 1 \end{pmatrix} \tag{7-28}$$

$$W_R = \begin{pmatrix} O_{acx} - O_{arx} + O_{cdx} + O_{dfx} + T_x^r + x \\ O_{acz} - O_{arz} + O_{cdz} + O_{dfz} + T_z^r + z + w \\ 1 \end{pmatrix} \tag{7-29}$$

在参考系 A 中，比较刀尖实际位置和理想位置，则可得误差综合数学模型（或称综合误差）为

$$\Delta W_A^l = \boldsymbol{T}_A^l - \boldsymbol{W}_A^l = \boldsymbol{\tau}_A^C \boldsymbol{\tau}_C^D \boldsymbol{\tau}_D^E \boldsymbol{T}_E^l - \boldsymbol{\tau}_A^l W_L \tag{7-30}$$
$$\Delta W_A^r = \boldsymbol{T}_A^r - \boldsymbol{W}_A^r = \boldsymbol{\tau}_A^C \boldsymbol{\tau}_C^D \boldsymbol{\tau}_D^E \boldsymbol{T}_F^r - \boldsymbol{\tau}_A^r W_R \tag{7-31}$$

代入各变换矩阵，整理后可得左主轴综合误差和右主轴综合误差。

对于左主轴，X、Z 两个方向的综合误差分别为

$$\Delta W_x^l = \delta_{xx} + \delta_{xz} + \delta_{xu} + (O_{dez} + T_z^l)\varepsilon_{yx} + (O_{cdz} + O_{dez} + T_z^l)\varepsilon_{yz} -$$
$$(O_{acz} - O_{alz} + O_{cdz} + O_{dez} + T_z^l + z)P_{zsl} +$$
$$\Delta_{rzx} + \Delta_{zxx} + \Delta_{xux} - \Delta_{rslx} \tag{7-32}$$

$$\Delta W_z^l = \delta_{zx} + \delta_{zz} - (O_{dex} + T_x^l)\varepsilon_{yx} - (O_{cdx} + O_{dex} + T_x^l + x + u)\varepsilon_{yz} -$$
$$(x + u)S_{xz} + (O_{acx} - O_{alx} + O_{cdx} + O_{dex} +$$
$$T_x^l + x + u)P_{zsl} + u\varepsilon_{yx}(0) + (x + u)\varepsilon_{yz}(0) +$$
$$\Delta_{rzz} + \Delta_{zxz} + \Delta_{xuz} - \Delta_{rslz} \tag{7-33}$$

对于右主轴，X、Z 两个方向的综合误差分别为

$$\Delta W_x^r = \delta_{xx} + \delta_{xz} + \delta_{xu} + (O_{dfz} + T_z^r)\varepsilon_{yx} + (O_{cdz} + O_{dez} + T_z^r + w)\varepsilon_{yz} -$$
$$(O_{acz} - O_{arz} + O_{cdz} + O_{dfz} + T_z^r + z + w)P_{zsr} + wS_{xz} -$$
$$w\varepsilon_{yx}(0) - w\varepsilon_{yz}(0) + \Delta_{rzx} + \Delta_{zxx} + \Delta_{xwx} - \Delta_{rsrx} \tag{7-34}$$

$$\Delta W_z^r = \delta_{zx} + \delta_{zz} + \delta_{zw} - (O_{dfx} + T_x^r)\varepsilon_{yx} -$$
$$(O_{cdx} + O_{dfx} + T_x^r + x)\varepsilon_{yz} - xS_{xz} + (O_{acx} - O_{arx} + O_{cdx} + O_{dfx} +$$
$$T_x^r + x)P_{zsr} + x\varepsilon_{yz}(0) + \Delta_{rzz} + \Delta_{zxz} + \Delta_{xwz} - \Delta_{rsrz} \tag{7-35}$$

综合误差公式包含了 23 个误差因子。因为 U、W 轴行程仅 25mm，故其直线度误差、转角误差和平行度误差可忽略。

3. 几何和热误差综合数学模型的简化

上面已得综合误差公式，但公式中一些常数或系数需通过测量坐标系的设立等来确定。对于本机床，考虑到测量方便及一般加工工件形状尺寸等因素，所设测量坐标系如图 7-24 所示。

1）坐标说明如下：

① O_L 为左主轴坐标系 L 的原点，距左主轴中心线左 14mm、左主轴顶尖（O_1）上 28mm。

② O_R 为右主轴坐标系 R 的原点，距右主轴中心线左 14mm、右主轴顶尖（O_2）上 28mm。

③ 运动 U、W 轴工作台至零位（$u = w = 0$），运动 X、Z 轴工作台至控制器读数 $x = 32.882$、$z = -121$，调整左、右刀尖位置分别与 O_L、O_R 两点重合。此时位置就是测量系统的零位（当工作台或刀架移动至最上最左时，为机床位置的零位）。

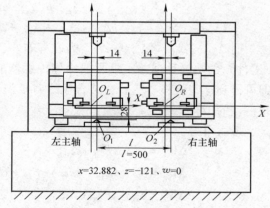

图 7-24　测量坐标系

④ 各坐标原点 O_A、O_C、O_D 和 O_E 设置重合于 O_L 点位置，因此有 $O_{ALX} = O_{ALZ} = O_{ACX} = O_{ACZ} = O_{CDX} = O_{CDZ} = O_{DEX} = O_{DEZ} = 0$。

⑤ O_F 设置重合于 O_R 点位置，因此有 $O_{ALX} = l$、$O_{DFX} = l$、$O_{ARZ} = O_{DFZ} = 0$，其中，l 为两主轴之间的距离。

把上面选择的常数代入综合数学模型可得

$$\Delta W_x^l = \delta_{xx} + \delta_{xz} + \delta_{xu} + T_z^l\ (\varepsilon_{yx} + \varepsilon_{yz})\ -\ (T_z^l + z)\ P_{zsl} + \Delta_{rzx} + \Delta_{zxx} + \Delta_{xux} - \Delta_{rslx}$$
$$(7\text{-}36)$$

$$\Delta W_z^l = \delta_{zx} + \delta_{zz} - (T_x^l + u)\varepsilon_{yx} - (T_x^l + x + u)\varepsilon_{yz} - (x + u)S_{xz} +$$
$$(T_x^l + x + u)P_{zsl} + u\varepsilon_{yx}(0) + (x + u)\varepsilon_{yz}(0) + \Delta_{rzz} + \Delta_{zxx} + \Delta_{xux} - \Delta_{rslx}$$
$$(7\text{-}37)$$

$$\Delta W_x^r = \delta_{xx} + \delta_{xz} + (T_z^r + w)\varepsilon_{yz} - (T_z^r + z + w)P_{zsr} + wS_{xz} -$$
$$w\varepsilon_{yx}(0) + \Delta_{rz_x} + \Delta_{zxx} + \Delta_{xwx} - \Delta_{rsrx}$$
$$(7\text{-}38)$$

$$\Delta W_z^r = \delta_{zx} + \delta_{zz} + \delta_{zw} - (L + T_x^r)\varepsilon_{yx} - (L + T_x^r + x)\varepsilon_{yz} - xS_{xz} +$$
$$(T_x^r + x)P_{zsr} + x\varepsilon_{yz}(0) + \Delta_{rzz} + \Delta_{zxz} + \Delta_{xwz} - \Delta_{rsrx}$$
$$(7\text{-}39)$$

2）误差综合模型可进一步简化如下：

① 由于 u 和 w 仅用于误差补偿而不用于切削加工循环，故它们的值很小。因此，u 和 w 及沿此两主轴的误差元素都可忽略。

② 由于 X 轴直线度小于 $\pm 0.4\mu m$，Z 轴直线度小于 $\pm 1.5\mu m$，故可忽略。

③ 由于刀具坐标系的原点（O_L 和 O_R）位于刀尖上，故有

$$T_x^l = T_z^l = T_x^r = T_z^r = 0 \tag{7-40}$$

④ 原点热漂移和主轴热漂移具体测量计算如下：

$$\Delta_{rzx} + \Delta_{zxx} + \Delta_{xux} - \Delta_{rslx} = \Delta_{rzx} + \Delta_{zxx} + \Delta_{xux} + \Delta_{srlx} = \Delta_{sulx} \tag{7-41}$$

同理可得
$$\Delta_{rzz} + \Delta_{zxz} + \Delta_{xwz} - \Delta_{rsrx} = \Delta_{swrz} \tag{7-42}$$

$$\Delta_{rzx} + \Delta_{zxx} + \Delta_{xwx} - \Delta_{rsrx} = \Delta_{swrx} \tag{7-43}$$

$$\Delta_{rzz} + \Delta_{zxz} + \Delta_{xuz} - \Delta_{rslz} = \Delta_{sulz} \tag{7-44}$$

而 Δ_{sulx}、Δ_{sulz}、Δ_{swrx}、Δ_{swrz} 为左、右小工作台（刀架）相对于左、右主轴（工件）的热漂移误差。只要把位移传感器的基座固定在刀架上测主轴或工件，即可得到这些位移。然后，结合机床各点温度数据，根据多元回归理论进行误差模型的拟合。

最后可得

$$\Delta W_x^l = \delta_{xx} - zP_{zsl} + \Delta_{sulx} \tag{7-45}$$

$$\Delta W_z^l = \delta_{zz} - x\varepsilon_{yz} - x\varepsilon_{yz} - xS_{xz} + xP_{zsl} + \Delta_{sulz} \tag{7-46}$$

$$\Delta W_x^r = \delta_{xx} - zP_{zsr} + \Delta_{swrx} \tag{7-47}$$

$$\Delta W_z^r = \delta_{zz} - L\varepsilon_{yx} -\ (L + x)\ \varepsilon_{yz} - xS_{xz} + xP_{zsr} + \Delta_{swrz} \tag{7-48}$$

3) 有关符号说明如下：

① 如果刀尖相对于工件做接近运动，则 ΔW 为正。

② 如果 U 或 W 坐标系的原点相对于左或右主轴做接近运动，则 Δ_{sul} 或 Δ_{swr} 为正。

③ 如果主轴中心线 S 位于 Z 轴的右边，则两主轴平行度 P_{zs} 为正，否则为负。

7.2.3 误差元素检测和建模

在双主轴车床的几何和热误差元素检测中，使用两种检测仪器：激光测量系统和位移传感器测量系统。使用激光测量系统检测与机床工作台位置有关的误差元素和垂直度误差。使用位移传感器测量系统检测与机床工作台位置无关的误差元素，如主轴热漂移误差和原点热漂移误差。使用温度传感器测量机床各关键点温度。测得数据后，对误差元素进行建模。

1. 温度传感器的布置

如图 7-25 所示，36 个电阻温度计（Resistance Temperature Detector，RTD）式温度传感器被安装在机床上检测各位置点处的温度值，图中的传感器号及对应的位置名称见表 7-2。

机床关键温度点的选择：首先由主因素策略及模糊聚类，得到了与热误差关系比较大的温度点（见表 7-2 的传感器号及图 7-26 中对应的传感器布置位置）：#1、#3、#5、#6、#11、#12、# 13、# 15、# 16、# 18、# 20、#23、#25、#26、#28、#30、#32、#34、#35 和#36，共 20 个，排除了 16 个与热误差相关系数比较小的温度点。然后由互不相关策略及模糊聚类，得到#6与#5等类、#25 与#23 等类、#28 与#26等类、#36 与#35 等类，共 4 对温度之间相关性强的"同胞兄弟"。在等类温度点中选择一个代表时，考虑到中工作台（X 轴工作台）的运动丝杠在机床左边（机床左边温度略敏感于右边）及传感器安装方便（集中布

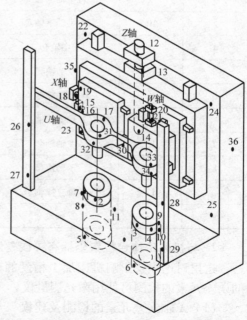

图 7-25 温度传感器在机床上的布置

线），故采用"统一从左选"的原则，排除了#6、#25、#28 和#36。另外，在关

199

键温度点的选择中，还分析了机床结构及热变形模态。最后仅 16 个传感器被用于建模而连接到 A/D 转换器。表 7-2 列出了从 36 个传感器中选出关键的 16 个连接到 A/D 转换器的各通道。最终用于建模的 16 个温度传感器的布置如图 7-26 所示（16 个温度传感器对应表 7-2 的 16 个通道）。

表 7-2　A/D 转换器通道与温度传感器连接关系

通道号	传感器号	位　　置	通道号	传感器号	位　　置
1	1	左主轴上轴承		19	U 轴螺母
	2	左主轴上轴承	10	20	W 轴轴套
2	3	右主轴上轴承		21	W 轴螺母
	4	右主轴上轴承		22	左立柱上
3	5	左主轴下轴承	11	23	左立柱下
	6	右主轴下轴承		24	右立柱上
	7	左主轴上轴套		25	右立柱下
	8	左主轴下轴套	12	26	左立桥上
	9	右主轴上轴套		27	左立桥下
	10	右主轴下轴套		28	右立桥上
4	11	中轴套		29	右立桥下
5	12	Z 轴轴套	13	30	横桥中
6	13	Z 轴螺母		31	左尾架上轴套
	14	Z 轴支撑轴承	14	32	左尾架下轴套
7	15	X 轴轴套		33	右尾架上轴套
8	16	X 轴螺母	15	34	右尾架下轴套
	17	X 轴支撑轴承	16	35	左参考温度
9	18	U 轴轴套		36	右参考温度

2. 与机床工作台位置坐标有关误差元素的检测和建模

这里讨论主要影响机床加工精度的误差元素。与机床工作台位置坐标有关的误差元素的检测可使用激光测量仪。

（1）X 轴误差元素的检测及建模　与机床 X 轴工作台位置有关的误差元素有线性位移误差 δ_{xx}、直线度误差 δ_{zx} 和转角误差 ε_{yx}。

1）线性位移（定位）误差 δ_{xx}。在表 7-3 所列的热循环条件下测量机床线性位移误差 δ_{xx}，持续时间为 7h，每 20min 测量一次。

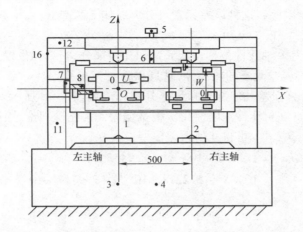

图 7-26　用于建模的温度传感器在机床上的位置

注：其他传感器位置参见图 7-25。

表 7-3　X 轴线性位移误差测量中热循环条件

热循环序号	主轴转速	X 轴进给速度/（mm/min）	Z 轴进给速度	持续时间/h
1	0	1000	0	2.33
2	0	0	0	0.83
3	0	1500	0	1.67
4	0	0	0	1
5	0	1500	0	1

图 7-27 所示为测量结果（图中仅列出了部分结果）。

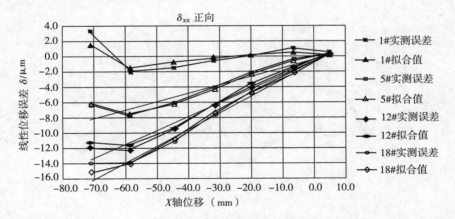

图 7-27　X 轴线性位移误差 δ_{xx}

从图 7-27 可知，随着机床受热温度的升高，误差曲线形状变化不大，但曲线斜率有变化。因此，这种误差元素可分离成如下两部分：

$$\delta_{xx}(x,T) = \delta_{xx}G(x) + \delta_{xx}T(T)x \qquad (7-49)$$

式中，$\delta_{xx}G(x)$ 为 X 轴线性位移误差元素的几何部分，它只和位置 x 有关；$\delta_{xx}T(T)$ 为 X 轴线性位移误差元素的热部分，它只和温度 T 有关。

X 轴线性位移误差几何部分和热部分的分离如图 7-28 所示。其中，图 7-28a 所示为几何部分，在机床冷态时测得。根据误差元素建模理论，用位置 x 的多项式拟合几何误差 $\delta_{xx}G(x)$，可得几何误差模型：

$$\delta_{xx}G(x) = 1.1192 \times 10^{-6}x^4 + 8.9455 \times 10^{-5}x^3 + 9.0575 \times$$
$$10^{-4}x^2 - 6.2218 \times 10^{-3}x + 2.9717 \times 10^{-1} \qquad (7-50)$$

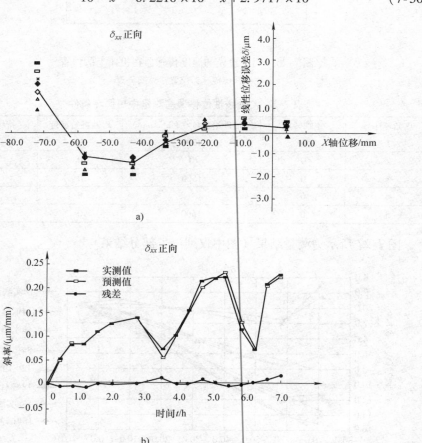

图 7-28　X 轴线性位移误差几何部分和热部分的分离

a）几何误差部分建模　b）热误差部分建模

图 7-28b 所示为热部分，其横坐标为时间 t（与机床温度有关），纵坐

标为机床不同温度下测得的各线性位移误差曲线的拟合线的斜率。根据与温度和位置坐标都有关的复合误差建模理论，每一次测得的一组误差数据可根据最小二乘法进行直线拟合得一斜率。随着时间的变化或机床温度的上升，拟合直线越来越倾斜，即拟合直线的斜率随着时间或机床温度的变化而变化。经相关计算和分析，对此斜率变化影响最大的温度因素为丝杠温度 T_7 和螺母温度 T_8。故预测值用机床上 X 轴丝杠相对环境温度的差或变化量 $\Delta T_7(\Delta T_7 = T_7 - T_{16})$ 和 X 轴螺母相对环境温度的差 $\Delta T_8(\Delta T_8 = T_8 - T_{16})$ 线性拟合而成：

$$\delta_{xx}T(T) = -2.7523 \times 10^{-2} - 4.9600 \times 10^{-3}\Delta T_7 + 3.3601 \times 10^{-2}\Delta T_8$$

$$(7-51)$$

从图 7-28b 可见，拟合精度较高，残差仅约 $0.01\mu m/mm$。

最后再综合几何误差和热误差，则 X 轴线性位移误差数学模型为

$$\delta_{xx} = 1.1192 \times 10^{-6}x^4 + 8.9455 \times 10^{-5}x^3 + 9.0575 \times 10^{-4}x^3 -$$
$$6.2218 \times 10^{-3}x + 2.9717 \times 10^{-1} + (-2.7523 \times$$
$$10^{-2} - 4.9600 \times 10^{-3}\Delta T_7 + 3.3601 \times 10^{-2}\Delta T_8)x \qquad (7-52)$$

从图 7-28 可知，X 轴线性位移误差数学模型的拟合或预测情况非常好。

2）直线度误差 δ_{zx}。首先在机床冷态下测量直线度误差 δ_{zx}，然后每加热机床 1h 检测一次。此误差在热循环中变化极小，因此可仅用几何误差数学模型描述它。重复测量三次获得数据后，根据几何误差元素建模理论，可得直线度误差的数学模型为

$$\delta_{zx} = -1.5328 \times 10^{-6}x^4 - 1.6409 \times 10^{-4}x^3 - 4.9179 \times$$
$$10^{-3}x^2 - 4.9951 \times 10^{-2}x + 1.1240 \times 10^{-1} \qquad (7-53)$$

图 7-29 所示为 X 轴直线度误差的测量和拟合结果，可见直线度误差数学模型的建模精度较高，最大拟合残差小于 $0.3\mu m$。

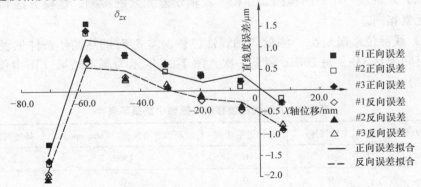

图 7-29 X 轴直线度误差

3）转角误差 δ_{yx}。同理，机床转角误差 ε_{yx} 不随机床热状态的变化而变化（或变化极小），因此也可仅用几何误差数学模型描述。根据误差元素建模理论，可得转角误差的数学模型：

$$\delta_{yx} = -9.5106 \times 10^{-8}x^4 - 1.0800 \times 10^{-5}x^3 - 3.3811 \times$$
$$10^{-4}x^2 + 7.8083 \times 10^{-3}x - 9.6040 \times 10^{-2} \tag{7-54}$$

图 7-30 所示为 X 轴转角误差的测量和拟合结果。从图 7-30 可以看出，转角误差数学模型可精确拟合机床转角误差。

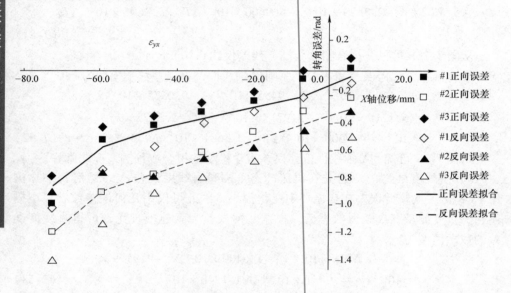

图 7-30　X 轴转角误差的测量和拟合结果

（2）Z 轴误差元素的检测及建模　Z 轴误差元素的检测、建模方法和 X 轴误差元素相同。

1）线性位移误差 δ_{zz}。测量 Z 轴线性位移误差 δ_{zz} 时的热循环条件见表 7-4，持续时间为 6.33h，每 20min 测量一次。图 7-31 所示为测定结果（图中仅列部分结果）。

表 7-4　Z 轴线性位移误差测量中热循环条件

热循环序号	主轴转速	X 轴进给速度	Z 轴进给速度/（mm/min）	持续时间/ h
1	0	0	1500	2.33
2	0	0	0	1
3	0	0	1500	1.5
4	0	0	1000	1.5

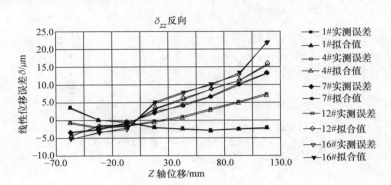

图 7-31 Z 轴线性位移误差 δ_{zz}

从图 7-31 可得,随着机床受热温度的升高,误差曲线形状变化不大,而曲线斜率有变化。因此,可将误差元素分离成如下两部分:

$$\delta_{zz}(z,T) = \delta_{zz}G(z) + \delta_{zz}T(T)z \tag{7-55}$$

式中,$\delta_{zz}G(z)$ 为 Z 轴线性位移误差元素的几何部分,它只和位置 z 有关;$\delta_{zz}T(T)$ 为 Z 轴线性位移误差元素的热部分,它只和温度 T 有关。

Z 轴线性位移误差几何部分和热部分的分离如图 7-32 所示。其中,图 7-32a 所示为几何部分,在机床冷态时测得,由几何误差元素建模理论可得几何误差模型:

$$\delta_{zz}G(z) = 2.2316 \times 10^{-8}z^4 - 3.6342 \times 10^{-6}z^3 + 4.2196 \times$$
$$10^{-4}z^2 - 1.4220 \times 10^{-2}z - 1.0440 \tag{7-56}$$

图 7-32b 所示为热部分,其横坐标为时间 t(与机床温度有关)。同理,经相关计算和分析,对此斜率变化影响最大的温度因素为左主轴轴承 T_5、右主轴轴承 T_6 和 Z 轴螺母 T_{13}。故预测值用机床上左主轴轴承相对环境温度的差 ΔT_5($\Delta T_5 = T_5 - T_{16}$)、右主轴轴承相对环境温度的差 ΔT_6($\Delta T_6 = T_6 - T_{16}$)和 Z 轴螺母相对环境温度的差 ΔT_{13}($\Delta T_{13} = T_{13} - T_{16}$)线性拟合而成:

$$\delta_{zz}T(T) = -1.6441 \times 10^{-2} - 6.6386 \times 10^{-3}\Delta T_5 + 3.2469 \times$$
$$10^{-2}\Delta T_6 - 6.1985 \times 10^{-2}\Delta T_{13} \tag{7-57}$$

综合几何误差和热误差,则 Z 轴线性位移误差数学模型为

$$\delta_{zz} = 2.2316 \times 10^{-8}z^4 - 3.6342 \times 10^{-6}z^3 + 4.2196 \times 10^{-4}z^2 - 1.4220 \times$$
$$10^{-2}z - 1.0440 + (-1.6441 \times 10^{-2} - 6.6386 \times 10^{-3}\Delta T_5 +$$
$$3.2469 \times 10^{-2}\Delta T_6 - 6.1985 \times 10^{-2}\Delta T_{13})z \tag{7-58}$$

2)直线度误差 δ_{xz}。同理,可知 Z 轴直线度误差在热循环中变化极小,因此仅用几何模型描述可得直线度误差的数学模型为

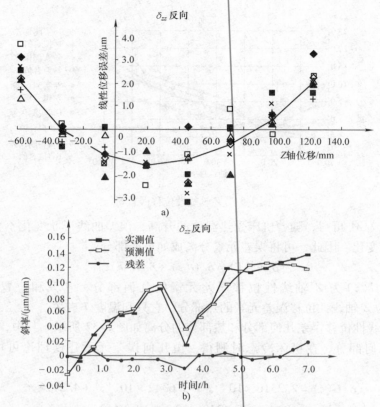

图 7-32　Z 轴线性位移误差几何部分和热部分的分离

a) 几何误差部分建模　b) 热误差部分建模

$$\delta_{xz} = -6.2110 \times 10^{-9}z^4 + 9.5006 \times 10^{-7}z^3 - 4.1038 \times$$

$$10^{-5}z^2 - 2.3975 \times 10^{-4}z + 0.11831 \qquad (7\text{-}59)$$

从图 7-33 可见，直线度误差数学模型有较高的拟合或建模精度。

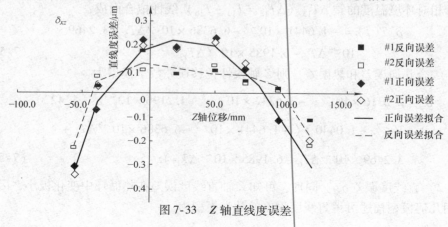

图 7-33　Z 轴直线度误差

3）转角误差 ε_{yz}。图7-34所示为 Z 轴转角误差测量、建模结果，Z 轴转角误差的数学模型为

$$\varepsilon_{yz} = -3.9210 \times 10^{-9}z^4 + 7.8317 \times 10^{-7}z^3 - 1.7565 \times$$

$$10^{-5}z^2 + 5.0446 \times 10^{-4}z + 0.51363 \tag{7-60}$$

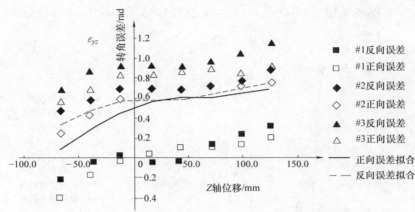

图7-34 Z 轴转角误差

（3）其他误差 其他主要影响机床精度的误差元素有 U 和 W 轴的误差元素。由于 U、W 轴的行程很短，故仅考虑其线性位移（定位）误差。

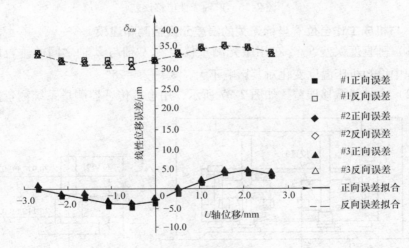

图7-35 U 轴线性位移误差

1）U 轴线性位移误差元素 δ_{xu}。U 轴线性位移误差元素测量、建模结果如图7-35所示。同理，U 轴线性位移误差不随机床温度的变化而变化（或变化极小），因此可以忽略机床温度的影响，而仅建立与坐标位置有关的几何误差数学

模型：

$$\delta_{xu} = -0.15227u^4 - 0.4847u^3 + 1.7931u^2 + 3.8209u - 3.1138 \qquad (7-61)$$

2）W 轴线性位移误差元素 δ_{zw}。图 7-36 所示为 W 轴线性位移误差元素测量、建模结果，同理可得误差数学模型：

$$\delta_{zw} = 3.8688 \times 10^{-2}w^4 + 0.1431w^3 - 0.21723w^2 - 1.2665w - 0.81288 \qquad (7-62)$$

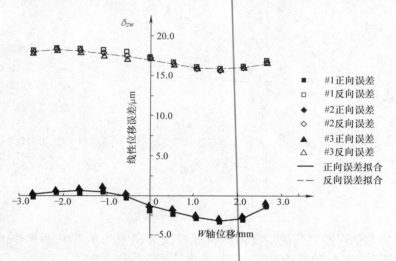

图 7-36　W 轴线性位移误差

3. 与机床工作台位置坐标无关的误差元素检测和建模

（1）垂直度误差 S_{xz}　在用激光测量仪检测 X 轴与 Z 轴之间的垂直度误差 S_{xz} 过程中得知机床温度变化对其影响不大，大约为 $-25''$。

（2）主轴热漂移误差　如图 7-37 所示，用电容传感器测量系统测量热漂移

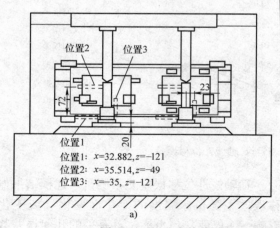
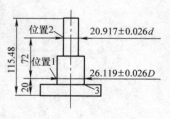

图 7-37　用电容传感器测量系统测量热漂移误差

误差。传感器基座固定在左右两刀架上。图 7-37a 中的 x、z 数据表示控制屏幕显示的三个坐标位置。在位置 1 上测量 X 方向的热漂移误差，在位置 3 上测量 Z 方向的热漂移误差。工件（或测量样件）的尺寸关系如图 7-37b 所示。

考虑到测量由热变形造成的主轴和 Z 轴的平行度误差，在位置 2 上再进行 X 方向的热漂移误差测量。比较位置 1 和位置 2 的读数可计算出平行度误差，即

$$P_{zs} = \frac{\Delta x_1 - \Delta x_2}{L_1} \qquad (7\text{-}63)$$

式中，P_{zs} 为平行度误差（μrad）；L_1 为位置 1 与位置 2 间的距离，本系统设定为 72mm。

左、右位置 1 的读数相当于 Δ_{sulx} 或 Δ_{swrx}，左、右位置 3 的读数相当于 Δ_{sulz} 或 Δ_{swrz}。位置 1、3 的读数表达了机床主轴在 X、Z 方向的热漂移误差，位置 2 的读数表达了机床尾架在 X 方向的热漂移误差。

在表 7-5 所列的条件下使机床受热升温，间隔一定的时间用电容传感器测量系统测量热漂移误差。测量工况分三种：空切削（机床模拟切削加工循环但不切削工件）、工作台单运动、主轴单运动。另外，考虑到实际应用中的切削情况，在最小二乘拟合建模中除了使用三种测量工况下获得的数据外，还增添了一组机床在生产实际切削加工中获取的工件（见图 7-37b）径向尺寸数据（尺寸敏感的 X 方向）。

表 7-5　热漂移误差的检测

	循环工况	主轴运动	X 轴运动	Z 轴运动	持续时间/h
1	空切削	模拟切削加工循环			6
2	主轴单运动	800r/min	0	0	6
3	工作台单运动	0	750mm/min	1050mm/min	6
4	实际切削	实际切削加工（切削如图 7-37b 所示的工件）循环			3

1）左主轴在 X 方向的热漂移误差（位置 1）测量和建模。左主轴在 X 方向的热漂移误差（见图 7-37 中位置 1）测量和建模结果如图 7-38 所示。经相关性分析可得，左主轴在 X 方向的热漂移误差与左主轴上轴承 T_1、中轴套 T_4、X 轴螺母 T_8、左立柱下 T_{11}、左立桥上 T_{12}、横桥中 T_{13}、左尾架下轴承 T_{14} 等温度有比较大的关系。建模时采用各温度与环境温度 T_{16} 的差，应用最小二乘等建模方法可得左主轴在 X 方向的热漂移误差的数学模型：

$$\Delta_{11} = 2.4\Delta T_1 + 1.9\Delta T_4 + 4.3\Delta T_8 - 8.8\Delta T_{11} + 7.3\Delta T_{12} - 4.8\Delta T_{13} - 0.5\Delta T_{14}$$

$$(7\text{-}64)$$

2）左尾架在 X 方向的热漂移误差（位置 2）测量和建模。左尾架在 X 方向的热漂移误差（见图 7-37 中位置 2）测量和建模结果如图 7-39 所示。经相关性

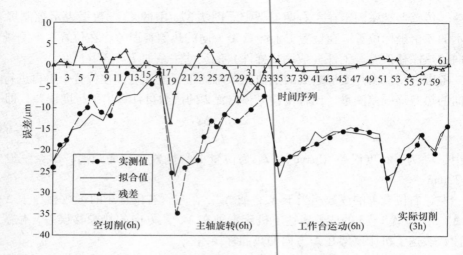

图 7-38　左主轴在 X 方向的热漂移误差

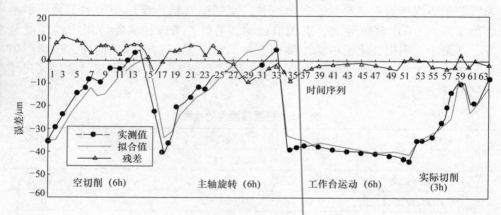

图 7-39　左尾架在 X 方向的热漂移误差

分析可得，左尾架 X 方向的热漂移误差与左主轴上轴承 T_1、X 轴螺母 T_8、左立桥上 T_{12}、横桥中 T_{13}、左尾架下轴承 T_{14} 等温度有比较大的关系。同理可得左尾架在 X 方向的热漂移误差的数学模型：

$$\Delta_{12} = -3.2 - 0.4\Delta T_1 - 4.3\Delta T_8 + 6.7\Delta T_{12} - 6.4\Delta T_{13} + 6.2\Delta T_{14} \qquad (7\text{-}65)$$

3）左主轴在 Z 方向的热漂移误差（位置 3）测量和建模。左主轴在 Z 方向的热漂移误差（见图 7-37 中位置 3）测量和建模结果如图 7-40 所示。经相关性分析可得，左主轴 Z 方向的热漂移误差与左主轴上轴承 T_1、左主轴下轴承 T_3、中轴套 T_4、Z 轴轴套 T_5、Z 轴螺母 T_6、横桥中 T_{13} 等温度有比较大的关系。同理可得左主轴在 Z 方向的热漂移误差的数学模型：

$$\Delta_{13} = -13.5 + 4.8\Delta T_1 + 3.0\Delta T_3 + 4.2\Delta T_4 - 3.6\Delta T_5 + 5.4\Delta T_6 - 9.7\Delta T_{13}$$

$$(7-66)$$

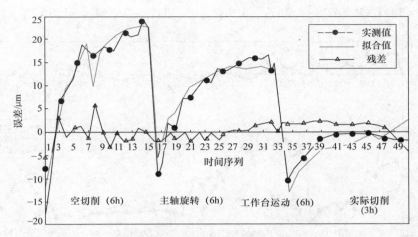

图7-40　左主轴在 Z 方向的热漂移误差

4）右主轴在 X 方向的热漂移误差（位置1）测量和建模。右主轴在 X 方向的热漂移误差（见图7-37中位置1）测量和建模结果如图7-41所示。经相关性分析可得，右主轴 X 方向的热漂移误差与右主轴上轴承 T_2、中轴套 T_4、X 轴螺母 T_8、左立桥上 T_{12}、横桥中 T_{13}、右尾架下轴套 T_{15} 等温度有比较大的关系。同理可得右主轴在 X 方向的热漂移误差的数学模型：

$$\Delta r_1 = 0.3\Delta T_2 - 0.6\Delta T_4 - 2.0\Delta T_8 - 0.7\Delta T_{12} + 0.4\Delta T_{13} - 0.5\Delta T_{15} \quad (7-67)$$

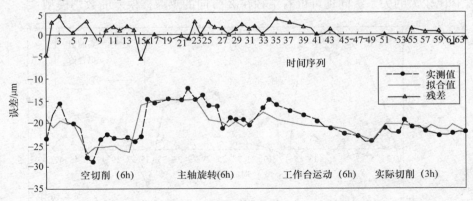

图7-41　右主轴在 X 方向的热漂移误差

5）右尾架在 X 方向的热漂移误差（位置2）测量和建模。右尾架在 X 方向的热漂移误差（见图7-37中位置2）测量和建模结果如图7-42所示。经相关性分析可得，右尾架 X 方向的热漂移误差与右主轴上轴承 T_2、中轴套 T_4、X 轴螺

母 T_8、左立柱下 T_{11}、横桥中 T_{13}、右尾架下轴套 T_{15} 等温度有比较大的关系。同理可得右尾架在 X 方向的热漂移误差的数学模型式如下：

$$\Delta r_2 = 14.1 + 9.5\Delta T_2 - 8.2\Delta T_4 - 6.9\Delta T_8 + 5.3\Delta T_{11} + 0.5\Delta T_{13} - 1.9\Delta T_{15} \qquad (7\text{-}68)$$

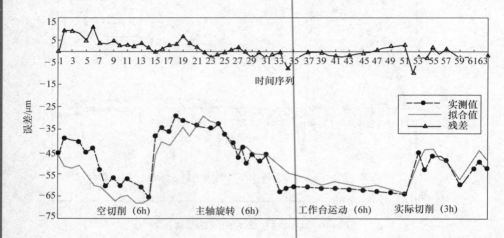

图 7-42   右尾架在 X 方向的热漂移误差

6）右主轴在 Z 方向的热漂移误差（位置 3）测量和建模。右主轴在 Z 方向的热漂移误差（见图 7-37 中位置 3）测量和建模结果如图 7-43 所示。经相关性分析可得，右主轴 Z 方向的热漂移误差与右主轴上轴承 T_2、左主轴下轴承 T_3、Z 轴轴套 T_5、Z 轴螺母 T_6、W 轴轴套 T_{10}、左立柱下 T_{11}、左尾架下轴承 T_{14} 等温度有比较大的关系。同理可得右主轴在 Z 方向的热漂移误差的数学模型：

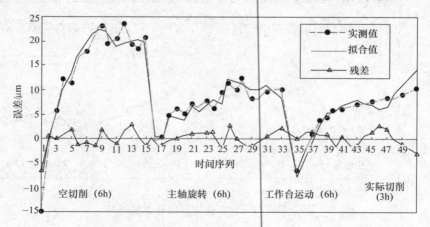

图 7-43   右主轴在 Z 方向的热漂移误差

$$\Delta r_3 = -2.5 - 8.4\Delta T_2 + 2.5\Delta T_3 - 4.1\Delta T_5 +$$
$$7.5\Delta T_6 + 3.3\Delta T_{10} - 1.0\Delta T_{11} + 9.7\Delta T_{14} \tag{7-69}$$

由图 7-38 ~ 图 7-43 可以看出，机床热漂移误差数学模型的拟合精度较好。另外，从应用方便考虑，误差数学模型形式也比较简单，如果需更高的建模精度可选其他一些数学形式或模型。

7.2.4　误差补偿控制及补偿效果检验

1. 误差补偿控制系统

图 7-44 所示为误差（检测）补偿控制系统示意图。补偿控制系统主要由微机或补偿器结合机床数控系统构成。其工作过程如下：

1）通过布置在机床上的温度传感器实时采集机床的温度信号（和热误差有关），同时通过机床数控系统实时采集机床工作台的运动位置坐标信号（和几何误差有关）。

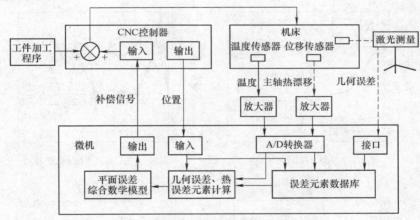

图 7-44　误差检测补偿控制系统示意图

2）将采集到的温度信号和位置信号通过 A/D 转换器和输入/输出接口送入微机或补偿器。

3）补偿器中的误差数学模型根据温度信号和位置信号计算出瞬时误差值。

4）把补偿值（误差值的相反数）送入机床数控系统，机床数控系统再根据补偿值对刀具或工作台进行附加进给运动来修正误差。该系统可结合激光测量仪、位移传感器及一些接口电路构成机床几何误差、热误差测量系统。

2. 误差实时补偿效果检验

以三种方式进行误差实时补偿效果的检验：主轴热漂移误差检验、对角斜线检验和实际补偿切削效果检验。

（1）主轴热漂移误差检验　主轴热漂移误差检验的设置仍按机床误差检测

的设置。机床运动和受热情况也与前述的主轴热漂移误差测量基本相同。在每次数据采集中，分别采用补偿和不补偿两组数据以做比较。图 7-45 所示为主轴热漂移误差实时补偿效果检验结果。由图 7-45 可见，主轴热漂移各误差经补偿都可提高精度。

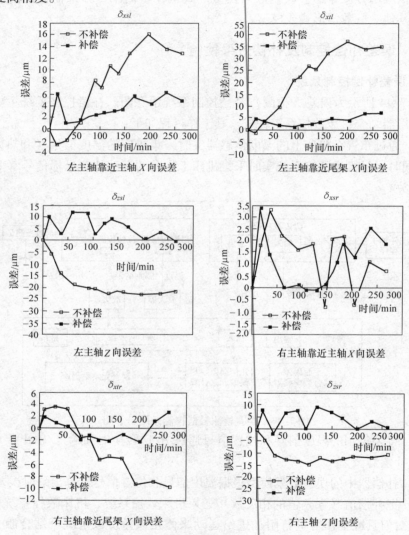

图 7-45　主轴热漂移误差补偿效果检验结果

（2）对角斜线检验　为了在整个加工面上检验补偿的效果，在工作台走对角斜线过程中使用了激光测量系统检测机床工作台的位置精度。图 7-46 所示为对角斜线检验示意图。

在沿斜线#1 运动过程中，X 轴工作台和 Z 轴工作台同时正向运动；在沿斜线#2 运动过程中，X 轴工作台负向运动而同时 Z 轴工作台正向运动。每一斜线运动过程中，测量 6 次，其中 3 次补偿数据，3 次无补偿数据，结果如图 7-47 所示。从图 7-47 可得，在沿斜线#1 运动过程中，由于误差较小（15μm），故补偿效果不明显；在沿斜线#2 运动过程中，经补偿，误差从 28μm 降低到 15μm。

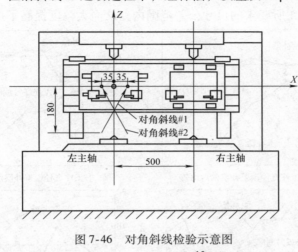

图 7-46 对角斜线检验示意图

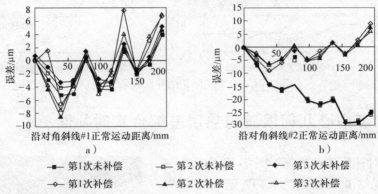

图 7-47 对角斜线检验结果
a）对角斜线#1 检验结果　b）对角斜线#2 检验结果

（3）实际补偿切削效果检验　图 7-48 给出了使用本实时补偿方法对该机床进行补偿加工所得的结果。切削试验从冷态加工开始，第一次分别补偿和未补偿接连切削两个工件，切削一个工件需 2min。然后机床按加工循环空运动一定时间后加工第二次，分别补偿和未补偿接连切削两个工件，如此切削—空运动—切削试验至加工工件到一定的数量（补偿和未补偿共 10 次共 20 个工件），试验结果如图 7-48 所示。其中，第七与第八次工件之间及第八次与第九次工件切削之间分别停机 10min 和 20min。从图 7-48 可见，左工件直径尺寸误差从未

215

补偿的约 $60\mu m$ 降低到补偿后的约 $10\mu m$，右工件直径尺寸误差从未补偿的大于 $25\mu m$ 降低到补偿后的 $10\mu m$，左工件锥度从大于未补偿的 $50\mu m/cm$ 降低到补偿后的 $15\mu m/cm$，右工件锥度从未补偿的大于 $40\mu m/cm$ 降低到补偿后的 $15\mu m/cm$。显然，经实时补偿，被加工工件的尺寸误差（径向）、形状误差（锥度）被完全控制在所要求的尺寸公差范围内，从而大幅度提高了加工精度。

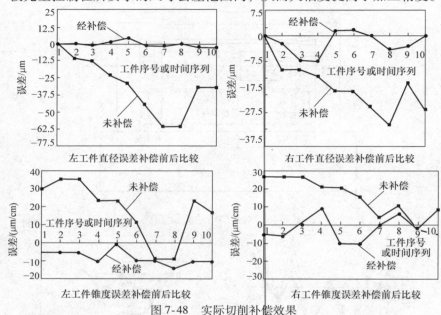

图 7-48　实际切削补偿效果

7.3　加工中心几何误差与热误差综合实时补偿

将实时补偿技术实施于图 7-49 所示的三轴加工中心，机床结构为 XYTZ 型，机床 X、Y、Z 三运动轴行程分别为 850mm、560mm、650mm，主轴最高转速为8000r/min。其实施过程中的建模等理论方法如同本书前述，这里不再展开，这里主要介绍补偿应用结果。

图 7-49　三轴加工中心外观

7.3.1　温度传感器在机床上的布置

图 7-50 所示为机床主轴上布置的温度传感器，它们可在机床工作中动态实时地测量主轴温度。图 7-51 ~ 图 7-53 所示为在机床的 X、Y、Z 轴上分别布置在螺母、丝杠和导轨上的温度传感器。图 7-54

216

所示为在进行温度传感器接线及其调试。

a) b)

图7-50 三轴加工中心主轴上温度布点

a）主轴上端温度布点 b）主轴下端温度布点

图7-51 三轴加工中心 X 轴温度布点   图7-52 三轴加工中心 Y 轴温度布点

图7-53 三轴加工中心 Z 轴温度布点   图7-54 三轴加工中心温度传感器接线及其调试

7.3.2 实时补偿器与机床数控系统的连接及其功能调试

图7-55 所示为补偿器与数控系统的连接，由于剩余的输入/输出接口不多，故增添使用了扩展板。

误差补偿（器）系统通过与PMC的连接，实现补偿系统与数控系统之间的数据交互：

1）运用数控系统的窗口功能，在PMC中嵌入相应的程序，实时自动读取当前各坐标轴的绝对坐标，并将实时绝对坐标输入外置补偿系统。

2）温度传感器通过接头将实时温度值传送到补偿系统中。

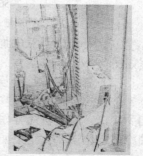

图7-55 三轴加工中心补偿器与数控系统连接

3）补偿系统在一个PMC周期内，通过预建的误差模型自动完成各轴的实时误差补偿值计算，通过补偿值输出接口将误差补偿值送到PMC，并进一步通过嵌入的PMC程序传送到CNC，再由机床CNC通过触发外部坐标原点偏移功能使相关坐标轴向误差反方向运动计算的补偿距离，达到自动误差补偿的效果。

误差补偿系统与机床的连接主要有以下几个方面：

1）补偿系统坐标输入接口与PMC实时绝对坐标输出地址连接。

2）补偿系统误差补偿值输出接口与PMC补偿值输入地址连接。

3）相关温度传感器通过温度采集卡与补偿系统温度输入接口连接。

7.3.3 机床误差动态实时补偿前后测量对比分析⊖

1. 机床冷态定位误差补偿前后的测量对照比较

利用激光干涉仪分别检测该机床 3 个移动轴的定位误差，测量过程如图 7-56 所示。

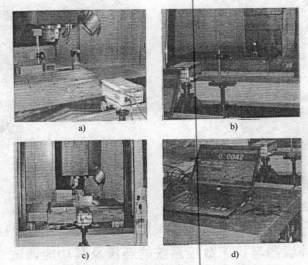

图 7-56　三轴加工中心激光干涉仪测量定位误差

a）*X* 轴方向测量　b）*Y* 轴方向测量　c）*Z* 轴方向测量　d）数据采集界面

（1）补偿前　三轴加工中心在补偿前所测各轴在冷态状态下的定位误差数据如图 7-57 所示。

（2）补偿后　综合误差补偿器可以根据测量数据进行实时建模、实时补偿。将 3 个轴的冷态定位误差分别计算平均后进行拟合建模，连接外置补偿器与机床相关接口，触发自动补偿功能，用同样的激光干涉仪测量经过实时补偿后的 *X* 轴冷态定位误差，结果如图 7-58 所示。

⊖ 以下试验过程及结果均由机械工业机床产品质量检测中心（上海）检测并认定。

218

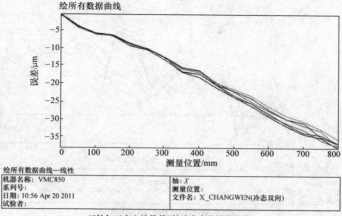

三轴加工中心补偿前X轴冷态定位误差曲线

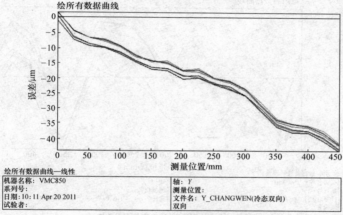

三轴加工中心补偿前Y轴冷态定位误差曲线

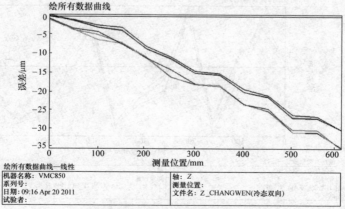

三轴加工中心补偿前Z轴冷态定位误差曲线

图7-57 三轴加工中心补偿前各轴冷态定位误差数据

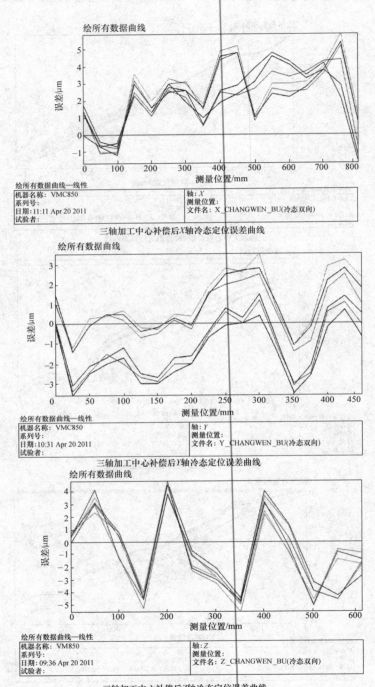

图 7-58　三轴加工中心补偿后各轴冷态定位误差数据

X、Y、Z 轴冷态定位精度补偿前后对比见表 7-6。由表 7-6 可以看出，补偿后机床 X、Y、Z 轴的冷态定位精度最大可提高 87.5%，有效地提高了机床精度。

表 7-6 X、Y、Z 轴冷态定位精度补偿前后对比

坐标轴	补偿前			补偿后			精度提高百分比（%）		
	双向定位精度/μm	正向定位精度/μm	反向定位精度/μm	双向定位精度/μm	正向定位精度/μm	反向定位精度/μm	双向	正向	反向
X 轴	38.734	38.190	38.734	8.363	7.571	7.680	78.4	80.2	80.2
Y 轴	46.383	44.369	46.383	7.830	5.524	6.041	83.1	87.5	87.0
Z 轴	36.553	35.455	31.352	11.280	11.084	10.940	69.1	68.7	65.1

X、Y、Z 轴冷态重复精度补偿前后对比见表 7-7。由表 7-7 可以看出，补偿后机床 X、Y、Z 轴的冷态重复精度均有明显提高。

表 7-7 X、Y、Z 轴冷态重复定位精度补偿前后对比

坐标轴	补偿前			补偿后		
	双向重复精度/μm	正向重复精度/μm	反向重复精度/μm	双向重复精度/μm	正向重复精度/μm	反向重复精度/μm
X 轴	5.207	4.613	2.838	5.423	1.617	4.670
Y 轴	4.475	2.810	3.816	4.311	2.623	2.400
Z 轴	7.414	4.738	1.890	4.746	2.444	4.046

X、Y、Z 轴冷态定位系统偏差补偿前后对比见表 7-8。由表 7-8 可以看出，补偿后机床 X、Y、Z 轴的冷态定位系统偏差最大可降低 90.2%，有效地提高了机床精度。

表 7-8 X、Y、Z 轴冷态定位系统偏差补偿前后对比

坐标轴	补偿前			补偿后			精度提高百分比（%）		
	双向系统偏差/μm	正向系统偏差/μm	反向系统偏差/μm	双向系统偏差/μm	正向系统偏差/μm	反向系统偏差/μm	双向	正向	反向
X 轴	37.200	36.167	37.200	6.833	6.600	5.700	81.6	81.8	84.7
Y 轴	45.267	43.467	43.667	6.300	4.267	4.433	86.1	90.2	89.8
Z 轴	35.633	34.733	30.733	9.833	9.833	8.967	72.4	71.7	70.8

由表 7-6 ~ 表 7-8 可以看出，补偿前后误差对比显示，机床精度都有大幅度的提高。

2. 机床热态定位误差补偿前后对比分析

为观察温度变化对定位误差的影响，编制了三轴加工中心 3 个移动轴往复运动的运动程序，使机床产生温升（实际测量过程中，机床三个移动轴在最大运动范围内快速联动），然后机床运动 2h 后再用激光干涉仪测量温升后的定位误差。图 7-59 和图 7-60 所示为三轴加工中心在补偿前后的热态定位误差曲线。

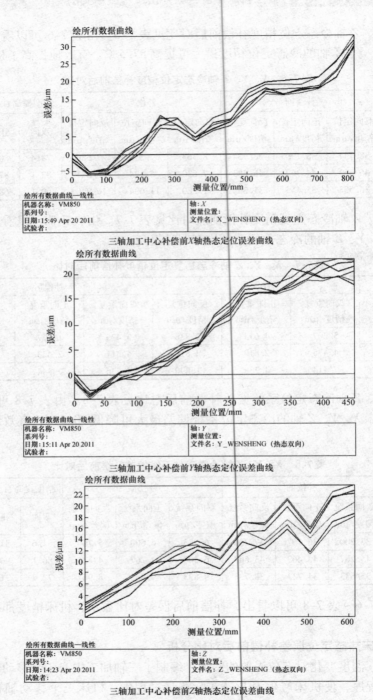

图 7-59　三轴加工中心补偿前各轴热态定位误差曲线

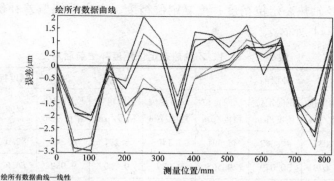

绘所有数据曲线—线性	
机器名称：VM850	轴：X
系列号：	测量位置：
日期：16:02 Apr 20 2011	文件名：X_WENSHENG_BU(热态双向)
试验者：	

三轴加工中心补偿后X轴热态定位误差曲线

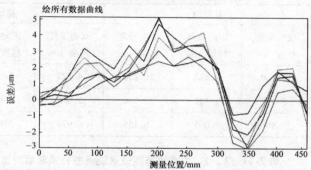

绘所有数据曲线—线性	
机器名称：VM850	轴：Y
系列号：	测量位置：
日期：15:29 Apr 20 2011	文件名：Y_WENSHENG_BU(热态双向)
试验者：	

三轴加工中心补偿后Y轴热态定位误差曲线

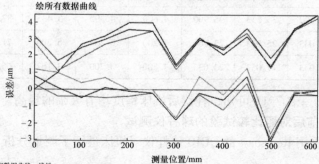

绘所有数据曲线—线性	
机器名称：VM850	轴：Z
系列号：	测量位置：
日期：14:41 Apr 20 2011	文件名：Z_WENSHENG_BU(热态双向)
试验者：	

三轴加工中心补偿后Z轴热态定位误差曲线

图 7-60　三轴加工中心补偿后各轴热态定位误差曲线

X、Y、Z轴热态定位精度、重复定位精度、定位系统偏差补偿前后对比见表7-9~表7-11所示。

表7-9　X、Y、Z轴热态定位精度补偿前后对比

坐标轴	补偿前			补偿后			精度提高百分比（%）		
	双向定位精度/μm	正向定位精度/μm	反向定位精度/μm	双向定位精度/μm	正向定位精度/μm	反向定位精度/μm	双向	正向	反向
X轴	41.037	40.282	38.691	7.140	6.271	6.245	82.6	84.4	83.9
Y轴	30.079	30.079	29.565	9.989	9.259	9.989	66.8	69.2	66.2
Z轴	25.262	21.040	25.262	8.857	5.106	6.974	64.9	75.7	72.4

表7-10　X、Y、Z轴热态重复精度补偿前后对比

坐标轴	补偿前			补偿后		
	双向重复精度/μm	正向重复精度/μm	反向重复精度/μm	双向重复精度/μm	正向重复精度/μm	反向重复精度/μm
X轴	10.130	9.833	10.130	4.277	4.277	3.020
Y轴	9.379	8.432	9.060	5.605	4.400	5.605
Z轴	9.806	9.806	6.158	6.974	2.888	6.974

表7-11　X、Y、Z轴热态定位系统偏差补偿前后对比

坐标轴	补偿前			补偿后			精度提高百分比（%）		
	双向系统偏差/μm	正向系统偏差/μm	反向系统偏差/μm	双向系统偏差/μm	正向系统偏差/μm	反向系统偏差/μm	双向	正向	反向
X轴	35.900	35.533	35.900	4.600	4.300	3.433	87.2	87.9	90.4
Y轴	25.033	25.033	23.767	7.200	6.200	6.200	71.2	75.2	73.9
Z轴	22.033	17.033	22.033	7.300	3.700	3.167	66.9	78.3	85.6

由表7-9~表7-11可知，补偿后机床精度均有大幅的提高。

3. 补偿前后对照比较试验的球杆仪测试

本试验采用Renishaw的QC10球杆仪对机床进行了测量分析，其现场照片如图7-61所示。

在未补偿的情况下，对三轴加工中心的球杆仪进行检测，结果如图7-62所示。

经实时补偿后，再用球杆仪测量，得到结果如图7-63所示。

补偿前后球杆仪测量结果见表7-12。由表7-12可以看出，实时补偿对于多

图 7-61 三轴加工中心补偿前后对照比较试验的球杆仪测量现场

轴联动时的误差补偿效果也同样非常有效。

表 7-12 补偿前后球杆仪测量结果

测量方向	补偿前圆度最大误差/μm	补偿后圆度最大误差/μm	精度提高百分比（%）
顺时针方向	21.8	8.1	62.8
逆时针方向	21.1	8.4	60.2

4. 补偿前后对照比较试验的主轴热漂移测试

机床中除了丝杠热变形外，主轴热漂移也是一个影响机床加工精度的主要因素。因此，还进行了机床主轴热漂移的补偿。图 7-64 所示为三轴加工中心主轴热漂移补偿前后对照比较。由图 7-64 可以看出，主轴在 X、Y、Z 三个方向的热漂移分别从补偿前的 $33\mu m$、$29\mu m$、$-26\mu m$ 降低到补偿后的 $12\mu m$、$10.5\mu m$、$-11\mu m$，分别降低了 63.64%、63.79% 和 57.69%。

5. 实时补偿的切削加工应用

在补偿前后的切削加工对照比较中，补偿切削加工的零件如图 7-65 所示，主要观察加工零件 4 个角上的 4 个孔（$\phi 11mm$）的孔距（104mm）误差（孔距之间的变化量）和矩形台阶（110mm × 110mm × 6mm）的宽度误差（宽度之间的变化量）。对照补偿加工过程如图 7-66 所示。

三轴加工中心补偿前后加工零件误差对照见表 7-13。由表 7-13 可见，工件的 4 孔距误差补偿前为 $19\mu m$，补偿后为 $9\mu m$，其加工精度提高 43.75%；工件的矩形台阶宽度误差补偿前为 $15\mu m$，补偿后为 $10\mu m$，加工精度提高 33.33%。

表 7-13 三轴加工中心补偿前后加工零件误差对照

误差参数	补偿前加工误差/μm	补偿后加工误差/μm	加工精度提高百分比（%）
四孔孔距	16	9	43.75
矩形台阶宽度	15	10	33.33

数控机床误差实时补偿技术及应用

ISO 230-4:2005(E)
圆度最大误差
XY 360° 50mm²(补偿前)
操作者：kongxiangzhi
日期：2011-4月-21 09：20：18

机器：快速检查
QC10：H50290,上次校准：2011-04-21

圆度误差（CW）

数值	21.8μm
测试参数	50.0000mm
半径	41.667Hz
采样速率	500.0mm/min
进给率	顺时针方向
运行方向	XY
测试平面	
测试位置	
起始角度	180°
终止角	180°
越程角度	180°

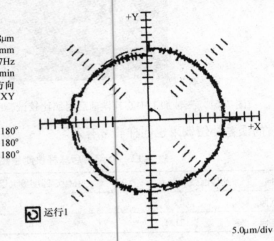

运行1

5.0μm/div

正向测量

ISO 230-4:2005(E)
圆度最大误差
XY 360° 50mm²(补偿前)
操作者：kongxiangzhi
日期：2011-4月-21 09：20：18

机器：快速检查
QC10：H50290,上次校准：2011-04-21

圆度误差（CCW）

数值	21.1μm
测试参数	50.0000mm
半径	41.667Hz
采样速率	500.0mm/min
进给率	逆时针方向
运行方向	XY
测试平面	
测试位置	
起始角度	180°
终止角	180°
越程角度	180°

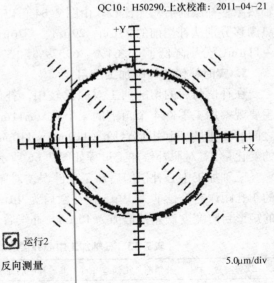

运行2

反向测量

5.0μm/div

图 7-62　三轴加工中心补偿前球杆仪测量 XY 平面

ISO 230-4:2005(E)
圆度最大误差
XY 360° 50mm² _bu13(补偿后)
操作者：kongxiangzhi
日期：2011-4月-21 09:53:19

机器：快速检查
QC10：H50290,上次校准：2011-04-21

圆度误差（CW）

数值	8.1μm
测试参数	50.0000mm
半径	41.667Hz
采样速率	500.0mm/min
进给率	顺时针方向
运行方向	XY
测试平面	
测试位置	
起始角度	180°
终止角	180°
越程角度	180°

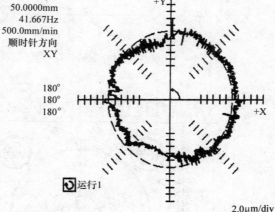

运行1

2.0μm/div

正向测量

ISO 230-4:2005(E)
圆度最大误差
XY 360° 50mm² _bu13(补偿后)
操作者：kongxiangzhi
日期：2011-4月-21 09:53:19

机器：快速检查
QC10：H50290,上次校准：2011-04-21

圆度误差（CCW）

数值	8.4μm
测试参数	50.0000mm
半径	41.667Hz
采样速率	500.0mm/min
进给率	逆时针方向
运行方向	XY
测试平面	
测试位置	
起始角度	180°
终止角	180°
越程角度	180°

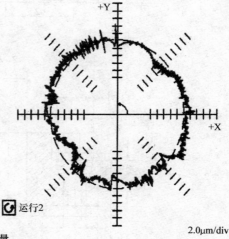

运行2

2.0μm/div

反向测量

图 7-63　三轴加工中心补偿后球杆仪测量 XY 平面

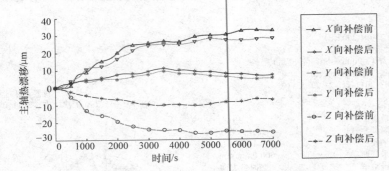

图 7-64　三轴加工中心主轴热漂移补偿前后对照比较

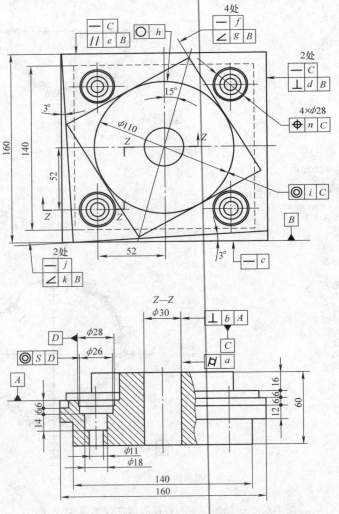

图 7-65　三轴加工中心补偿前后对照比较被切削加工零件

228

装夹和对刀

加工矩形台阶

加工孔

加工完成后测量

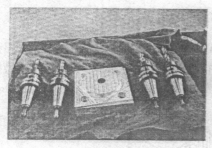

加工用刀具

对照补偿加工工件

图 7-66　对照补偿加工过程

7.4　VMC850E 加工中心空间误差补偿

本节介绍图 7-67 所示的数控立式加工中心的空间误差补偿。

首先建立误差综合数学模型；然后通过激光干涉仪检测了机床的体对角线误差，分离了各项几何误差并建模；接着建立补偿控制系统，补偿控制系统主要由补偿器或微机结合机床数控系统组成；最后进行实时补偿。

在实时补偿过程中，将机床的工作台运动位置信号传输入补偿器，由预先建立并存放在补偿器里的综合误差数学模型算出瞬时综合误差值，然后将补偿值传输入机床数控系统，对刀具或工作台进行附加进给运动以完成实时补偿。

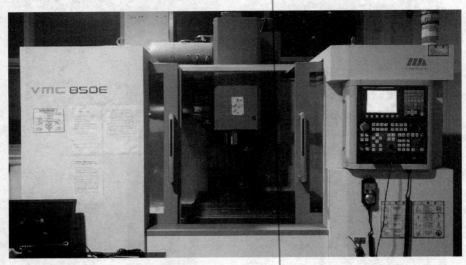

图 7-67　数控立式加工中心

7.4.1　VMC850E 加工中心结构简介及其误差元素

如图 7-68 所示，数控立式加工中心 VMC850E 有 X 轴、Y 轴、Z 轴三根运动轴。X 轴移动工作台做左右运动，其最大行程为 850mm；Y 轴移动工作台做前后运动，其最大行程为 500mm；Z 轴移动主轴做上下运动，其最大行程为 540mm。

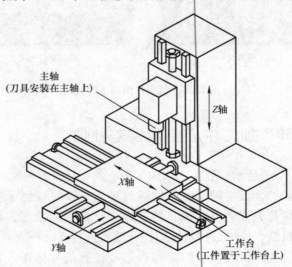

图 7-68　数控立式加工中心结构简图

影响这台机床精度的主要元素有 21 个：

1）关于 X 轴：定位误差 δ_{xx}，直线度误差 δ_{yx}、δ_{zx}，转角误差 ε_{xx}、ε_{yx}、ε_{zx}。

2）关于 Y 轴：定位误差 δ_{yy}，直线度误差 δ_{xy}、δ_{zy}，转角误差 ε_{xy}、ε_{yy}、ε_{zy}。

3）关于 Z 轴：定位误差 δ_{zz}，直线度误差 δ_{xz}、δ_{yz}，转角误差 ε_{xz}、ε_{yz}、ε_{zz}。

4）其他：X 轴和 Y 轴垂直度 S_{xy}，X 轴和 Z 轴垂直度 S_{xz}，Y 轴和 Z 轴垂直度 S_{yz}。

刀尖位置的空间误差可表示为

$$\begin{cases} \Delta_x = -\delta_{xx} - \delta_{xy} + \delta_{xz} - y\varepsilon_{zx} + z\varepsilon_{yx} - y\varepsilon_{zy} + z\varepsilon_{yy} + yS_{xy} - zS_{xz} \\ \Delta_y = -\delta_{yx} - \delta_{yy} + \delta_{yz} + x\varepsilon_{zx} + z\varepsilon_{xx} + z\varepsilon_{xy} - zS_{yz} \\ \Delta_z = -\delta_{zx} - \delta_{zy} + \delta_{zz} + x\varepsilon_{yx} + y\varepsilon_{xx} + y\varepsilon_{xy} \end{cases} \tag{7-70}$$

根据空间误差模型，对于数控立式加工中心，21 个误差中有 18 个误差对空间位置误差有影响，另外 3 个角偏误差对刀具的位姿有影响，对空间位置误差没有影响。对于三轴数控机床，空间位置误差是关键指标。

7.4.2 误差补偿及补偿效果检验

采用 4.4.3 节介绍的双向分布体对角线空间误差测量方法，对沈阳机床厂 VMC850E 立式加工中心进行了空间误差测量、建模和补偿，测量使用了 LDDM MCV – 5000。实验装置布置如图 7-69 所示。实验参数见表 7-14。

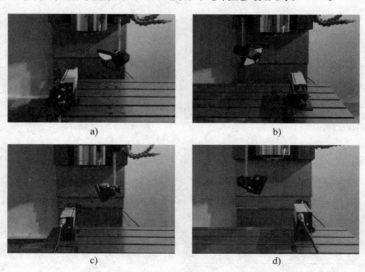

图 7-69　沿体对角线 PPP、NPP、PNP、PPN 的激光测量

a) PPP　b) NPP　c) PNP　d) PPN

表 7-14　实验参数数值

参数	数值
X_0/mm	800
Y_0/mm	450
Z_0/mm	450
N	10
空气温度/℃	20 ~ 22
空气压力/mmHg	750 ~ 758
相对湿度（%）	60
测量重复次数	5
步进速度/（mm/min）	4000

实验测量结果如图 7-70 所示。

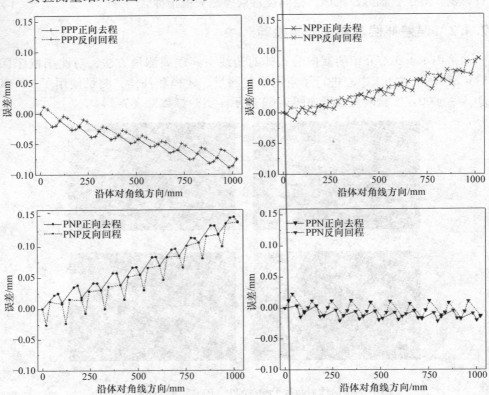

图 7-70　沿四条体对角线的测量结果

通过式（4-64）的解耦，可得各项误差元素，如图 7-71 所示，具体技术细

节可参考文献 [175]。

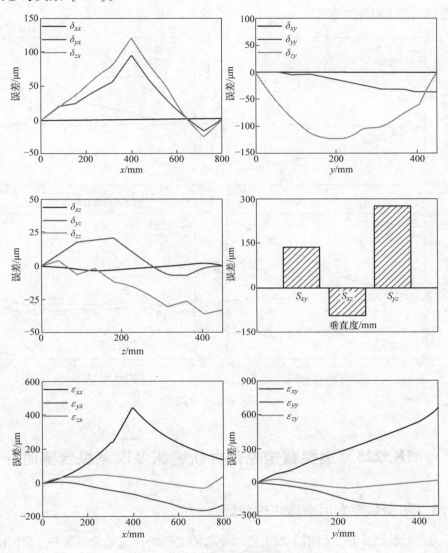

图 7-71　实验解耦结果

根据图 7-71 所示的解耦结果，在该机床上进行了补偿实验，补偿结果如图 7-72所示。补偿前，沿着体对角线 PPP、NPP、PNP、PPN 方向的最大定位误差分别为 75.12μm、86.84μm、139.91μm、17.62μm，空间误差为 139.91μm。补偿后，沿着体对角线 PPP、NPP、PNP、PPN 方向的最大定位误差分别为 9.46μm、7.05μm、4.92μm、12.90μm，空间误差为 12.90μm。空间误差从

139.91μm减小到12.90μm，减小了90%。由此，VMC850E数控立式加工中心的精度得到了大幅度的提升。

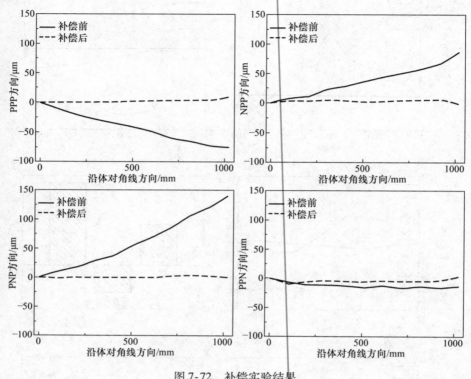

图7-72　补偿实验结果

7.5　MK5225A 重型数控龙门导轨磨床多误差综合实时补偿

7.5.1　重型数控龙门磨床结构特征

　　龙门导轨磨床是专门用于加工各式导轨的龙门磨床，最先由德国生产出来。1956 年，为了满足大型导轨件的加工制造要求，德国瓦德里希·科堡（WALDRISH COBURG）公司专门设计制造了世界上第一台龙门式导轨磨床。该磨床加工精度较好，专用于导轨加工制造，使得导轨生产效率极大提高，受到当时同类机床厂家的欢迎和肯定，因而逐步得到推广，现如今已成为一种专门应用于导轨加工的专用机床。MK5225A 型是上海重型机床厂 20 世纪 60 年代从西德瓦特里希·科堡公司引进吸收再自主研发而成的重型数控龙门导轨磨床。

　　MK5225A 为动梁式龙门导轨磨床，其机械三维图如图 7-73 所示。左右立柱分立在床身两侧并一起紧固，在立柱上方加装了顶梁。横梁在立柱上由双蜗轮蜗杆驱动做升降运动，由光栅尺定位，横梁上分别悬挂周边磨头和万能磨头，磨头通过丝杠螺母驱动沿 Y 轴左右移动。从整体上看，床身、立柱、顶梁形成封闭龙门框架，横梁左侧在立柱延伸较长。低压大流量变量泵供油驱动差动油缸，从而油缸推动工作台前后运动。泵及其调整系统一起被安装在位于床身后右侧的独立油箱内。

对于像 MK5225A 这样的大重型机床，横梁搭载着周边、万能两个大型磨头和砂轮修整机构，总重量超过 10t，由立柱螺母和平衡悬挂机构挂在立柱上。在重力作用下，自然重力变形和应力变形不可避免。从误差角度来看，导轨直接安装在横梁、立柱、滑座箱上，极易随被安装体本身变形而发生受迫变形，而这种变形则在磨削过程中直接影响砂轮与工件接触点的定位精度，从而使工件的加工精度下降。

同时也要看到，磨床的工作性能要求必须对热现象给予高度的重视。金属材料具有热胀冷缩的热特性，实体温度的变换直接影响尺寸和位置的变化。当磨床处于工作状态时，由于磨床运动部件产生摩擦热、磨削热以及外部热源等引起（磨床—工件—砂轮—夹具）工艺系统的热变形，同时引起热误差。在精密及超精密加工中，热误差的影响非常严重，占机床总误差的 40%～70%。机床在内外热源的共同作用下产生热量 Q，该热量通过辐射、对流、传导等方式传递给机床零部件，引起机床零部件的温升 ΔT，使相应零部件产生变形，导致机床在加工过程中刀具和工件间产生相对位移 δ，从而使工件的加工精度下降。稳态整机热变形分布如图 7-74 所示。MK5225A 磨床主要技术参数见表 7-15。

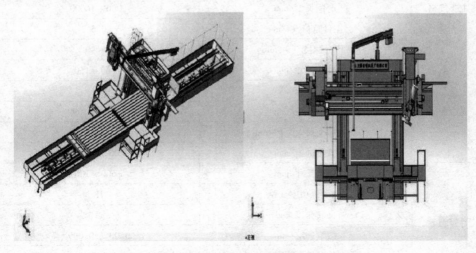

图 7-73　MK5225A 型龙门导轨磨床三维图

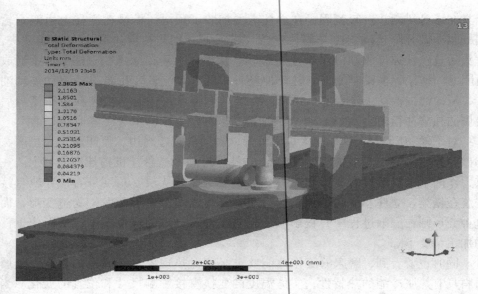

图 7-74　稳态整机热变形分布

表 7-15　MK5225A 磨床主要技术参数

型号和参数		上海重型机床厂 MK5225A
主要规格	磨削宽度/mm	2500
	磨削高度/mm	2000
	磨削长度/mm	2000～16000
	工件重量/(t/m)	2.5
	工作台速度/(m/min)	2～40
周边磨头	砂轮尺寸/mm	φ760×150
	电动机功率/kW	30
	微量进给/mm	0.001～0.099
	垂直移动最大距离/mm	250
	微量进给/mm	0.001～0.099
万能磨头	砂轮尺寸/mm	φ600×100
	电动机功率/kW	18
	回转角度/rad	±110°
	微量进给/mm	0.001～0.099
	垂直移动最大距离/mm	800
	微量进给/mm	0.001～0.099

7.5.2 几何误差检测、建模及补偿

1. 几何误差检测

采用美国光动公司生产的激光测量仪，对机床几何误差进行测量，测量过程如图7-75所示。通过检测，机床在Y向运动时，由于主轴部件比较重而横梁中部刚度差，故在Z向产生了较大的直线度误差（大约$30\mu m$）；检测结果表明Y和Z轴的定位误差比较大，Y轴的定位误差在整个行程里达$80\mu m$以上，Z轴的定位误差在非常短的行程$165mm$里已达$37\mu m$以上，而Y轴和Z轴的运动精度特别是定位精度或位置精度是机床加工精度最关键因素，因此，提高Y轴和Z轴的精度具有重要意义，本研究针对Y、Z轴进行误差检测、建模及实时补偿。

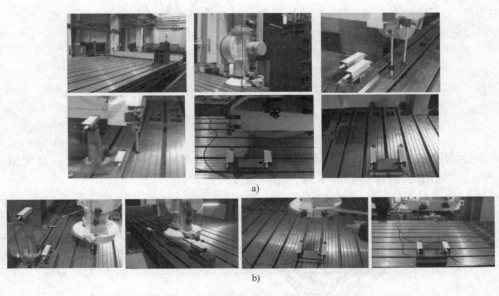

a)

b)

图 7-75　机床几何误差测量

a) X、Y、Z轴几何精度测量　b) V_1、W_1轴几何精度测量

（1）Y轴几何误差检测　检测条件为空气温度13.43℃，压力$763.3MPa$，相对湿度50%，材料温度13.37℃，材料热膨胀系数1.000078，开始位置（0，0，0），终点位置（0，3000，0），激光头分离量$93mm$，总行程$3000mm$，点数31个，测量次数1次。Y轴几何误差分析所得结果如图7-76～图7-80所示。

由图7-76可知，Y轴最大水平直线度误差发生在$1186mm$的位置，最大值为$-29.351\mu m$，误差总体趋势为W形。

由图7-77可知，Y轴最大偏摆误差发生在$3000mm$的位置，最大值为

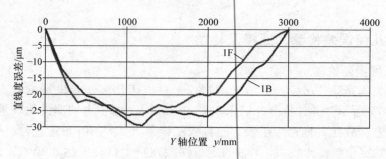

图 7-76　Y 轴水平直线度误差

26.74″，总体趋势为波动上升。

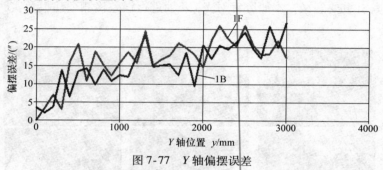

图 7-77　Y 轴偏摆误差

由图 7-78 可知，Y 轴最大垂直直线度误差发生在 1200mm 的位置，最大值为 −9.898μm，总体趋势呈 V 形，总体精度较高。

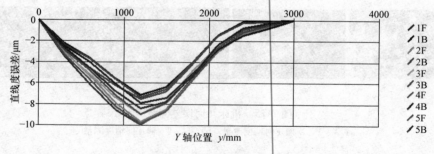

图 7-78　Y 轴垂直直线度误差

由图 7-79 可知，Y 轴最大定位误差发生在 3000mm 的位置，最大值为 0.0885mm，总体趋势呈线性，定位误差较大，是影响机床加工精度的重要因素之一。

由图 7-80 可知，Y 轴在 YZ 平面内最大角度偏差发生在 1800mm 的位置，最大值为 7.82″，总体趋势呈拱门形。

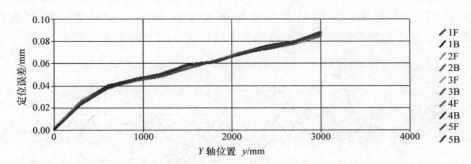

图 7-79　Y 轴定位误差

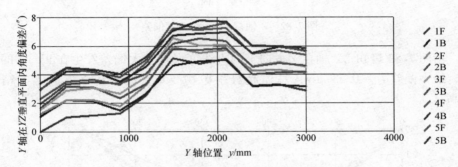

图 7-80　Y 轴在 YZ 垂直平面内角度偏差

（2）Z 轴几何误差检测　检测条件为空气温度 13.43℃，压力 761.6MPa，相对湿度 50%，材料温度 13.37℃，材料热膨胀系数 1.000079，开始位置（0，0，0），终点位置（0，0，250），激光头分离量 267mm，总行程 250mm，点数 25 个，测量次数 3 次。Z 轴几何误差检测结果如图 7-81 ~ 图 7-85。

由图 7-81 可知，Z 轴最大俯仰误差发生在 140mm 的位置，最大值为 0.216μm，总体趋势为拱门形，总体上此轴在这方向上的精度很高。

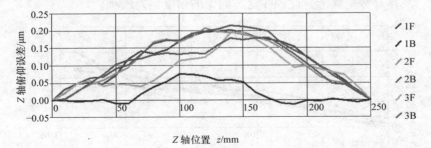

图 7-81　Z 轴俯仰误差

由图 7-82 可知，Z 轴最大角度偏差发生在 210mm 的位置，最大值为 $-1.93″$，总体趋势为波动下降，总体上此轴在这方向上的角度偏差小。

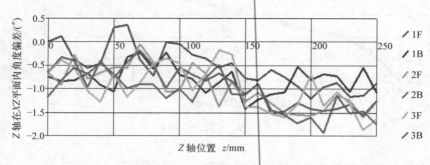

图 7-82　Z 轴在 XZ 面内角度偏差

由图 7-83 可知，Z 轴在 Y 方向上的直线度误差最大偏差发生在 95mm 的位置，最大偏差为 $-0.337\mu m$，总体趋势呈抛物线形，此轴在这方向上的精度很高。

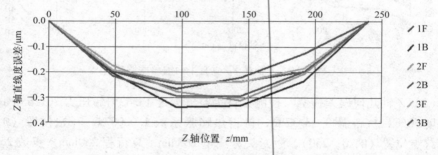

图 7-83　Z 轴在 Y 方向上的直线度误差

由图 7-84 可知，Z 轴最大偏摆误差发生在 240mm 的位置，最大偏差为 $3.05″$，总体趋势呈线形，此轴在这方向上的角度偏差较小。

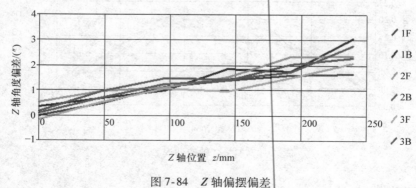

图 7-84　Z 轴偏摆偏差

由图 7-85 可知，Z 轴最大定位误差发生在起始位置，最大偏差为 $20\mu m$，总体趋势呈波动下降。

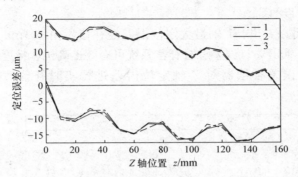

图 7-85 Z 轴定位误差

2. 定位精度实时补偿及其检测认定

根据以上测量及其分析结果，再考虑到对加工精度影响的重要程度，该机床 Y、Z 轴的定位精度非常关键，故对 Y、Z 轴的定位精度进行了精化，即实施了实时补偿并由机械工业机床产品质量检测中心（上海）进行了补偿前后检测认定。

研发的综合误差补偿器可以根据测量数据进行实时建模、实时补偿。将定位误差计算平均之后进行拟合建模，连接外置补偿器与机床相关接口，触发自动补偿功能，用同样的激光干涉仪测量经过实时补偿后的 Y 轴定位误差。图 7-86 为 Y 轴定位误差补偿结果。Y 轴定位误差实时补偿过程为：误差补偿系统经机床 PMC 实时采集机床 Y 轴坐标，并将采集到的坐标数据送入误差补偿系统预先放入的机床 Y 轴定位误差数学模型，误差补偿器根据 Y 轴坐标及数学模

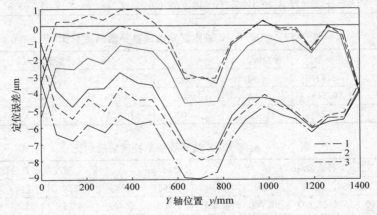

图 7-86 Y 轴定位误差补偿结果

型计算定位误差补偿值，再将补偿值通过输入/输出接口经 PMC 送入数控系统，数控系统利用外部坐标系原点偏置功能来修正机床运动位置，以达到实时补偿机床位置误差的目的。

由图 7-86 可以看出，Y 轴最大定位误差经补偿后由 $103\mu m$ 降低为 $9.5\mu m$，定位误差补偿了 90.7%，误差综合补偿系统可有效提高机床精度。

同样，采用误差补偿器对 Z 轴定位误差进行实时补偿，图 7-87 为补偿结果。

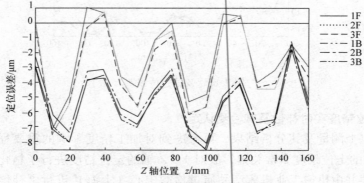

图 7-87　Z 轴定位误差补偿结果

表 7-16 为机床 Y、Z 轴定位误差补偿前后对比，表 7-17 为机床 Y、Z 轴重复定位误差补偿前后对比，表 7-18 为机床 Y、Z 轴系统偏差补偿前后对比。

表 7-16　机床 Y、Z 轴定位误差补偿前后对比

坐标轴	补偿前/μm			补偿后/μm			精度提高百分比（%）		
	双向	正向	反向	双向	正向	反向	双向	正向	反向
Y 轴	102.945	101.424	102.945	12.580	9.469	10.860	87.8	90.7	89.5
Z 轴	37.925	22.222	20.419	11.040	8.166	9.794	70.9	63.3	52.0

表 7-17　机床 Y、Z 轴重复定位误差补偿前后对比

坐标轴	补偿前/μm			补偿后/μm		
	双向	正向	反向	双向	正向	反向
Y 轴	10.514	4.996	7.801	10.049	6.466	5.401
Z 轴	29.798	1.617	3.402	6.752	2.117	3.355

表 7-18　机床 Y、Z 轴系统偏差补偿前后对比

坐标轴	补偿前/μm			补偿后/μm			精度提高百分比（%）		
	双向	正向	反向	双向	正向	反向	双向	正向	反向
Y 轴	99.533	98.633	98.600	8.467	4.333	6.433	91.5	95.6	93.5
Z 轴	37.267	21.500	18.500	9.400	7.133	8.267	74.8	66.8	55.3

由表 7-16～表 7-18 可以看出，经过补偿，机床各项精度均有大幅提高，精度最大提高 95.6%，说明机床精度可通过补偿得到有效改善。

3. 直线度误差实时补偿实验

用雷尼绍激光干涉仪分别检测该机床沿 XY 平面运动引起的 Z 轴方向直线度误差、沿 YZ 平面运动引起的 X 轴方向直线度误差、沿 XZ 平面运动引起的 Y 轴方向直线度误差。按照三次样条插值拟合算法，建立关于机床坐标的几何误差模型，并将该模型返回输入到误差补偿系统。最后进行误差补偿实施实验，同时测量相应轴的直线度误差，对比补偿前后效果如图 7-88、表 7-19 所示。

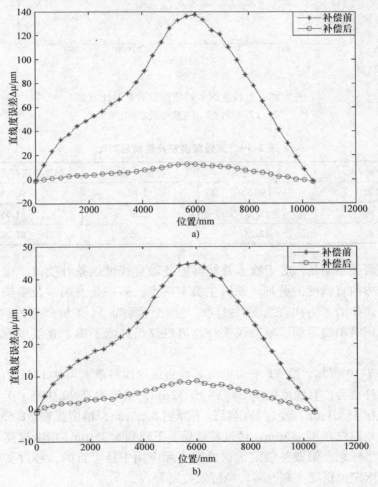

图 7-88　直线度误差补偿前后效果对比

a）XY 平面内 Z 向直线度误差补偿效果　b）XZ 平面内 Y 向直线度误差补偿效果

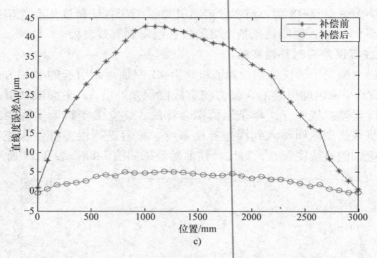

图 7-88　直线度误差补偿前后效果对比（续）

c）*YZ* 平面内 *X* 向直线度误差补偿效果

表 7-19　直线度误差补偿前后对比

坐标轴方向	补偿前/μm	补偿后/μm	精度提高百分比（%）
Z 向	138. 52	12. 82	90. 94
Y 向	45. 31	8. 36	81. 55
X 向	42. 35	5. 35	87. 36

这里要注意的是，对于输入补偿器的各轴直线度误差补偿值，应是两个不同轴同一方向直线度的叠加。原因主要有两点：第一是磨削涉及多轴运动，工况复杂，例如沿 *Z* 方向直线度误差同时与两个运动轴 *X*、*Y* 轴都有关；其次是即使采用机床沿单轴运动，单轴误差补偿值也仅仅补偿了单个直线度方向，是欠补偿。

由表 7-19 可知，沿 *XY* 平面运动 *Z* 向直线度误差最大可达 138. 52μm，经过实时误差补偿后，直线度误差下降到 12. 82μm，精度提高 90. 94%；*Y* 向直线度误差原先在 45. 31μm，经过补偿后，下降到 8. 36μm，精度提高 81. 55%；*Z* 向直线度误差原先在 42. 35μm，经过补偿后，下降到 5. 35μm，精度提高 87. 36%。可见通过坐标原点偏置补偿定位误差在实际应用中是可行的，经过实时误差补偿后，机床定位精度大幅改善，经济效益显著。

7.5.3　机床主轴热漂移误差实时补偿

MK5225A 重型机床使用的是 FANUC 数控系统，应用研制的实时补偿器对主轴热漂移误差进行实时补偿。主轴热漂移误差补偿实施过程为：将温度传感器布置在主轴及主轴箱并与误差补偿器连接，以实时采集主轴及主轴箱的温度数据；将建立的主轴热漂移误差数学模型放入实时补偿器的数学模型存储单元中；实时补偿器与数控系统连接并进行调试；启动机床及实时补偿器进行主轴热漂移误差实时补偿。

　　具体补偿过程为：温度传感器实时采集主轴及主轴箱温度信号，并将采集到的温度信号送入补偿器，通过预先放入的主轴热漂移误差数学模型计算获得误差补偿值，再将补偿值通过输入/输出接口并经 PMC 送入数控系统，最终数控系统利用外部坐标系原点偏置功能来修正机床运动位置，以达到实时补偿机床位置误差的目的。实时补偿时间间隔可从 8ms ~ 5s，考虑到热误差补偿中温度上升得不是太快，故选择实时补偿时间间隔为 1s，即每 1s 完成 1 次补偿，由此循环重复，进行连续的、自动的、实时的补偿。实时补偿可在机床工作中的任意时间进行。图 7-89 分别为主轴温度传感器布置图和主轴热漂移误差测量。

主轴温度传感器布置图

X 向热漂移误差测量　　　　Y 向热漂移误差测量　　　　Z 向热漂移误差测量

图 7-89　主轴温度传感器布置图和主轴热漂移误差测量

　　图 7-90 为实时补偿前后的主轴热漂移误差对照比较，实验进行了 3h40min。由图 7-90 可见，X、Y、Z 三个方向的热漂移误差从补偿前的 56μm、61μm、69μm 下降到 19μm、21μm、25μm，可见机床主轴热漂移误差分别降低了66.07%、65.57%、63.77%。通过补偿，MK5225A 重型龙门导轨磨床在 X、Y、

Z 三个方向的主轴热漂移误差均有大幅改善，说明误差实时补偿系统可有效提高机床精度。

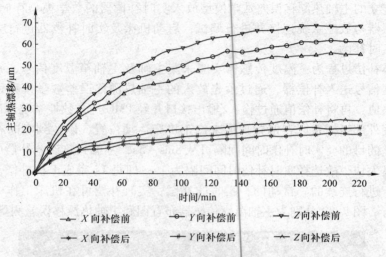

图 7-90　实时补偿前后的主轴热漂移误差对照比较

大量实验表明，当切削条件变化时，会引起机床温度及电动机电流的变化，而机床温度与热误差有关并可通过温度传感器实时检测，电动机电流与切削力引起的误差有关并可通过界面功能实时读取。而误差补偿系统可实时采集温度与电流信号并实时计算、输出误差补偿值。因此，误差实时补偿系统可实现不同切削条件下的误差补偿。

7.6　五轴加工中心误差补偿

7.6.1　五轴加工中心结构简介与误差综合模型

五轴加工中心可以通过三个平动轴和两个旋转轴联动的方式进行加工。机床的五轴联动功能可以实现各种复杂几何表面的加工，因此五轴加工中心被广泛应用于燃气轮机等零件的加工。与传统三轴机床的结构相比，五轴加工中心新加入两个旋转轴，相应带入新的误差元素，因此误差分析也变得更为复杂。

本节以某一型号双转台式五轴加工中心为例，利用齐次坐标变换理论，建立了理想状态运动学模型和体积误差综合数学模型，获得刀具相对于工件的位置和姿态误差，求得体积误差与误差元素的数学关系，最后利用逆运动学计算获得各运动轴的误差值和补偿值。

如图 7-91 所示，首先建立坐标系：机床 M、工件 W 和刀具 T；然后建立运

动坐标系 X、Y、Z 和 A、C。

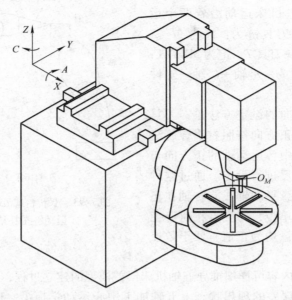

图 7-91 双转台式五轴加工中心坐标系设定

本研究选择将机床坐标系原点设置在 A、C 轴线交点的位置上，记为 O_M，如图 7-91 所示。

当机床处于初始零位时，平动轴运动坐标系 X、Y、Z 的初始原点 O_X、O_Y、O_Z 与机床坐标系的原点 O_M 重合。

对于旋转轴运动坐标系，设定 A 轴运动坐标系的初始零点 O_A 与机床坐标系零点 O_M 重合；设定 C 轴运动坐标系的初始零点 O_C 在回转台中心，O_C 在机床坐标系下的坐标为值为 $(0, 0, z_C)$。

由于刀具与 Z 轴始终固定连接，因此坐标系 T 与 Z 始终重合。

工件坐标系原点 O_W 由数控加工中的对刀过程获得，不同数控加工程序对应的坐标原点不同。为了简化五轴加工中心运动学模型，将工件坐标系原点 O_W 设定在 C 轴坐标系原点 O_C 处，两个坐标系位置重合。双转台式五轴加工中心坐标系原点设定如图 7-92 所示。

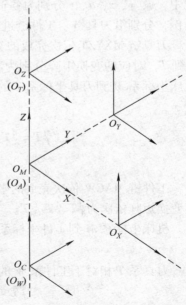

图 7-92 双转台式五轴加工中心坐标系原点设定

双转台式五轴加工中心的拓扑结构如图 7-93 所示。机床运动沿着两个运动链完成，其中刀具链为：床身 M—X 轴—Y 轴—Z 轴—刀具 T，记为 MXYZT；工件链为：床身 M—A 轴—C 轴—工件 W，记为 MACW。

坐标系正方向的设定方法是：刀具链中各运动轴的正方向按照右手螺旋法则设定，工件链中各运动轴的正方向与右手螺旋法则相反进行设定。通过这种正方向设定，任意平动轴或旋转轴在正方向上运动一个单位，刀尖点相对于工件坐标系的运动量均为正值，便于数控加工编程。

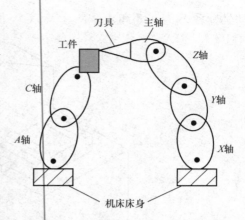

图 7-93　双转台式五轴加工中心
运动链拓扑结构

根据第 3 章内容可详细推导五轴机床误差模型的建立过程，这里简述如下：

首先建立无误差的理想状态下五轴加工中心运动学模型。假设理想状态下机床各运动轴的运动量 u 的表达式

$$u = [x, y, z, a, c] \tag{7-71}$$

式中，x、y、z、a、c 分别为各轴的运动量。以图 7-91 中双转台式五轴加工中心为例，分别沿刀具链、工件链进行运动学建模。

刀具链 MXYZT 依次完成的坐标系变换有：坐标系 M 到 X、X 到 Y、Y 到 Z、Z 到 T，对应的变换矩阵分别为 ${}^M_X\boldsymbol{T}$、${}^X_Y\boldsymbol{T}$、${}^Y_Z\boldsymbol{T}$、${}^Z_T\boldsymbol{T}$。根据复合变换的计算方法可知，机床坐标系 M 到刀具坐标系 T 的变换矩阵为

$$
{}^M_T\boldsymbol{T} = {}^M_X\boldsymbol{T}\,{}^X_Y\boldsymbol{T}\,{}^Y_Z\boldsymbol{T}\,{}^Z_T\boldsymbol{T} = \begin{pmatrix} 1 & 0 & 0 & x \\ 0 & 1 & 0 & y \\ 0 & 0 & 1 & z \\ 0 & 0 & 0 & 1 \end{pmatrix} \tag{7-72}
$$

工件链 MACW 依次完成的坐标系变换有：坐标系 M 到 A、A 到 C、C 到 W，其变换矩阵依次为 ${}^M_A\boldsymbol{T}$、${}^A_C\boldsymbol{T}$、${}^C_W\boldsymbol{T}$。

机床坐标系 M 到工件坐标系 W 的齐次变换矩阵可以表示为

$$
{}^M_W\boldsymbol{T} = {}^M_A\boldsymbol{T}\,{}^A_C\boldsymbol{T}\,{}^C_W\boldsymbol{T} \tag{7-73}
$$

刀具系 T 相对于工件系 W 的齐次变换矩阵 ${}^W_T\boldsymbol{T}$ 可以表示为

$$
{}^W_T\boldsymbol{T} = {}^W_M\boldsymbol{T}\,{}^M_T\boldsymbol{T} = \left({}^M_W\boldsymbol{T}\right)^{-1}{}^M_T\boldsymbol{T} \tag{7-74}
$$

刀具的刀尖点在工件坐标系 W 中的位置向量 ${}^W\boldsymbol{P}$ 可由矩阵 ${}^W_T\boldsymbol{T}$ 第 4 列获得，即

$$\begin{pmatrix} {}^W\boldsymbol{P}_x \\ {}^W\boldsymbol{P}_y \\ {}^W\boldsymbol{P}_z \\ 1 \end{pmatrix} = {}_T^W\boldsymbol{T}\begin{pmatrix} 0 \\ 0 \\ 0 \\ 1 \end{pmatrix} = \begin{pmatrix} x\cos c + y\cos a \sin c + z\sin a \sin c \\ -x\sin c + y\cos a \cos c + z\sin a \cos c \\ -y\sin a + z\cos a - z_c \\ 1 \end{pmatrix} \tag{7-75}$$

刀轴方向向量 ${}^W V$ 可由刀具坐标系 T 的 Z 向获得，即矩阵 ${}_T^W\boldsymbol{T}$ 的第 3 列，即

$$\begin{pmatrix} {}^W V \\ 0 \end{pmatrix} = {}_T^W\boldsymbol{T}\begin{pmatrix} 0 \\ 0 \\ 1 \\ 0 \end{pmatrix} = \begin{pmatrix} \sin a \sin c \\ \sin a \cos c \\ \cos a \\ 0 \end{pmatrix} \tag{7-76}$$

五轴加工中心误差综合模型的建模过程与理想运动学建模过程类似，区别在于误差综合建模时，引入误差运动变换矩阵来表示机床误差对机床运动的影响，分别沿刀具链、工件链进行误差综合建模。

刀具链 MXYZT 依次完成的坐标系变换有：坐标系 M 到 X、X 到 Y、Y 到 Z、Z 到 T，在有误差的实际运动状态下，其变换矩阵分别为 ${}_X^M\boldsymbol{T}_e$、${}_Y^X\boldsymbol{T}_e$、${}_Z^Y\boldsymbol{T}_e$、${}_T^Z\boldsymbol{T}_e$。

机床坐标系 M 向运动坐标系 X 的坐标变换可以依次分解为：① X 方向理想平移运动，运动向量为 $[x,0,0]$；②平移误差运动，运动向量为 $[\delta_{xx},\delta_{yx},\delta_{zx}]$；③旋转误差运动，运动向量为 $[\varepsilon_{xx},\varepsilon_{yx},\varepsilon_{zx}]$。①和②运动的坐标变换矩阵为 ${}_{X_t}^M\boldsymbol{T}_e$，③运动的变换矩阵为 ${}_{X_r}^{X_t}\boldsymbol{T}_e$。

在有误差的实际运动状态下，机床坐标系 M 向运动坐标系 X 的坐标变换矩阵 ${}_X^M\boldsymbol{T}_e$ 为

$${}_X^M\boldsymbol{T}_e = {}_{X_t}^M\boldsymbol{T}_e {}_{X_r}^{X_t}\boldsymbol{T}_e \tag{7-77}$$

通常情况下，平动轴角偏误差数值小，可以进行小误差假设：$\sin\varepsilon = 0$，$\cos\varepsilon = 1$，并忽略高阶项，得 ${}_X^M\boldsymbol{T}_e$ 的表达式为

$${}_X^M\boldsymbol{T}_e = \begin{pmatrix} 1 & -\varepsilon_{zx} & -\varepsilon_{yx} & x+\delta_{xx} \\ \varepsilon_{zx} & 1 & -\varepsilon_{xx} & \delta_{yx} \\ \varepsilon_{yx} & \varepsilon_{xx} & 1 & \delta_{zx} \\ 0 & 0 & 0 & 1 \end{pmatrix} \tag{7-78}$$

同样的，有误差的实际状态下，运动坐标系 X 向运动坐标系 Y 的坐标变换矩阵 ${}_Y^X\boldsymbol{T}_e$ 为

$${}_Y^X\boldsymbol{T}_e = {}_{Y_t}^X\boldsymbol{T}_e {}_{Y_r}^{Y_t}\boldsymbol{T}_e = \begin{pmatrix} 1 & -\varepsilon_{zy} & -\varepsilon_{yy} & \delta_{xy}-yS_{xy} \\ \varepsilon_{zy} & 1 & -\varepsilon_{xy} & y+\delta_{yy} \\ \varepsilon_{yy} & \varepsilon_{xy} & 1 & \delta_{zy} \\ 0 & 0 & 0 & 1 \end{pmatrix} \tag{7-79}$$

在有误差的实际运动状态下，运动坐标系 Y 向运动坐标系 Z 的坐标变换矩阵 $_Z^Y\boldsymbol{T}_e$ 为

$$_Z^Y\boldsymbol{T}_e = _{Z_t}^Y\boldsymbol{T}_e {}_{Z_r}^{Z_t}\boldsymbol{T}_e = \begin{pmatrix} 1 & -\varepsilon_{zz} & -\varepsilon_{yz} & \delta_{xz} - zS_{xz} \\ \varepsilon_{zz} & 1 & -\varepsilon_{xz} & \delta_{yz} - z\delta_{yz} \\ \varepsilon_{yz} & \varepsilon_{xz} & 1 & z + \delta_{zz} \\ 0 & 0 & 0 & 1 \end{pmatrix} \tag{7-80}$$

刀具坐标系 T 与运动坐标系 Z 重合，因此 $_T^Z\boldsymbol{T}_e$ 为单位矩阵，即

$$_T^Z\boldsymbol{T} = \boldsymbol{I} \tag{7-81}$$

有误差的实际运动状态下，机床刀具链 MXYZT 的误差变换矩阵为

$$_T^M\boldsymbol{T}_e = _X^M\boldsymbol{T}_e {}_Y^X\boldsymbol{T}_e {}_Z^Y\boldsymbol{T}_e {}_T^Z\boldsymbol{T}_e = \begin{pmatrix} \boldsymbol{R}_{3\times3} & \boldsymbol{P}_{3\times1} \\ 0 & 1 \end{pmatrix} \tag{7-82}$$

根据以上推导，基于小误差假设，忽略高阶项，可以获得刀具链误差变换矩阵的表达式

$$_T^M\boldsymbol{T}_e = \begin{pmatrix} \boldsymbol{R}_{3\times3} & \boldsymbol{P}_{3\times1} \\ 0 & 1 \end{pmatrix}$$

$$\boldsymbol{R}_{3\times3} = \begin{pmatrix} 1 & -\varepsilon_{zx} - \varepsilon_{zy} - \varepsilon_{zz} & -\varepsilon_{yx} - \varepsilon_{yy} - \varepsilon_{yz} \\ \varepsilon_{zx} + \varepsilon_{zy} + \varepsilon_{zz} & 1 & -\varepsilon_{xx} - \varepsilon_{xy} - \varepsilon_{xz} \\ \varepsilon_{yx} + \varepsilon_{yy} + \varepsilon_{yz} & \varepsilon_{xx} + \varepsilon_{xy} + \varepsilon_{xz} & 1 \end{pmatrix} \tag{7-83}$$

$$\boldsymbol{P}_{3\times1} = \begin{pmatrix} x + \delta_{xx} + \delta_{xy} + \delta_{xz} - (z\varepsilon_{yx} + z\varepsilon_{yy} + y\varepsilon_{zx}) - (yS_{xy} + zS_{xz}) \\ y + \delta_{yx} + \delta_{yy} + \delta_{yz} - z(\varepsilon_{xx} + \varepsilon_{xy}) - zS_{xz} \\ z + \delta_{zx} + \delta_{zy} + \delta_{zz} + y\varepsilon_{xx} \end{pmatrix}$$

工件链 MACW 依次完成的坐标系变换有：坐标系 M 到 A、A 到 C、C 到 W，在有误差的实际状态下，其变换矩阵分别为 $_A^M\boldsymbol{T}_e$、$_C^A\boldsymbol{T}_e$、$_W^C\boldsymbol{T}_e$。机床坐标系 M 到运动坐标系 A 的复合坐标变换可以依次分解为：① A 轴相对定义 PIGE 的误差运动，其误差矩阵为 $_{A_l}^M\boldsymbol{T}_e$；②运动坐标系 A 绕 X 轴做旋转变换，旋转角度为 a，其变换矩阵为 $_{A_{lr}}^{A_l}\boldsymbol{T}_e$；③ A 轴位置相关误差 PDGE 的误差运动，其误差矩阵为 $_A^{A_{lr}}\boldsymbol{T}_e$。

在有误差的实际状态下，机床坐标系 M 到运动坐标系 A 的误差变换矩阵为

$$_A^M\boldsymbol{T}_e = _{A_l}^M\boldsymbol{T}_e {}_{A_{lr}}^{A_l}\boldsymbol{T}_e {}_A^{A_{lr}}\boldsymbol{T}_e \tag{7-84}$$

类似的，在有误差的实际状态下，运动坐标系 A 到运动坐标系 C 的误差变换矩阵为

$$_C^A\boldsymbol{T}_e = _{C_l}^A\boldsymbol{T}_e {}_{C_{lr}}^{C_l}\boldsymbol{T}_e {}_C^{C_{lr}}\boldsymbol{T}_e \tag{7-85}$$

为简化误差综合模型，假设工件坐标系与 C 轴坐标系重合，并忽略定位、装夹误差，运动坐标系 C 到工件坐标系 W 的变换矩阵为单位矩阵，即

$$\begin{matrix} {}^{C}_{W}\boldsymbol{T}_e = \boldsymbol{I} \end{matrix} \tag{7-86}$$

在有误差的实际运动状态下，机床工件链 MACW 的误差变换矩阵为

$$\begin{matrix} {}^{M}_{W}\boldsymbol{T}_e = {}^{M}_{A}\boldsymbol{T}_{eC}^{A}\boldsymbol{T}_{eW}^{C}\boldsymbol{T}_e \end{matrix} \tag{7-87}$$

在有误差的实际运动状态下，刀具系 T 相对于工件系 W 的齐次变换矩阵 ${}^{W}_{T}\boldsymbol{T}_e$ 为

$$\begin{matrix} {}^{W}_{T}\boldsymbol{T}_e = {}^{W}_{M}\boldsymbol{T}_{eT}^{M}\boldsymbol{T}_e = ({}^{M}_{W}\boldsymbol{T}_e)^{-1}{}^{M}_{T}\boldsymbol{T}_e = \begin{pmatrix} a_{11} & a_{12} & a_{13} & a_{14} \\ a_{21} & a_{22} & a_{23} & a_{24} \\ a_{31} & a_{32} & a_{33} & a_{34} \\ 0 & 0 & 0 & 1 \end{pmatrix} \end{matrix} \tag{7-88}$$

式（7-88）是有误差状态下五轴加工中心误差综合模型，表示了刀具 T 在工件坐标系 W 下的位置和姿态。在有误差的实际状态下，刀具刀尖点在工件坐标系 W 中的位置向量 ${}^{W}\boldsymbol{P}_e$ 可由矩阵 ${}^{W}_{T}\boldsymbol{T}_e$ 第 4 列获得，即

$$\begin{pmatrix} {}^{W}\boldsymbol{P}_e \\ 1 \end{pmatrix} = \begin{pmatrix} {}^{W}\boldsymbol{P}_{xe} \\ {}^{W}\boldsymbol{P}_{ye} \\ {}^{W}\boldsymbol{P}_{ze} \\ 1 \end{pmatrix} = {}^{W}_{T}\boldsymbol{T}_e \begin{pmatrix} 0 \\ 0 \\ 0 \\ 1 \end{pmatrix} = \begin{pmatrix} a_{14} \\ a_{24} \\ a_{34} \\ 1 \end{pmatrix} \tag{7-89}$$

工件坐标系下的刀轴方向向量 ${}^{W}V_e$ 可由矩阵 ${}^{W}_{T}\boldsymbol{T}_e$ 第 3 列获得，即

$$\begin{pmatrix} {}^{W}V_e \\ 0 \end{pmatrix} = {}^{W}_{T}\boldsymbol{T}_e \begin{pmatrix} 0 \\ 0 \\ 1 \\ 0 \end{pmatrix} = \begin{pmatrix} a_{13} \\ a_{23} \\ a_{33} \\ 0 \end{pmatrix} \tag{7-90}$$

对比理想运动学模型和误差综合模型的刀尖点位置向量和刀轴方向向量，即可获得五轴加工中心的体积误差向量，即

$$\begin{matrix} \Delta \boldsymbol{P} = \begin{pmatrix} \Delta x \\ \Delta y \\ \Delta z \end{pmatrix} = {}^{W}\boldsymbol{P} - {}^{W}\boldsymbol{P}_e = \begin{pmatrix} {}^{W}\boldsymbol{P}_x - {}^{W}\boldsymbol{P}_{xe} \\ {}^{W}\boldsymbol{P}_y - {}^{W}\boldsymbol{P}_{ye} \\ {}^{W}\boldsymbol{P}_z - {}^{W}\boldsymbol{P}_{ze} \end{pmatrix} \\ = \begin{pmatrix} x\cos c + y\cos a \sin c + z\sin a \sin c - a_{14} \\ -x\sin c + y\cos a \cos c + z\sin a \cos c - a_{24} \\ -y\sin a + z\cos a - z_c - a_{34} \end{pmatrix} \end{matrix} \tag{7-91}$$

$$\Delta V \begin{pmatrix} \Delta i \\ \Delta j \\ \Delta k \end{pmatrix} = {}^{W}V - {}^{W}V_e = \begin{pmatrix} \sin a \sin c - a_{13} \\ \sin a \cos c - a_{23} \\ \cos a - a_{33} \end{pmatrix} \tag{7-92}$$

将刀具在工件坐标系下的理想位置和姿态 $\begin{bmatrix} ^WP, ^WV \end{bmatrix}$ 与刀具在工件坐标系下的实际位置和姿态 $\begin{bmatrix} ^WP_e, ^WV_e \end{bmatrix}$ 两者求差，如式（7-91）和式（7-92）所示，即可获得五轴加工中心体积误差值 $\begin{bmatrix} \Delta P, \Delta V \end{bmatrix}$，即

$$\begin{bmatrix} \Delta P, \Delta V \end{bmatrix} = \begin{bmatrix} \Delta x, \Delta y, \Delta z, \Delta i, \Delta j, \Delta k \end{bmatrix} \tag{7-93}$$

以上计算得到的是刀尖点处的位置和姿态偏差值，而进行补偿则需要将以上值解耦为各轴补偿值。

7.6.2 五轴加工中心解耦补偿策略

五轴联动数控机床，其旋转轴存在主次依赖关系，即主摆动轴的运动影响次摆动轴的空间位置，而次摆动轴的运动则不影响主摆动轴的空间位置状态。因此，旋转运动中轴线方向不变的回转轴称为定轴，轴线方向变化的回转轴称为动轴。图7-94描述了常见的双转台五轴机床的转动轴关系，其中 A 轴的运动影响次摆动轴 C 的空间位置，因而 A 轴为主旋转轴或称定轴；C 轴的运动不影响主旋转轴 A 的空间位置，因而 C 轴为次旋转轴或称动轴。

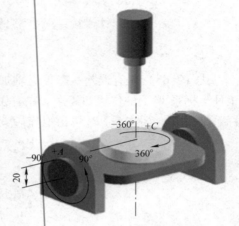

图7-94　双转台五轴机床的转动轴

机床运动学求解的任务是，根据刀具路径上的一点 P 及点 P 对应的刀轴方向向量求出机床坐标系下机床5个运动轴的运动分量。问题描述如下：

已知条件：工件坐标系下，P 点坐标 (x_p, y_p, z_p)，P 点的刀轴方向 (i, j, k)。

求解：

$$X = f_X(x_p, y_p, z_p, i, j, k) \tag{7-94}$$

$$Y = f_Y(x_p, y_p, z_p, i, j, k) \tag{7-95}$$

$$Z = f_Z(x_p, y_p, z_p, i, j, k) \tag{7-96}$$

$$A = f_A(x_p, y_p, z_p, i, j, k) \tag{7-97}$$

$$C = f_C(x_p, y_p, z_p, i, j, k) \tag{7-98}$$

考虑到数控编程的方便，以工件坐标系为运动分析的基础坐标系，即将刀具运动和各运动轴（包括移动轴和旋转轴）的运动都以工件坐标系的变量来表示[128]。五轴机床误差补偿的实施，就是通过对各运动轴输入一个补偿值来调整刀具和工件的实际位置和姿态来实现的。

为此，如图7-95所示，首先建立3组坐标系：

（1）工件坐标系 $O_wX_wY_wZ_w$　数控编程中刀位数据源文件就是在该坐标系中给出。

（2）刀具坐标系 $O_tX_tY_tZ_t$　该坐标系是与刀具固联的坐标系，其原点设在刀尖上，刀尖在工件坐标系中是一个变量。

（3）参考坐标系 $O_mX_mY_mZ_m$　该坐标系是与旋转轴 C 固联的坐标系，其原点 O_m 为 A、C 两个旋转轴的交点，通过该坐标系，刀具坐标系与工件坐标系之间的变换关系，可分解为 $O_tX_tY_tZ_t$ 相对于 $O_mX_mY_mZ_m$ 的平移运动和 $O_mX_mY_mZ_m$ 相对于 $O_wX_wY_wZ_w$ 的旋转运动。

在工件坐标系中，任意一点所对应的向量用 $\boldsymbol{V}$ 表示，(x,y,z) 和 (i,j,k) 分别表示其位置向量和方向向量，用下标区分不同位置和不同状态。如刀尖（即刀具坐标系原点）

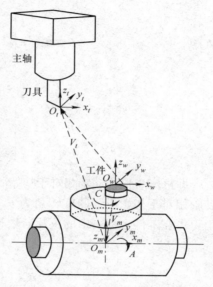

图7-95　五轴机床的运动坐标变换关系

O_t 在工件坐标系中对应的向量用 $\boldsymbol{V}_t$ 表示，(x_t,y_t,z_t) 和 (i_t,j_t,k_t) 分别表示刀尖位置向量和方向向量；同样，参考坐标系原点 O_m 在工件坐标系中所对应的向量用 $\boldsymbol{V}_m$ 表示，(x_m,y_m,z_m) 和 (i_m,j_m,k_m) 分别表示其位置向量和方向向量。

平移运动的齐次坐标变换用 $\boldsymbol{T}$ 表示，则：

$$\boldsymbol{T}(\boldsymbol{V}) = \begin{pmatrix} 1 & 0 & 0 & x \\ 0 & 1 & 0 & y \\ 0 & 0 & 1 & z \\ 0 & 0 & 0 & 1 \end{pmatrix} \tag{7-99}$$

式中，x、y、z 分别为工件从坐标系原点平移到新位置的3个移动轴坐标。

则向量 $\boldsymbol{V}_p$ 到 $\boldsymbol{V}_m$ 的平移变换可以表示为

$$\boldsymbol{T}(\boldsymbol{V}_p - \boldsymbol{V}_m) = \begin{pmatrix} 1 & 0 & 0 & x_p - x_m \\ 0 & 1 & 0 & y_p - y_m \\ 0 & 0 & 1 & z_p - z_m \\ 0 & 0 & 0 & 1 \end{pmatrix} \tag{7-100}$$

旋转运动的齐次坐标变换用 $\boldsymbol{R}$ 表示，若 A 轴、C 轴分别绕 X、Z 轴做旋转运动，设相对于初始位置的旋转角分别为 θ_A、θ_C（以逆时针旋转为正），旋转运动的齐次坐标变换分别记为 $\boldsymbol{R}_x(\theta_A)$ 和 $\boldsymbol{R}_z(\theta_C)$，则

$$R_x(\theta_A) = \begin{pmatrix} \cos\theta_A & 0 & \sin\theta_A & 0 \\ 0 & 1 & 0 & 0 \\ -\sin\theta_A & 0 & \cos\theta_A & 0 \\ 0 & 0 & 0 & 1 \end{pmatrix} \tag{7-101}$$

$$R_z(\theta_C) = \begin{pmatrix} \cos\theta_C & -\sin\theta_C & 0 & 0 \\ \sin\theta_C & \cos\theta_C & 0 & 0 \\ 0 & 0 & 1 & 0 \\ 0 & 0 & 0 & 1 \end{pmatrix} \tag{7-102}$$

即机床 3 根移动轴相对于初始状态的位置为 $V_p = (x_p, y_p, z_p)$，前面已假定旋转轴相对于初始位置的旋转角为 θ_A、θ_C，根据五轴机床的坐标变换原理，可得出刀尖在工件坐标系中的位置向量和方向向量为

$$\begin{pmatrix} x_t \\ y_t \\ z_t \\ 1 \end{pmatrix} = T(V_m) R_z(-\theta_C) R_x(-\theta_A) T(V_p - V_m) \begin{pmatrix} 0 \\ 0 \\ 0 \\ 1 \end{pmatrix} \tag{7-103}$$

$$\begin{pmatrix} i_t \\ j_t \\ k_t \\ 0 \end{pmatrix} = T(V_m) R_z(-\theta_C) R_x(-\theta_A) T(V_p - V_m) \begin{pmatrix} 0 \\ 0 \\ 1 \\ 0 \end{pmatrix} \tag{7-104}$$

根据式（7-100）~式（7-102）的定义，将 $T(V_m)$、$R_z(-\theta_C)$、$R_x(-\theta_A)$、$T(V_p - V_m)$ 分别代入式（7-103）和式（7-104），可得

$$\begin{cases} x_t = \cos\theta_A\cos\theta_C(x_p - x_m) + \sin\theta_C(y_p - y_m) - \sin\theta_A\cos\theta_C(z_p - z_m) + x_m \\ y_t = -\cos\theta_A\sin\theta_C(x_p - x_m) + \cos\theta_C(y_p - y_m) + \sin\theta_A\sin\theta_C(z_p - z_m) + y_m \\ z_t = \sin\theta_A(x_p - x_m) + \cos\theta_A(z_p - z_m) + z_m \end{cases} \tag{7-105}$$

$$\begin{cases} i_t = -\sin\theta_A\cos\theta_C \\ j_t = \sin\theta_A\sin\theta_C \\ k_t = \cos\theta_A \end{cases} \tag{7-106}$$

由式（7-105）、式（7-106）可以计算得到该时刻各运动轴的位移，即

$$\begin{cases} x_p = \cos\theta_A\cos\theta_C(x_t - x_m) - \cos\theta_A\sin\theta_C(y_t - y_m) + \sin\theta_A(z_t - z_m) + x_m \\ y_p = \sin\theta_C(x_t - x_m) + \cos\theta_C(y_t - y_m) + y_m \\ z_p = -\sin\theta_A\cos\theta_C(x_t - x_m) + \sin\theta_A\sin\theta_C(y_t - y_m) + \cos\theta_A(z_t - z_m) + z_m \end{cases}$$
$$\tag{7-107}$$

$$\begin{cases} \theta_A = \arccos k_t \\ \theta_C = \arctan \dfrac{i_t}{j_t} \end{cases} \tag{7-108}$$

在机械加工中，由于工件精度是由刀尖与工件的相对位置决定的，在某一时刻，得到了工件坐标系中刀尖 O_t 和参考坐标系原点 O_m 的坐标，以及刀尖的方向向量，就可以根据式（7-107）、式（7-108）得到此时 5 个运动轴的位移值。如果该时刻 5 个轴（或其中某几个轴）的实际位移与理想状态下的计算值出现偏差，将引起工件的尺寸误差 Δ。此时，各轴的实际位移值与理论值的差值，就是补偿误差，通过修改数控程序，输入一个大小相等方向相反的补偿值，就可以抵消实际加工中产生的误差。

如图 7-96 所示，在工件坐标系中，若工件处于理论位置（位置 1），这时刀尖与工件接触点的向量用 V_i 表示，则 (x_i, y_i, z_i) 和 (i_i, j_i, k_i) 分别表示其位置向量和方向向量。而实际加工时，由于存在机床误差，造成工件在实际位置（位置 2）与刀尖接触，此时刀尖向量用 V_e 表示，则 (x_e, y_e, z_e) 和 (i_e, j_e, k_e) 分别表示其位置向量和方向向量，V_e 与 V_i 的差值 $\Delta(= V_e - V_i)$ 就是机床误差，既包括方向误差也包括位置误差。

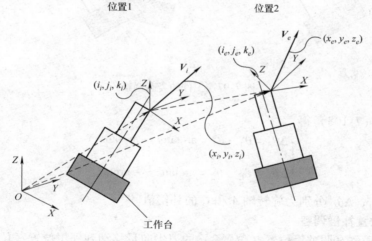

图 7-96 工件的理论位置和实际位置示意图

在双转台五轴机床中，误差补偿的难点在于存在两个旋转轴。由于机床的移动轴与旋转轴同时运动，旋转轴转动也将带来工件在移动轴方向的运动，即使当移动轴坐标处于理论位置，调整旋转轴转角时也将造成工作台位置的平移，即旋转运动和平移运动之间存在耦合。因此，在实施补偿时，不能简单地对各轴补偿，必须综合考虑旋转轴和移动轴的运动关系，首先进行解耦，再实施分步补偿。

本节提出的具体策略是先进行姿态补偿调整，再进行位置补偿调整。需要特别说明的是，进行位置补偿时不但要补偿原先的位置误差，还要补偿由于补偿姿态误差所造成的新位置误差。

1. 姿态补偿调整

通过旋转运动，将位置 2 的刀尖方向向量，调整到与理想位置的方向向量相同，即 $(i_c, j_c, k_c) = (i_e, j_e, k_e)$，这时工件将运动到位置 3，如图 7-97 所示，由此形成新的刀尖向量为 V_c。

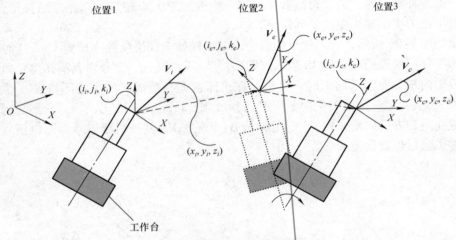

图 7-97 工件的姿态调整

由式（7-108）得

$$\begin{cases} \Delta\theta_A = \theta_A^i - \theta_A^e = \arctan k_i - \arctan k_e \\ \Delta\theta_C = \theta_C^i - \theta_C^e = \arctan \dfrac{i_i}{j_i} - \arctan \dfrac{i_e}{j_e} \end{cases} \tag{7-109}$$

式中，$\Delta\theta_A$、$\Delta\theta_C$ 分别为旋转轴 A 和 C 的补偿值。

2. 位置补偿调整

将处于姿态调整后位置（位置 3）的刀尖向量移动到理想位置（位置 4 与位置 1 在理论上是重合的），如图 7-98 所示，从而实现了位置补偿调整。

此时 $\boldsymbol{\Delta}^* = \boldsymbol{V}_i - \boldsymbol{V}_c$。由于 $\theta_B^i = \theta_B^c$，$\theta_C^i = \theta_C^c$，由式（7-109）得

$$\begin{cases} \boldsymbol{\Delta}^* x = x_i - x_c = \cos\theta_A^i \cos\theta_C^i (x_i - x_c) - \cos\theta_A^i \sin\theta_C^i (y_i - y_c) + \sin\theta_A^i (z_i - z_c) \\ \boldsymbol{\Delta}^* y = y_i - y_c = \sin\theta_C^i (x_i - x_c) + \cos\theta_C^i (y_i - y_c) \\ \boldsymbol{\Delta}^* z = z_i - z_c = -\sin\theta_A^i \cos\theta_C^i (x_i - x_c) + \sin\theta_A^i \sin\theta_C^i (y_i - y_c) + \cos\theta_A^i (z_i - z_c) \end{cases}$$

$$\tag{7-110}$$

位置1/位置4   位置3

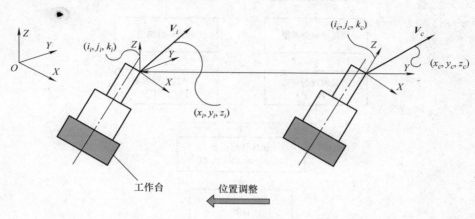

图 7-98　工件的位置调整

式中，$\Delta^* x$、$\Delta^* y$、$\Delta^* z$、分别表示移动轴 X、Y、Z 的补偿值。

图 7-99 总结了五轴加工中心误差综合建模的步骤：

1）将机床各运动轴的理想运动量 $[x,y,z,a,c]^T$ 代入理想运动学模型，获得刀具的理想位置姿态向量 $[^WP,{}^WV]$。

2）将机床各项误差元素代入误差综合模型，获得刀具的实际位置姿态向量 $[^WP_e,{}^WV_e]$。

3）比较刀具理想和实际位置姿态向量，获得机床体积误差向量 $[\Delta x,\Delta y,\Delta z,\Delta i,\Delta j,\Delta k]^T$。

4）通过逆运动学计算获得各运动轴误差运动量，进而通过解耦计算获得各运动轴误差补偿值 $[x_c,y_c,z_c,a_c,c_c]^T$。

7.6.3　平动轴误差测量和建模

1. 平动轴误差的激光分步体对角线法测量

实验在一台五轴联动数控机床上进行。实验仪器主要包括光动公司（Optodyne）MCV－500 激光多普勒测量仪和分步体对角线测量镜组。激光头安装在工作台面上，调整激光束和平面镜的位置，保证激光束与体对角线重合，激光束与平面镜垂直，激光束由激光头发射后能够沿原路线返回。测量仪器的安装如图 7-100 所示。

激光分步体对角线法测量的机床工作空间大小为 $500\text{mm} \times 400\text{mm} \times 350\text{mm}$，4 条体对角线的起止坐标位置见表 7-20。

257

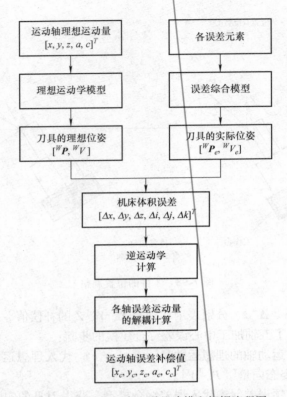

运动轴理想运动量
$[x, y, z, a, c]^T$

各误差元素

理想运动学模型

误差综合模型

刀具的理想位姿
$[^WP, ^WV]$

刀具的实际位姿
$[^WP_e, ^WV_e]$

机床体积误差
$[\Delta x, \Delta y, \Delta z, \Delta i, \Delta j, \Delta k]^T$

逆运动学
计算

各轴误差运动量
的解耦计算

运动轴误差补偿值
$[x_c, y_c, z_c, a_c, c_c]^T$

图 7-99　五轴加工中心误差建模和解耦流程图

图 7-100　激光分步体对角线法测量仪器的安装

表 7-20   4 条体对角线起止坐标位置

体对角线	起点坐标位置 (x, y, z)	终点坐标位置 (x, y, z)
PPP	(100, 50, 50)	(600, 450, 400)
NPP	(600, 50, 50)	(100, 450, 400)
PNP	(100, 450, 50)	(600, 50, 400)
NNP	(600, 450, 50)	(100, 50, 400)

每条体对角线的总长度为 729.73mm，分为 $n = 10$ 格，每格中进行 X、Y、Z 分步测量，对应每一步的移动向量为 (50, 0, 0)、(0, 40, 0)、(0, 0, 35)。每条对角线正向和反向各测量一次。获得正反向对角线误差的测量结果如图 7-101 所示。从图 7-101 中可以看出，机床的重复定位精度较好，符合分步体对角线法测量辨识的前提条件；机床的体积误差较大。运用光动的分步体对角线法测量软件对测量结果进行数据分析，可以辨识出平动轴的 3 个定位误差、6 个直线度误差和 3 个垂直度误差。具体辨识方法和过程见 4.4 节，此处不再赘述。

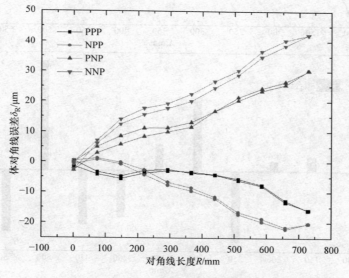

图 7-101   体对角线误差测量值

2. 平动轴误差元素建模

在本小节的 1. 中，运用优化的激光分步体对角线法测量，辨识出了平动轴的 3 个定位误差、6 个直线度误差和 3 个垂直度误差。由于机床误差元素曲线具有非线性、变化波动大的特点，需要利用节点自适应选择的三次样条插值算法对误差数据进行拟合。

以 X 轴定位误差 e_{xx} 为例进行自适应三次样条插值建模，对离散的 e_{xx} 数据值进行六次多项式拟合，拟合结果为

$$e_{xx} = -42.86 + 0.983x - 0.009x^2 + 3.869 \times 10^{-5}x^3 - 9.346 \times 10^{-8}x^4 +$$
$$1.141 \times 10^{-10}x^5 - 5.518 \times 10^{-14}x^6 \tag{7-111}$$

拟合曲线和拟合误差如图 7-102 所示，其拟合方差为 0.1737，标准差为 0.2084，最大拟合残差为 $0.654\mu m$。

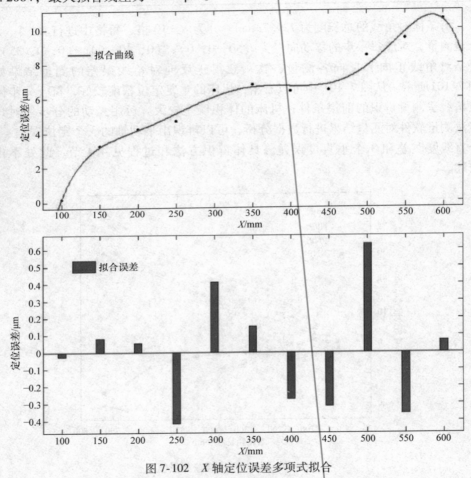

图 7-102　X 轴定位误差多项式拟合

求出各数据点的曲率值，如图 7-103 所示。

对曲率值进行排序，取曲率最大的前 4 个数据点作为插值节点，分别对应 X 轴坐标位置为 200、250、450、500。两个端点值（$x = 100$ 和 $x = 600$）也作为插值节点。将 6 个插值节点代入三次样条插值函数中，其函数曲线如图 7-104a 所示。从图 7-104a 中可以看出原始数据曲线、三次样条插值曲线和拟合残差曲线。

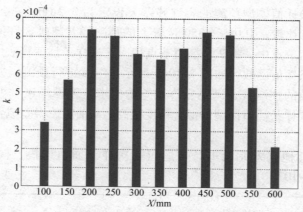

图 7-103 各数据点曲率值

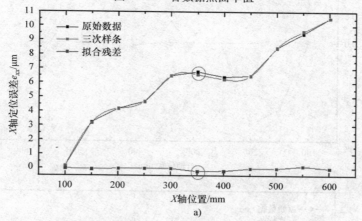

a)

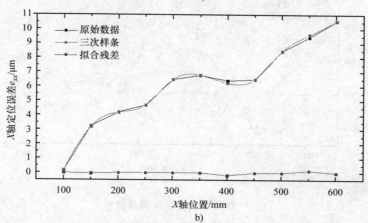

b)

图 7-104 三次样条插值函数的自适应节点选择

a）有超差点的误差模型　b）超差点选为插值节点后的误差模型

将三次样条插值模型预测的容许残差 ε 设定为 $0.2\mu m$，对各点的预测残差与容许残差进行比较，其中 $x = 350$ 位置上的预测残差超过容许值，因此将该数据点加入到插值节点中，将 7 个插值节点代入三次样条插值算法中进行运算，获得新的三次样条插值函数，如图 7-104b 所示。继续进行预测误差判定。新的三次样条插值函数的预测残差满足容许残差的要求，建模结束。可以看出节点自适应选择的三次样条插值模型的拟合精度很高，X 轴定位误差拟合模型的拟合残差为 $0.16\mu m$。

对平动轴其他误差元素进行自适应三次样条插值建模，模型拟合结果如图 7-105 ~ 图 7-107。

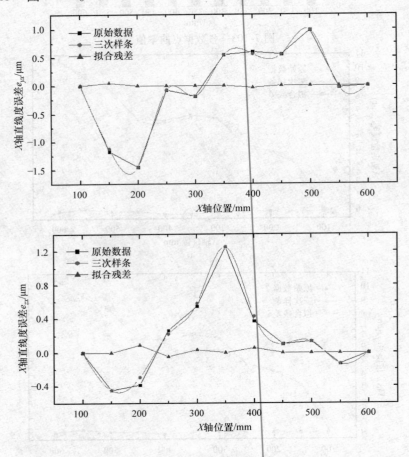

图 7-105 X 轴直线度误差模型

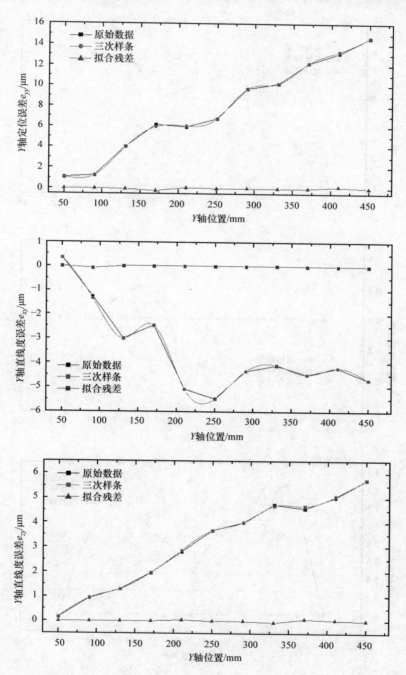

图 7-106 Y 轴各误差元素模型

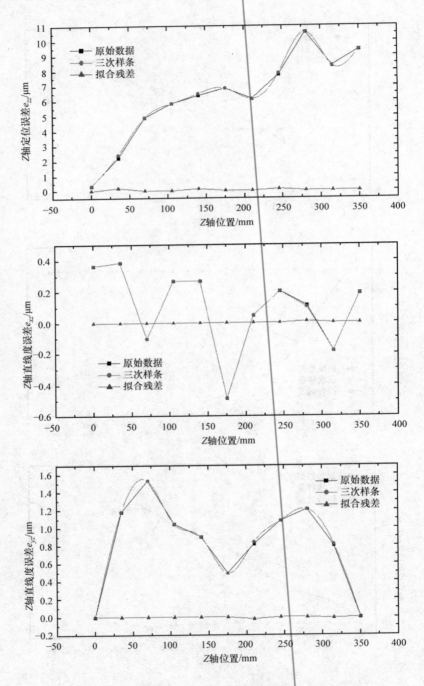

图 7-107　Z轴各误差元素模型

7.6.4 旋转轴误差测量和建模

1. 旋转轴转角定位误差测量

在双转台式五轴机床上对旋转轴转角定位误差进行测量实验。使用雷尼绍公司（Renishaw）的激光干涉仪 XL-80 和无线型回转校准装置 XR20-W 进行测量，测量系统的搭建如图 7-108 所示。

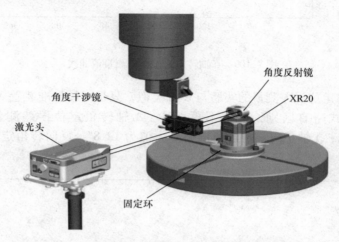

角度反射镜

角度干涉镜

XR20

激光头

固定环

图 7-108　激光干涉仪测量转角定位误差测量系统搭建

测量系统由激光干涉仪、回转校准仪 XR20、相关镜组和计算机组成。将回转校准装置 XR20 固定安装在旋转轴上，保持两者轴心重合。调整激光束位置，将激光干涉仪、角度干涉镜和角度反射镜保持在同一高度。

在旋转轴起始零位消除越程后，将激光干涉仪清零，运行数控程序让旋转轴开始转动，并同步进行测量和数据采集。旋转台每旋转一定步距角度后停止，回转装置 XR20 中的高精度电动机带动角度反射镜沿相反方向转动相同的角度。回转装置 XR20 的旋转精度很高，达到 ±1″，可以把角度反射镜的旋转角度视为理想旋转角度。此时激光束与反射镜之间不再相互垂直，激光干涉仪通过比较发射的激光和反射回的激光，获得转角定位误差的测量值。该位置测量完成后，旋转台继续旋转，重复上述过程，完成全行程的转角定位误差测量。

首先对 C 轴转角定位误差进行测量。激光束校准后，测量起始位置进行越程消除运动。C 轴每旋转 15° 进行一次测量，正向旋转 360° 测量 25 个位置完成后，再反向旋转 360° 测量 25 个位置。测量结果如图 7-109 所示。

图 7-109 表示 C 轴不同旋转角度对应的转角定位误差值，正向旋转和反向旋转的转角定位误差值分别由两条图线表示。C 轴正向转角定位误差最大值为 23.9″，反向转角定位误差最大值为 34.5″。

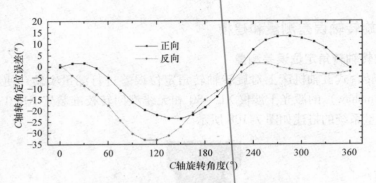

图 7-109 C 轴转角定位误差测量值曲线

A 轴转角定位误差测量的实验与 C 轴类似，只是回转校准装置 XR20 – W 的安装固定方式略有区别，本书不再详述。A 轴转角定位误差测量值曲线如图 7-110所示，A 轴正向转角定位误差最大值为 12.8″，反向转角定位误差最大值为 11″。

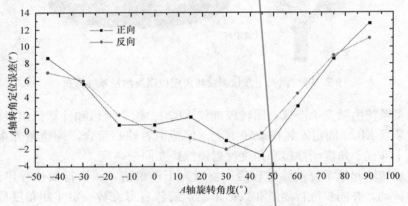

图 7-110 A 轴转角定位误差测量值曲线

2. 旋转轴转角定位误差建模

由图 7-109 和图 7-110 可知，转角定位误差曲线呈现非线性、变化波动大、正反向形状不同的特点。三次样条曲线的光顺性好，通过插值节点的自适应选择，可以用较少的插值节点实现对非线性、波动大的误差数据的高精度拟合。

由图 7-109 可知，C 轴旋转运动方向不同时，正、反向转角定位误差曲线形状差异较大，并存在交叉点，仅通过反向间隙补偿效果不佳。因此需要对正、反向误差曲线分别建模，进而实施双向补偿。

运用节点自适应选择的三次样条插值算法对 C 轴正、反向转角定位误差曲线进行建模。图 7-111 为 C 轴正、反向误差曲线的原始数据、三次样条模型预

266

测值以及两者相减所得的拟合残差，可见正、反向转角定位误差模型的拟合精度非常高，拟合残差分别为 1.2″和 0.86″。

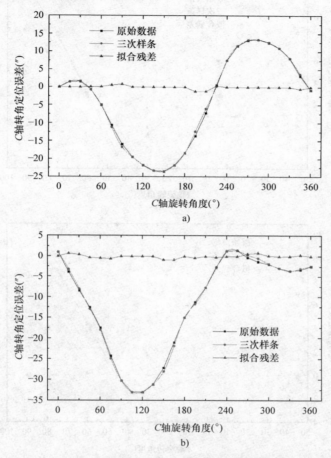

图 7-111　C 轴正反向转角定位误差建模预测值与测量值
a) 正向转角定位误差建模曲线　b) 反向转角定位误差建模曲线

对 A 轴转角定位误差建模过程与 C 轴类似，其误差建模曲线如图 7-112 所示。正、反向转角定位误差模型拟合残差分别为 0.33″和 0.15″。

7.6.5　误差补偿实施和补偿效果验证

为了验证本节提出的误差模型、误差检测方法和误差补偿方法的实际补偿效果，在一台双转台式五轴数控机床上进行误差补偿实验。该机床的刀具运动链结构为 MXYZT 型，工件运动链结构为 MACW 型。

平动轴误差测量实验在 7.6.3 节中已经介绍，使用光动公司（Optodyne）

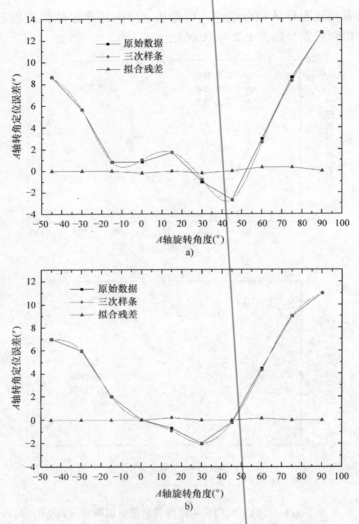

图 7-112　A 轴正反向转角定位误差建模预测值与测量值

a）正向转角定位误差建模曲线　　b）反向转角定位误差建模曲线

MCV－500 激光多普勒测量仪，通过本书提出的分步体对角线的优化测量法对平动轴误差进行测量和辨识。测量空间内 X 轴测量范围为 100～600mm，Y 轴测量范围为 50～450mm，Z 轴测量范围为 50～400mm。

　　旋转轴转角定位误差的测量实验在 7.6.4 节中已经介绍，运用雷尼绍公司（RENISHAW）的激光干涉仪 XL－80 和无线型回转校准装置 XR20－W 进行测量，C 轴测量范围为 0°～360°，A 轴测量范围为 －45°～90°。

　　根据本书提出的误差模型对误差测量值进行建模，运用误差补偿系统读取机床状态信息，将误差补偿值写入机床的数控系统中。下面通过三组实验对误差补偿效果进行验证。

1. 定位误差单项检测

按照 ISO 230－1:1996 中关于定位误差的测量标准，在补偿前和补偿后，分别运用光动公司（Optodyne）MCV－500 激光多普勒测量仪对双转台式五轴机床平动轴的 3 个定位误差进行测量。误差检测系统如图 7-113 示。

在实施补偿前后测量的 X 轴定位误差值如图 7-114 所示。补偿实施后，X 轴定位误差由 $10.41\mu m$ 减小到 $3.56\mu m$，定位精度提高了 65.8%。

图 7-113 误差检测系统

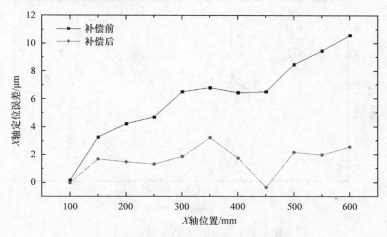

图 7-114 X 轴定位误差补偿效果

在实施补偿前后测量的 Y 轴定位误差值如图 7-115 所示。补偿实施后，Y 轴定位误差由 $14.58\mu m$ 减小到 $4.20\mu m$，定位精度提高了 71.2%。

在实施补偿前后测量的 Z 轴定位误差值如图 7-116 所示。补偿实施后，Z 轴定位误差由 $10.65\mu m$ 减小到 $3.91\mu m$，定位精度提高了 63.3%。

在实施误差补偿前和补偿后，运用 Renishaw 激光干涉仪仪 XL－80 和回转校准装置 XR20－W 对五轴机床旋转轴转角定位误差进行测量。分别测量和补偿正反双向旋转运动。

在实施补偿前后，分别测量获得的 A 轴定位误差值如图 7-117 所示。补偿实

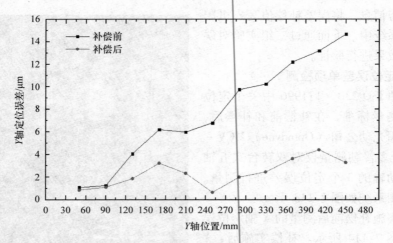

图 7-115　Y 轴定位误差补偿效果

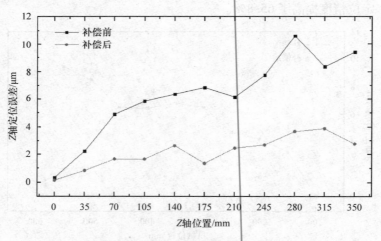

图 7-116　Z 轴定位误差补偿效果

施后，A 轴正向定位误差由 12.80″减小到 4.38″，正向转角定位精度提高了 65.8%；A 轴反向定位误差由 10.13″减小到 3.10″，反向转角定位精度提高了 69.4%。

在实施补偿前后，分别测量获得的 C 轴定位误差值如图 7-118 所示。补偿实施后，C 轴正向定位误差由 23.92″减小到 4.89″，正向转角定位精度提高了 79.6%；C 轴反向定位误差由 34.47″减小到 5.65″，反向转角定位精度提高了 83.61%。

五轴机床定位误差补偿效果见表 7-21。经过误差补偿，各平动轴定位精度提高了 63.8% 以上，旋转轴转角定位精度提高了 70.8% 以上，补偿效果十分明

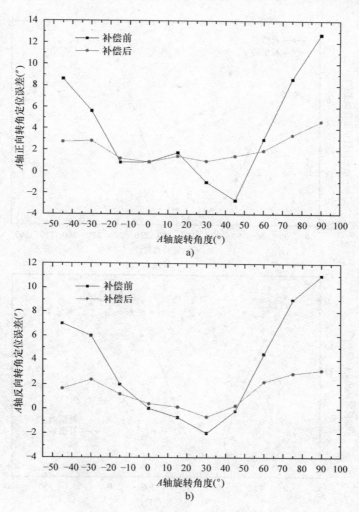

图 7-117　A 轴转角定位误差补偿效果

a）A 轴正向转角定位误差　b）A 轴反向转角定位误差

显。可以证明本节提出的误差检测、建模和补偿方法的有效性。

2. 体对角线误差检测

为了验证双转台式五轴联动数控机床补偿效果，按照 ISO 230 - 6：2002 的规定，在补偿前和补偿后，沿机床工作空间的 4 条体对角线进行测量，评价机床的空间定位精度。4 条体对角线的起止坐标见表 7-22，每条体对角线的总长度为 729.73mm，分为 $n = 10$ 格。测量系统安装如图 7-119 所示。

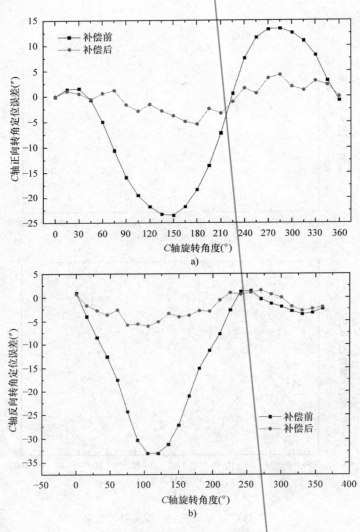

图 7-118　C 轴转角定位误差补偿效果

a）C 轴正向转角定位误差　b）C 轴反向转角定位误差

表 7-21　五轴机床定位误差补偿效果

定位误差	补偿前	补偿后	减小百分比（%）
X 轴定位误差/μm	10.41	3.56	65.8
Y 轴定位误差/μm	13.58	3.74	72.5
Z 轴定位误差/μm	10.25	3.71	63.8
A 轴正向转角定位误差（″）	15.43	3.83	75.2

（续）

定位误差	补偿前	补偿后	减小百分比（%）
A 轴反向转角定位误差（″）	13.0	3.80	70.8
C 轴正向转角定位误差（″）	36.92	9.69	73.8
C 轴反向转角定位误差（″）	34.47	7.65	77.81

表 7-22　体对角线起止坐标位置

体对角线	起点坐标位置（x, y, z）	终点坐标位置（x, y, z）
PPP	(100, 50, 50)	(600, 450, 400)
NPP	(600, 50, 50)	(100, 450, 400)
PNP	(100, 450, 50)	(600, 50, 400)
NNP	(600, 450, 50)	(100, 50, 400)

图 7-119　体对角线测量系统安装图

体对角线 PPP 定位误差的补偿前、补偿后曲线如图 7-120 所示。经过误差补偿后，体对角线 PPP 的定位误差由 $-16.35\mu m$ 减小到 $-7.37\mu m$，误差减小了 54.9%。

体对角线 NPP 定位误差的补偿前、补偿后曲线如图 7-121 所示。经过误差补偿后，体对角线 NPP 的定位误差由 $-22.75\mu m$ 减小到 $-11.81\mu m$，误差减小了 48.1%。

体对角线 PNP 定位误差的补偿前、补偿后曲线如图 7-122 所示。经过误差补偿后，体对角线 PNP 的定位误差由 $30.18\mu m$ 减小到 $12.44\mu m$，误差减小了 58.8%。

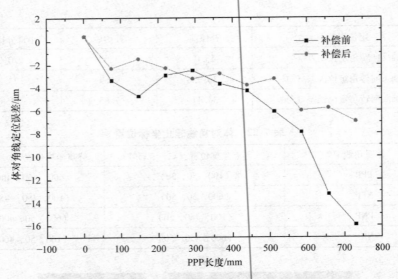

图 7-120　体对角线 PPP 定位误差补偿效果

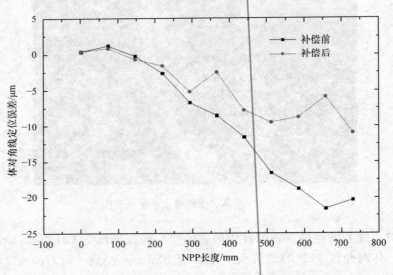

图 7-121　体对角线 NPP 定位误差补偿效果

体对角线 NNP 定位误差的补偿前、补偿后曲线如图 7-123 所示。经过误差补偿后，体对角线 NNP 的定位误差由 42.24μm 减小到 20.17μm，误差减小了 52.3%。

五轴机床体对角线误差补偿效果见表 7-23。经过误差补偿，各体对角线误差减小了 48.1% 以上，补偿效果较好。体对角线误差的减小代表了机床空间定

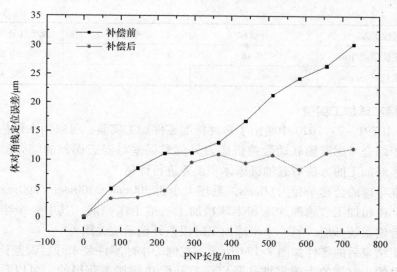

图 7-122　体对角线 PNP 定位误差补偿效果

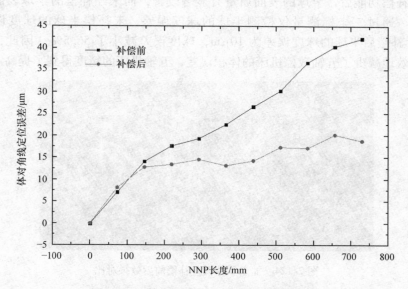

图 7-123　体对角线 NNP 定位误差补偿效果

位精度的提高，进一步证实了本节提出的误差检测、建模和补偿方法的有效性。

表 7-23　五轴机床体对角线定位误差补偿效果

定位误差	补偿前	补偿后	减小百分比（%）
PPP 定位误差/μm	− 16.35	− 7.37	54.9
NPP 定位误差/μm	− 22.75	− 11.81	48.1

（续）

定位误差	补偿前	补偿后	减小百分比（%）
PNP 定位误差/μm	30. 18	11. 84	60. 8
NNP 定位误差/μm	42. 24	20. 17	52. 3

3. 标准球加工实验

ISO 10791 – 7：2020 中给出了多种标准零件加工实验，可以用来评估机床精度。为了综合考虑五轴联动数控机床刀具位置误差与姿态误差的综合影响，采用标准半球加工的方法对五轴机床体积误差进行评估。

标准半球的公称半径为 60mm，毛坯大小为 300mm × 300mm × 300mm，材料为铝材。由粗加工、轮廓加工和半球精加工三道工序完成。其中一个半球加工时误差补偿系统开启，另一个半球加工时误差补偿系统关闭。

加工结束后的零件如图 7-124 所示，左侧的半球零件是未开启误差补偿功能加工获得的，右侧的半球零件是开启误差补偿功能加工获得的。可以看出，开启误差补偿功能后，半球的表面质量有显著改善，而未经补偿的半球表面粗糙度较大。通过三坐标测量仪检测半球的球度误差，未补偿半球的球度误差为 23μm，补偿后半球的球度误差为 10μm，球度误差减小了 56.5%。因此，误差补偿有效地减少了五轴数控机床的体积误差，五轴机床的精度得到了提高。

图 7-124　加工零件误差补偿前后效果对比

参 考 文 献

[1] Castro H F F. A method for evaluating spindle rotation errors of machine tools using a laser inter-ferometer [J]. Measurement, 2008, 41 (5): 526 – 537.

[2] Delbressine F L M, Florussen G H J, Schijvenaars L A, et al. Modelling thermomechanical be-haviour of multi – axis machine tools [J]. Precision Engineering, 2006, 30: 47 – 53.

[3] Lei W T, Sung M P, Liu W L, et al. Double ballbar test for the rotary axes of five – axis CNC machine tools [J]. International Journal of Machine Tools and Manufacture, 2007, 47 (2): 273 – 285.

[4] 杜正春，杨帆. 基于圆和非圆复合轨迹的三轴数控装备几何运动误差检测新方法 [J]. 机械工程学报，2012，16: 1 – 7.

[5] Chinh B Bui, Jooho Hwang, Chan – Hong Lee, et al. Three – face step – diagonal measurement method for the estimation of volumetric positioning errors in a 3D workspace [J]. International Journal of Machine Tools and Manufacture, 2012, 60: 40 – 43.

[6] Jeremy R Conway, Charlie A Ernesto, Rida T Farouki, et al. Performance analysis of cross – cou-pled controllers for CNC machines based upon precise real – time contour error measurement [J]. International Journal of Machine Tools and Manufacture, 2012, 52, (1): 30 – 39.

[7] Zhu Ling – Jian, Li Lin, Liu Jun – Hua, et al. A method for measuring the guideway straight-ness error based on polarized interference principle [J]. International Journal of Machine Tools and Manufacture, 2009, 49 (3 – 4): 285 – 290.

[8] Gao Wei, Lee Jung Chul, Yoshikazu Arai, et al. Measurement of slide error of an ultra – preci-sion diamond turning machine by using a rotating cylinder workpiece [J]. International Journal of Machine Tools and Manufacture, 2010, 50 (4): 404 – 410.

[9] Chen F J, Yin S H, Huang H, et al. Profile error compensation in ultra – precision grinding of aspheric surfaces with on – machine measurement [J]. International Journal of Machine Tools and Manufacture, 2010, 50 (5): 480 – 486.

[10] Zhu Shaowei, Ding Guofu, Qin Shengfeng, et al. Integrated geometric error modeling, identi-fication and compensation of CNC machine tools [J]. International Journal of Machine Tools and Manufacture, 2012, 52 (1): 24 – 29.

[11] Shen Hongyao, Fu Jianzhong, He Yong, et al. On – line asynchronous compensation methods for static/quasi – static error implemented on CNC machine tools [J]. International Journal of Machine Tools and Manufacture, 2012, 60: 14 – 26.

[12] Kong L B, Cheung C F, To S, et al. A kinematics and experimental analysis of form error compensation in ultra – precision machining [J]. International Journal of Machine Tools and Manufacture, 2008, 48 (12 – 13): 1408 – 1419.

［13］ Mehrdad Vahebi Nojedeh, Mohsen Habibi, Behrooz Arezoo. Tool path accuracy enhancement through geometrical error compensation ［J］. International Journal of Machine Tools and Manufacture, 2011, 51（6）: 471－482.

［14］ Huo Feng, Xi Xue－Cheng, Poo Aun－Neow. Generalized Taylor series expansion for free－form two－dimensional contour error compensation ［J］. International Journal of Machine Tools and Manufacture, 2012, 53（1）: 91－99.

［15］ Mohsen Habibi, Behrooz Arezoo, Mehrdad Vahebi Nojedeh. Tool deflection and geometrical error compensation by tool path modification ［J］. International Journal of Machine Tools and Manufacture, 2011, 51（6）: 439－449.

［16］ Chen Weifang, Xue Jianbin, Tang Dunbing, et al. Deformation prediction and error compensation in multilayer milling processes for thin－walled parts ［J］. International Journal of Machine Tools and Manufacture, 2009, 49（11）: 859－864.

［17］ Sergio Aguado, David Samper, Jorge Santolaria, et al. Identification strategy of error parameter in volumetric error compensation of machine tool based on laser tracker measurements ［J］. International Journal of Machine Tools and Manufacture, 2012, 53（1）: 160－169.

［18］ 沈金华, 杨建国. 基于对角线测量的机床空间定位误差热变化分析 ［J］. 华南理工大学学报（自然科学版）,（2008）, 36: 125－129.

［19］ 任永强, 刘国良, 叶飞帆, 等. 基于体对角线机床位置误差的激光矢量测量分析 ［J］. 上海交通大学学报, 2005, 39（9）: 1413－1417.

［20］ 鲁志政, 陈智俊, 杨建国. 数控机床空间误差辨识新方法研究 ［J］. 机械设计与制造, 2008, 12: 178－179.

［21］ He Zhenya, Yao Xinhua, Fu Jianzhong, et al. Volumetric Error Prediction and Compensation of NC Machine Tool Based on Least Square Support Vector Machine ［J］. Advanced Science Letters, 2011, 4（6－7）: 2066－2070.

［22］ 沈金华, 杨建国, 王正平. 数控机床空间误差分析及补偿 ［J］. 上海交通大学学报, 2008, 42（7）: 1060－1063.

［23］ Choi J P, Min B K, Lee S J. Reduction of machining errors of a three－axis machine tool by on－machine measurement and error compensation system ［J］. Journal of Materials Processing Technology, 2004, 155－156: 2056－2064.

［24］ 童恒超, 杨建国, 刘国良, 等. 机床导轨系统空间误差的齐次变换建模及应用 ［J］. 上海交通大学学报, 2005, 39（9）: 1400－1403.

［25］ Chana Raksiri, Manukid Parnichkun. Geometric and force errors compensation in a 3－axis CNC milling machine ［J］. International Journal of Machine Tools and Manufacture, 2004, 44: 1283－1291.

［26］ 沈金华, 李永祥, 鲁志政, 等. 数控机床几何和热误差综合实时补偿方法应用 ［J］. 四川大学学报（工程科学版）, 2008, 40: 163－166.

［27］ 谷珂, 马闯, 吴洪涛. 基于多体系统理论的三坐标数控铣床几何误差建模 ［J］. 机械制

造与自动化，2007，36（1）：23－24.

[28] 杨磊，范晋伟，刘栋，等. 基于多体理论的数控机床精度可再生关键技术的研究 [J].
航空精密制造技术，2007，43（5）：52－56.

[29] Ferrerira，P M，Liu C R. An Analytical Quadrate Model for the Geometric Error of a Machine
Tool [J]. Journal of Manufacturing Systems，1986，5（1）：51－62.

[30] Chen J S，Yuan J，Ni J. Compensation of Non－Rigid Body Kinematics Effect of a machine
Center [J]. Transaction of NAMRI，1992，20：325－329.

[31] Christopher D Mize，John C Ziegert. Durability evaluation of software error correction on a ma-
chine center [J]. International Journal of Machine Tools and Manufacturing，2000，40：
1527－1534.

[32] Anjanappa M，Anand D K，Kirk J A. Error Correction Methodologies and Control Strategies for
Numerical Control Machines [J]. Control Methods for Manufacturing Process，1988，7：
41－49.

[33] Daisuke Kono. High－precision machining by measurement and compensation of motion error
[J]. International Journal of Machine Tools and Manufacture，2008（48）：1103－1110.

[34] Cheng M Y. Real－time NURBS command generators for CNC servo controllers [J]. Internation-
al Journal of Machine Tools and Manufacture，2002（42）：801－813.

[35] Ramesh R，Mannan M A，Poo A N. Error compensation in machine tools——a review Part I：
geometric，cutting－force induced and fixture－dependent errors [J]. International Journal of
Machine Tools and Manufacture，2000（40）：1235－1256.

[36] Ramesh R. Tracking and contour error control in CNC servo systems [J]. International Journal
of Machine Tools and Manufacture，2005（45）：301－326.

[37] 张秋菊，李宏. 模糊自学习误差补偿方法及其在位置误差补偿中的应用 [J]. 制造技术
与机床，1995，9：35－37.

[38] 刘焕牢. 数控机床几何误差测量及误差补差技术的研究 [D]. 武汉：华中科技大
学，2006.

[39] 陈文. 基于多学科设计优化理论的数控机床综合误差补偿的并行算法 [D]. 北京：北
京工业大学，2009.

[40] 刘又午，刘丽冰，赵小松，等. 数控机床误差补偿技术研究 [J]. 中国机械工程，
1998，9（12）：48－52.

[41] 姜辉，孙翰英，等. 基于 FANUC 0i 数控系统的外部坐标原点偏移功能的数控机床误差
补偿研究 [J]. 机械制造，2009，47（7）：73－76.

[42] Cefu Hong，Soichi Ibaraki，Chiaki Oyama. Graphical presentation of error motions of rotary ax-
es on a five－axis machine tool by static R－test with separating the influence of squareness er-
rors of linear axes [J]. International Journal of Machine Tools and Manufacture，2012，59：
24－33.

[43] Soichi Ibaraki，Takeyuki Iritani，Tetsuya Matsushita. Calibration of location errors of rotary ax-

es on five – axis machine tools by on – the – machine measurement using a touch – trigger probe [J]. International Journal of Machine Tools and Manufacture, 2012, 58: 44 – 53.

[44] Soichi Ibaraki, Chiaki Oyama, Hisashi Otsubo. Construction of an error map of rotary axes on a five – axis machining center by static R – test [J]. International Journal of Machine Tools and Manufacture, 2011, 51 (3): 190 – 200.

[45] Lin P D, Ehmann K F. Direct Volumetric Error Evaluation of Multi – Axis Machine [J]. International Journal of Machine Tools and Manufacture. 1993, 33 (5): 675 – 693.

[46] Lei W T, Hsu Y Y. Error measurement of five – axis CNC machines with 3D probe – ball [J]. Journal of Materials Processing Technology, 2003, 139 (1): 127 – 133.

[47] Lei W T, Hsu Y Y. Accuracy enhancement of five – axis CNC machines through real – time error compensation [J]. International Journal of Machine Tools and Manufacture, 2003 (43): 871 – 877.

[48] Hsu Y Y, Wang S S. A new compensation method for geometry errors of five – axis machine tools [J]. International Journal of Machine Tools and Manufacture, 2007 (47): 352 – 360.

[49] Camera A, Favarato M, Militano L, et al. Analysis of the Thermal Behavior of a Machine Tool Table Using the Finite Element Method [J]. Annals of CIRP, 1976, 25 (1): 297.

[50] Spur G, Hoffmann E, Paluncic Z, et al. Thermal Behavior Optimization of Machine Tools [J]. Annals of CIRP, 1988, 37 (1): 401 – 405.

[51] Zhang G, Wang C, Hu X. Error Compensation of Coordinate Measuring Machine [J]. Annals of CIRP, 1985, 34 (1): 445 – 448.

[52] 樱庭肇. 检出热变形信号作为伺服轴的轴向延伸量来补偿行程指令 [J]. 机械的工具, 1993, 37 (2): 112 – 118.

[53] 岗田康明. 检测热位移量进行自动补偿来实现长时间的高精度加工 [J]. 机械的工具, 1993, 37 (2): 36 – 40.

[54] 西村真祯. 应用模糊理论控制主轴的热变形 [J]. 机械的工具, 1993, 37 (2): 203 – 208.

[55] Weck M, et al. Reduction and Compensation of Thermal Error in Machine Tools [J]. Annals of CIRP, 1995, 44 (2): 589 – 597.

[56] 陈子辰. 热模态理论和机床热态精度控制策略研究 [D]. 杭州: 浙江大学, 1989.

[57] 陈子辰, 等. 热敏感度和热偶合度研究: 全国机床热误差控制和补偿研究会议论文集 [C]. 杭州: 浙江大学出版社, 1992.

[58] 郭前建, 杨建国, 李永祥, 等. 滚齿机热误差补偿技术研究 [J]. 中国机械工程, 2007, 18 (23): 2818 – 2820.

[59] 杨建国, 邓卫国, 任永强, 等. 机床热补偿中温度变量分组优化建模 [J]. 中国机械工程, 2004, 15 (6): 478 – 481.

[60] 杜正春, 杨建国, 窦小龙, 等. 基于 RBF 神经网络的数控车床热误差建模 [J]. 上海交通大学学报, 2003, 37 (1): 26 – 29.

［61］吴昊，杨建国，张宏韬，等．精密车削中心热误差鲁棒建模与实时补偿［J］．上海交通大学学报，2008，42（7）：1064－1067．

［62］Veldhuis S C, Elbestawi M A. A Strategy for Compensation of Errors in Five－Axis Machining［J］. Annals of CIRP, 1995, 44（1）：373－377.

［63］Schafer W. 机床的热变形补偿［J］. Ind.－Anz, 1990, 112（72）：235－241.

［64］Zhao Haitao, Yang Jianguo, Shen Jinhua. Simulation of thermal behavior of a CNC machine tool spindle［J］. International Journal of Machine Tools and Manufacture, 2007（47）：1003－1010.

［65］Zhang G, Wang C, Ju X. Error ComPensation of Coordinate Measuring Machine［J］. Annals of CIRP, 1985, 34（1）：445－448.

［66］Ramesh R, Mannan M A, Poo A N. Thermal error measurement and modeling in machine tools, Part I, Influence of Varying operating conditions［J］. International Journal of Machine Tools and Manufacture, 2003, 43（2）：391－404.

［67］松尾光荣．通过对加工中心的温度分布测量进行热位移补偿（Ⅱ）［J］．精密工学杂志，1991，57（3）．

［68］Toshimichi Moriwaki, et al. Thermal Deformation and Its On－line Compensation of Hydrostatically Supported Precision Spindle［J］. Annals of CIRP, 1988, 37（1）.

［69］Janeezko J. Machine Tool Thermal Distortion ComPensation［C］. Proceedings of 4th Biennial International Machine Tool Technology Conference, 1988.

［70］千辉淳二．机床温度控制研究（Ⅵ）［J］．精密工学杂志，1990.56（7）．

［71］Yang Hong, Ni Jun. Adaptive model estimation of machine－tool thermal errors based on recursive dynamic modeling strategy［J］. International Journal of Machine Tools and Manufacture, 2005, 45：1－11.

［72］Chen Jengshyong. ComPuter－aided Accurary Enhancement for Multi－Axis CNC Machine Tool［J］. International Journal of Machine Tools and Manufacture, 1995, 35（4）：593－605.

［73］赵大泉，张伯鹏．主轴热误差的自组织补偿原理及其仿真［J］．清华大学学报（自然科学版），2004，44（2）：209－211．

［74］李永祥，杨建国，等．数控机床热误差的混合预测模型及应用［J］．上海交通大学学报，2006，40（12）：2030－2033．

［75］林伟青．基于最小二乘支持向量机的数控机床热误差预测［J］．浙江大学学报（工学版），2008，42（6）：905－908．

［76］廖平兰．机床加工过程综合误差实时补偿技术［J］．机械工程学报，1992，2：65－68．

［77］盛伯浩，唐华．数控机床误差的综合动态补偿技术［J］．制造技术与机床，1997，6：19－21．

［78］傅龙珠，狄瑞坤，等．BP神经网络补偿热变形误差的研究［J］．精密制造与自动化，2002，3：26－28．

［79］金键，甘锡英．机床主轴温升和热变形在线检测及显示系统［J］．机械与电子，1993，

3: 3 – 4.

[80] 张德贤，等. 神经网络在数控机床热变形控制中的应用 ［J］. 制造技术与机床，1995，1：8 – 11.

[81] 李书和，张奕群，张国雄. 数控机床热误差的补偿 ［J］. 航空精密制造技术，1996，32（4）：6 – 9.

[82] 张奕群，李书和，张国雄. 机床热误差建模中温度测点选择方法研究 ［J］. 航空精密制造技术，1996，32（6）：37 – 39.

[83] 李书和，等. 加工中心热误差补偿研究 ［J］. 制造技术与机床，1997，6：16 – 19.

[84] 张奕群，李书和，张国雄. 机床热变形误差的动态模型 ［J］. 航空精密制造技术，1997，33（2）：5 – 7.

[85] Xu Z Z, Liu X J, Kim H K, et al. Thermal error forecast and performance evaluation for an air – cooling ball screw system ［J］. International Journal of Machine Tools and Manufacture, 2011, 51 (7 – 8): 605 – 611.

[86] Creighton E, Honegger A, Tulsian A, et al. Analysis of thermal errors in a high – speed micro – milling spindle ［J］. International Journal of Machine Tools and Manufacture, 2010, 50 (4): 386 – 393.

[87] Yang Jianguo, Yuan Jingxia, Ni Jun. Thermal error mode analysis and robust modeling for error compensation on a CNC turning center ［J］. International Journal of Machine Tools and Manufacture , 1999 (39) : 1367 – 1381.

[88] Donmez, M A, Liu C R, Barash M M. A General Mathematical Model for Machine Tool Errors ［C］. Proceedings of ASME Winter Annual Meeting, 1986, 23: 231 – 240.

[89] Okafor A C, Ertekin Y M. Vertical machining center accuracy characterization using laser interferometer ［J］. Journal of Materials Processing Technology, 2000, 105 (2): 394 – 406.

[90] Okafor A C, Ertekin Y M. Derivation of machine tool error models and error compensation procedure for three axes vertical machining center using rigid body kinematics ［J］. International Journal of Machine Tools and Manufacture, 2000, 40 (8): 1199 – 1213.

[91] Chen Guiquan. Rapid volumetric error mapping and compensation for a three – axis machine center ［D］. Ann Arbor : Michigen of University, 2000.

[92] Andolfatto L, Lavernhe S, Mayer J R R. Evaluation of servo, geometric and dynamic error sources on five – axis high – speed machine tool ［J］. International Journal of Machine Tools and Manufacture, 2011, 51 (10 – 11): 787 – 796.

[93] Soons, J A, Theuws F C, Sehellekens P H. Modeling the Errors of Multi – axis Machines: A general Methodology ［J］. Precision Engineering, 192, 14 (1): 5 – 19.

[94] Cho Myeong – Woo. Integrated machining error compensation method using OMM data and modified PNN algorithm ［J］. International Journal of Machine Tools and Manufacture, 2006 (46) : 1417 – 1427.

[95] Wu H, Chen H J, Meng P, et al. Modelling and real – time compensation of cutting – force –

induced error on a numerical control twin – spindle lathe：Proc. IMechE Part B［J］. Engineering Manufacture，（2010），224：567.

［96］ Turyagyenda G，Yang J，Wu H. Precise account of frictional loads in motor current – based compensation system of cutting force – induced error：Proc. IMechE Part C［J］. Mechanical Engineering Science，2007，221：1421.

［97］ Se bastien Auchet，Pierre Chevrier，Michel Lacour，et al. A new method of cutting force measurement based on command voltages of active electro – magnetic bearings［J］. International Journal of Machine Tools and Manufacture，2004，44：1441 – 1449.

［98］ Ratchev S，Liu S，Huang W，et al. A flexible force model for end milling of low – rigidity parts ［J］. Advanced Materials and Processing Technologies，2000：836 – 839.

［99］ Ratchev S，Liu S. Milling error prediction and compensation in machining of low – rigidity parts ［J］. International Journal of Machine Tools and Manufacture，2004（44）：1629 – 1641.

［100］ Ruey – Jing Lian. A grey prediction fuzzy controller for constant cutting force in turning［J］. International Journal of Machine Tools and Manufacture，2005（45）：1047 – 1056.

［101］ Armando italo Sette Antonialli，Diniz A E，Pederiva R. Vibration analysis of cutting force in titanium alloy milling［J］. International Journal of Machine Tools and Manufacture，2010（50）：65 – 74.

［102］ 吴昊，杨建国，张宏韬. 精密车削中心热误差和切削力误差综合建模［J］. 四川大学学报（工程科学版），2008，40（2）：165 – 169.

［103］ 基里维斯，杨建国，吴昊. 切削力误差混合补偿系统［J］. 南京航空航天大学学报，2005，37：118 – 120.

［104］ Pradeep Kumar Baro，Suhas S Joshi，S Kapoor. Modeling of cutting forces in a face – milling operation with self – propelled round insert milling cutter［J］. International Journal of Machine Tools and Manufacture，2005（45）：831 – 839.

［105］ Zaman M T，Senthil Kumar A，Rahman M，et al. A three – dimensional analytical cutting force model for micro end milling operation［J］. International Journal of Machine Tools and Manufacture，2006（46）：353 – 366.

［106］ Liu X W，Cheng K，Webb D，et al. Prediction of cutting force distribution and its influence on dimensional accuracy in peripheral milling［J］. International Journal of Machine Tools and Manufacture，2002（42）：791 – 800.

［107］ Wan Min，Zhang WeiHong，Dang JianWei，et al. New procedures for calibration of instantaneous cutting force coefficients and cutter runout parameters in peripheral milling［J］. International Journal of Machine Tools and Manufacture，2009（49）：1144 – 1151.

［108］ Desai K A，Rao PVM. Effect of direction of parameterization on cutting forces and surface error in machining curved geometries［J］. International Journal of Machine Tools and Manufacture，2008（48）：249 – 259.

［109］ Abdullahil Azeem，Feng HsiYung，Wang Lihui，et al. Simplified and efficient calibration of a mechanistic cutting force model for ball – end milling [J]. International Journal of Machine Tools and Manufacture, 2004 (44): 291 – 298.

[110] Wan Min, Zhang WeiHong. Systematic study on cutting force modelling methods for peripheral milling [J]. International Journal of Machine Tools and Manufacture, 2009 (49): 424 – 432.

[111] 李斌, 张琛, 刘红奇. 基于主轴电流的铣削力间接测量方法研究 [J]. 华中科技大学学报 (自然科学版), (2008), 36 (3): 5 – 6, 11.

[112] Youden David H. 车床温度测量装置: US4998957 [P]. 1991 – 03 – 12.

[113] Schmid Robert. 机床热变形的补偿: DE4028006 [P]. 1992 – 03 – 05.

[114] 张虎, 周云飞, 唐小琦, 等. 多轴数控机床几何误差的软件补偿技术 [J]. 机械工程学报, 2001, 37 (11): 58 – 70.

[115] 刘又午, 章青, 赵小松, 等. 基于多体理论模型的加工中心热误差补偿技术 [J]. 机械工程学报, 2002, 38 (1), 127 – 130.

[116] 刘又午, 章青, 赵小松, 等. 数控机床全误差模型和误差补偿技术的研究 [J]. 制造技术与机床, 2003 (7): 46 – 50.

[117] 刘焕牢, 李斌, 师汉民, 等. 嵌入式数控机床位置精度评定及误差补偿系统 [J]. 华中科技大学学报 (自然科学版), 2004, 32 (10): 31 – 33.

[118] 范晋伟, 关佳亮, 王文超, 等. SMART – CNC 超精密数控曲面磨床综合误差补偿技术 [J]. 北京工业大学学报, 2006, 32 (4): 306 – 310.

[119] 范晋伟, 刘宏旭, 胡勇, 等. 3920 型齿轮测量中心几何结构建模分析 [J]. 中国工程机械学报, 2006, 4 (2): 133 – 136.

[120] 傅龙珠, 狄瑞坤, 项国锋. BP 神经网络补偿热变形误差的研究 [J]. 机床电器, 2002 (3): 13 – 15.

[121] 王华峰. 加工中心机床位置误差检测及补偿技术研究与应用 [J]. 广西轻工业, 2009, 11: 35 – 36.

[122] 张臣, 周来水, 安鲁陵, 等. 球头铣刀刀具磨损建模与误差补偿 [J]. 机械工程学报, 2008, 44 (2): 207 – 212.

[123] 范晋伟, 邢亚兰, 郗艳梅, 等. 三坐标数控机床误差建模与补偿的实验研究 [J]. 机械设计与制造, 2008, 9: 150 – 152.

[124] 耿丽荣, 周凯. 基于时间序列预测技术的数控机床轮廓误差实时补偿方法研究 [J]. 制造技术与机床, 2004 (6): 22 – 25.

[125] 姜孟鹏, 黄筱调, 洪荣晶. 基于多体理论的极坐标数控铣齿机床几何误差建模 [J]. 机械设计与制造, 2009 (10): 192 – 194.

[126] 周鸿斌, 张建民, 付红伟, 等. PRS – XY 型混联数控机床工作台误差补偿技术 [J]. 北京理工大学学报, 2007, 27 (2): 120 – 124.

[127] 张生芳, 王永青, 康仁科. 基于 PMAC 开放式数控系统的定位精度控制 [J]. 组合机床与自动化加工技术, 2008 (3): 38 – 41.

[128] 金靖，张忠钢，王峥，等. 基于 RBF 神经网络的数字闭环光纤陀螺温度误差补偿[J]. 光学精密工程，2008，16（2）：235 – 240.

[129] 张为民，杨玮玮，褚宁，等. 五轴头回转中心的几何误差检测与补偿［J］. 制造技术与机床，2009（2）：13 – 15，18.

[130] 陶晓杰，王治森. 滚齿机床的误差模型［J］. 机床与液压，2005（12）：19 – 21，24.

[131] 张虎，周云飞，唐小琦，等. 数控加工中心误差 G 代码补偿技术［J］. 华中科技大学学报，2002，30（2）：13 – 17.

[132] 曹永洁，付建中. 数控机床误差检测及其补偿技术研究［J］. 制造技术与机床，2007，4：38 – 42.

[133] 吴德林，牛得草. 雕铣机运动部件温度检测及误差补偿系统［J］.（2007），35：202 – 203.

[134] 郑凤琴，杨建国，李蓓智，等. 微进给系统在磨床加工中的应用与研究［J］. 制造技术与机床，（2008），8：12 – 15.

[135] 杨建国，张宏韬，童恒超，等. 数控机床热误差实时补偿应用［J］. 上海交通大学学报，（2005），39（9）：1389 – 1392.

[136] Yang T，Yan L，Chen B，et al. Signal processing method of phase correction for laser heterodyne interferometry［J］. Optics and Lasers in Engineering，2014，57（6）：93 – 100.

[137] Gu T，Lin S，Fang B，et al. An improved total least square calibration method for straightness error of coordinate measuring machine［J］. Journal of Engineering Manufacture，2016，230（9）：1665 – 1672.

[138] Fung E，Zhu M，Zhang X Z，et al. A novel fourier – eight – sensor（F8S）method for separating straightness，yawing and rolling motion errors of a linear slide［J］. Measurement，2014，47：777 – 788.

[139] Sun Y，Zhou J，Guo D. Variable feedrate interpolation of NURBS Toolpath with geometric and kinematical constraints for five – axis CNC machining［J］. Journal of Systems Science and Complexity，2013，26（5）：757 – 776.

[140] 李北松. 激光五自由度误差同时测量系统的研究［D］. 北京：北京交通大学，2016：7 – 9.

[141] Cui C，Feng Q，Zhang B，et al. System for simultaneously measuring 6 DOF geometric motion errors using a polarization maintaining fiber – coupled dual – frequency laser［J］. Optics Express，2016，24（6）：6735 – 6748.

[142] Feng Q，Zhang B，Cui C，et al. Development of a simple system for simultaneously measuring 6 DOF geometric motion errors of a linear guide［J］. Optics Express，2013，21（22）：25805 – 25819.

[143] Huang N，Bi Q，Wang Y. Identification of two different geometric error definitions for the rotary axis of the 5 – axis machine tools［J］. International Journal of Machine Tools and Manufacture，2015，91：109 – 114.

[144] Ding S, Huang X, Yu C. Identification of different geometric error models and definitions for the rotary axis of five – axis machine tools [J]. International Journal of Machine Tools and Manufacture, 2016, 100: 1 – 6.

[145] Yang J, Altintas Y. Generalized kinematics of five – axis serial machines with non – singular tool path generation [J]. International Journal of Machine Tools and Manufacture, 2013, 75: 119 – 132.

[146] Yang J, Mayer J, Altintas Y. A position independent geometric errors identification and correction method for five – axis serial machines based on screw theory [J]. International Journal of Machine Tools and Manufacture, 2015, 95: 52 – 66.

[147] Xiang S, Altintas Y. Modeling and compensation of volumetric errors for five – axis machine tools [J]. International Journal of Machine Tools and Manufacture, 2016, 101: 65, 78.

[148] 胡德金. 大型球面精密磨削的球度判别与误差在位补偿方法研究 [J]. 兵工学报, 2015, 36 (6): 1082 – 1088.

[149] Lee D, Lee H, Yang S. Analysis of squareness measurement using a laser interferometer system [J]. International Journal of Precision Engineering and Manufacturing, 2013, 14 (10): 1839 – 1846.

[150] Zou H, Chen X, Wang S. A study of single kinematic errors accurate fitting for ultra – precision micro v – groove machine tools [J]. International Journal of Advanced Manufacturing Technology, 2015, 77 (5 – 8): 1345 – 1351.

[151] Gao H, Fang F, Zhang X. Reverse analysis on the geometric errors of ultra – precision machine [J]. The International Journal of Advanced Manufacturing Technology, 2014, 73 (9 – 12): 1615 – 1624.

[152] Wang Z, Maropolous P G. Real – time error compensation of a three – axis machine tool using a laser tracker [J]. International Journal of Advanced Manufacturing Technology, 2013, 69 (1 – 4): 919 – 933.

[153] Li J, Xie F, Liu X J, et al. Geometric error identification and compensation of linear axes based on a novel 13 – line method [J]. International Journal of Advanced Manufacturing Technology, 2016, 87 (5 – 8): 1 – 15.

[154] Luo D, Kuang C, Liu X. Fiber – based chromatic confocal microscope with Gaussian fitting method [J]. Optics and Laser Technology, 2012, 44 (4): 788 – 793.

[155] Nadim H, Hichem N, Nabil A, et al. Comparison of tactile and chromatic confocal measurements of aspherical lenses for form metrology [J]. International Journal of Precision Engineering and Manufacturing, 2014, 15 (5): 821 – 829.

[156] Nouira H, El – Hayek N, Yuan X, et al. Characterization of the main error sources of chromatic confocal probes for dimensional measurement [J]. Measurement Science and Technology, 2014, 25 (4): 044011.

[157] Rishikesan V, Samuel L. Evaluation of surface profile parameters of a machined surface using

confocal displacement sensor [J]. Procedia Materials Science, 2014, 5: 1385 - 1391.

[158] Müller C, Reichenbach G, Bohley M, et al. In situ topology measurement of micro structured surfaces with a confocal chromatic sensor on a desktop sized machine tool [J]. Advanced Materials Research, 2016, 1140: 392 - 399.

[159] Lee K I, Yang S H. Measurement and verification of position—independent geometric errors of a five - axis machine tool using a double ball - bar [J]. International Journal of Machine Tools and Manufacture, 2013, 70 (4): 45 - 52.

[160] Lee K I, Yang S H. Robust measurement method and uncertainty analysis for position - independent geometric errors of a rotary axis using a double ball - bar [J]. International Journal of Precision Engineering and Manufacturing, 2013, 14 (2): 231 - 239.

[161] 邹喜聪. 三轴超精密车床几何误差敏感性分析及在位补偿技术研究 [D]. 哈尔滨: 哈尔滨工业大学, 2018.

[162] Cheng Q, Sun B, Liu Z, et al. Key geometric error extraction of machine tool based on extended Fourier amplitude sensitivity test method [J]. International Journal of Advanced Manufacturing Technology, 2017, 90 (9): 3369 - 3385.

[163] Cheng Q, Zhao H, Zhang G, et al. An analytical approach for crucial geometric errors identification of multi - axis machine tool based on global sensitivity analysis [J]. International Journal of Advanced Manufacturing Technology, 2014, 75 (1 - 4): 107 - 121.

[164] Okafor A C, Ertekin Y M. Derivation of machine tool error models and error compensation procedure for three axes vertical machining center using rigid body kinematics [J]. International Journal of Machine Tools and Manufacture, 2000, 40 (8): 1199 - 1213.

[165] 马平, 白钊, 李锻能, 等. 高速大功率电主轴的油水热交换系统设计 [J]. 组合机床与自动化加工技术, 2004, 6: 15 - 16.

[166] Xia CH, Fu JZ, Lai JT, et al. Conjugate heat transfer in fractal tree - like channels network heat sink for high - speed motorized spindle cooling [J]. Applied Thermal Engineering, 2015, 90: 1032 - 1042.

[167] He Q, Shen Y, Ren FZ, et al. Numerical simulation and experimental study of the air - cooled motorized spindle [J]. P I MECH ENG C - J MEC, 2017, 231 (12): 2357 - 2369.

[168] Liu T, Gao WG, Tian YL, et al. Power matching based dissipation strategy onto spindle heat generations [J]. Applied Thermal Engineering, 2017, 113: 499 - 507.

[169] 李法敬, 高建民, 史晓军, 等. 电主轴轴心冷却用环路热虹吸管的传热特性 [J]. 西安交通大学学报. 2017, 51 (7): 90 - 97.

[170] 仇健, 刘春时, 刘启伟, 等. 龙门数控机床主轴热误差及其改善措施 [J]. 机械工程学报, 2012, 48 (21): 149 - 157.

[171] Mori M, Mizuguchi H, Fujishima M, et al. Design optimization and development of CNC lathe headstock to minimize thermal deformation [J]. CIRP Annals - Manufacturing Technology, 2009, 58 (1): 331 - 334.

［172］ Ge Zeji, Ding Xiaohong. Design of thermal error control system for high – speed motorized spindle based on thermal contraction of CFRP ［J］. International Journal of Machine Tools and Manufacture, 2018, 125: 99 – 111.

［173］ 沈金华. 数控机床误差补偿关键技术及其应用 ［D］. 上海: 上海交通大学, 2008.

［174］ 范开国. 数控机床多误差元素综合补偿及应用 ［D］. 上海: 上海交通大学, 2012.

［175］ Li H, Zhang P, Deng M, et al. Volumetric error measurement and compensation of three – axis machine tools based on laser bidirectional sequential step diagonal measuring method ［J］. Measurement Science and Technology, 2020, 31 （5）: 055201.